感知数据分析与应用

李　川　王路路　张大骋　万小容　编著

科　学　出　版　社

北　京

内 容 简 介

本书介绍了感知数据分析与计算的关键技术方法和典型案例，具体内容主要包括静态数据(概率统计、误差)和动态数据(随机过程、信号)，以及机器学习和深度学习。其中，静态和动态数据分析与计算从统计的角度揭示隐藏在数据中的规律，对收集到的数据进行处理与分析，提取有价值的信息，得到特征统计结果。机器学习以数据或已有经验为基础，从大量的、不完全的、有噪声的、模糊的、随机的实际数据中，挖掘隐藏在数据中的信息。深度学习将归纳偏差建立成神经网络的层次化表示，找到高维数据(如信号和图像)的低维表示(特征)。在分析复杂问题方面，提供了静态和动态、信号和图像等方面的工程问题和算法思路；在基础问题方面，提供参考程序代码，参见 https://gitee.com/aapdata/algorithm.git。

本书可供从事智能感知工程、计算机科学与技术、人工智能科学与技术、仪器仪表工程、精密仪器、控制科学与工程、数据科学与技术、智能科学与技术和物联网工程等领域的科研人员、工程技术人员以及高等院校师生参考。

图书在版编目（CIP）数据

感知数据分析与应用 / 李川等编著. -- 北京 : 科学出版社, 2024. 11. -- ISBN 978-7-03-079723-0

Ⅰ. TP274

中国国家版本馆 CIP 数据核字第 20246706NF 号

责任编辑：王　哲 / 责任校对：胡小洁
责任印制：赵　博 / 封面设计：蓝正设计

科学出版社 出版
北京东黄城根北街 16 号
邮政编码：100717
http://www.sciencep.com

天津市新科印刷有限公司印刷
科学出版社发行　各地新华书店经销

*

2024 年 11 月第　一　版　开本：720×1000　1/16
2025 年　1　月第二次印刷　印张：15 1/4
字数：310 000

定价：119.00 元

前　言

王大珩先生把科学总结为“禾+斗”之学，阐明了测量是认识自然和世界的重要方法。测量是检验科学理论的唯一标准，其重要结果往往指明了理论前进的方向，直至 2023 年，诺贝尔物理学奖、化学奖、生理学或医学奖中直接因仪器获奖的有 43 项，占比 12%；而 69%的物理学奖、75%的化学奖和 91%的生理学或医学奖的研究成果是基于科学仪器完成的。测量技术已成为衡量一个国家的科学与技术水平的量化标志。2024 年 6 月，工业和信息化部等四部门印发《国家人工智能产业综合标准化体系建设指南(2024 版)》，其中基础数据服务标准和智能传感器标准已成为重点方向之一基础支撑标准的重要组成部分。现代科学把数学、逻辑学和计算机科学等学科归类为形式科学，准确指出数据科学是通过系统性研究来获取与数据相关的知识体系，有两个层面的含义：

(1) 面向数据，研究数据类型、结构、状态、属性及变化形式和变化规律；

(2) 数据科学为自然、人文和社会科学提供研究方法，数据密集型研究提供有意义或有趣的结果，为进一步揭示自然界和人类行为的现象和规律提供分析基础。

本书针对感知数据，在统计模型、统计估计、假设检验、线性模型、时间序列分析、谱估计和时频分析等数据处理和信号分析基础上展开，给出了测量数据与测量误差、测量不确定度评估和动态数据分析与处理等关键技术；在智能数据处理中，给出了统计机器学习和深度学习等重要内容。

第 1 章(绪论)以智能感知为核心，引出了测量与计量、传感器与智能感知系统、物联网与信息物理融合，以及传感器的静态和动态特性等重要概念。

第 2 章(静态数据与误差分析)针对静态数据，给出了推断统计中的参数估计和假设检验及抽样分布等；测量数据的主要计算方法包括线性模型；基于 Gaussian 统计原理的测量误差分析，以及基于 Heisenberg 不确定原理的测量不确定度评估等。

第 3 章(动态数据与信号处理)针对动态数据，时间域包括时间序列分析中的平稳时间序列分析、自回归模型拟合、AR(p)序列预测等；频率域包括经典谱估计和参数建模等；时频域包括短时 Fourier 变换、小波分析、小波包、提升小波、

Wigner-Ville 分布、经验模式分解与 Hilbert 谱分析。

第 4 章(统计机器学习)以统计推理方法和最优算法为基础，监督学习主要包括 k 近邻法、logistic 回归、Bayes 分类器、EM 算法和支持向量机等；无监督学习主要包括聚类、主成分分析等；半监督学习主要包括 GMM 生成和转换支持向量。

第 5 章(深度学习)将无监督预训练对权值进行初始化和有监督训练微调相结合，提出了人工神经网络的深层网络训练中梯度消失问题的解决方案。基本结构主要包括卷积神经网络、循环神经网络、长短期记忆模型和自编码器。常用策略包括迁移学习、元学习、生成对抗网络、对抗学习和终身学习。最后，给出了基于 Transformer 架构的大语言模型。

本书得到了国家自然科学基金(62263015)、昆明理工大学国家级一流本科专业(测控技术与仪器专业)建设、昆明理工大学信息检测与处理创新团队和重点实验室资助。特别感谢天津大学张以谟先生的谆谆教诲和刘铁根、曾周末老师的亲切指导，以及教育部高等学校仪器类教学委员会委员们的鼓励和建议。同时，还得到了昆明开显科技有限公司、云南电网有限责任公司电力科学研究院、云南航天工程物探检测股份有限公司、云南火地科技有限公司、云南省绿色能源与数字电力量测及控保重点实验室和云南省计算机技术应用重点实验室等单位的支持和帮助，在此表示感谢。在长期的教学过程中，还要感谢一直教学相长的诸位同学，以及参与撰写的老师。由于作者水平有限，还望各位读者能提供宝贵意见。

李　川

2024 年 8 月 10 日于昆明理工大学

目　　录

第 1 章 绪 论

科学问题的求解是在已知科学知识与科学实践基础上，提出可能的解决方案。在求解目标和应答领域的过程中，可以使用感知和训练数据，根据演绎法和归纳法进行推理，得到对应的目标或结果，参见图 1-1。数据科学、物联网、人工智能(artificial intelligence，AI)、机器学习(machine learning，ML)等新一代信息技术推动了数据分析与处理领域的发展。其中，数据科学以数据为研究对象，实现对自然、生命和行为的认知，获得信息和知识[1~4]。互联网和物联网作为数据科学的重要基础设施，在信息和物理之间进行数据传感与反馈[5~7]。随着信息技术的发展，AI 技术成为解决数据科学具体问题的前沿方法，它通过解释数据来表示、获取和使用知识[8~10]。ML 是 AI 领域中最新方法的代表，以模拟人的学习机制或者从巨量数据中获取隐藏的、有效的、可理解的知识[11~14]。

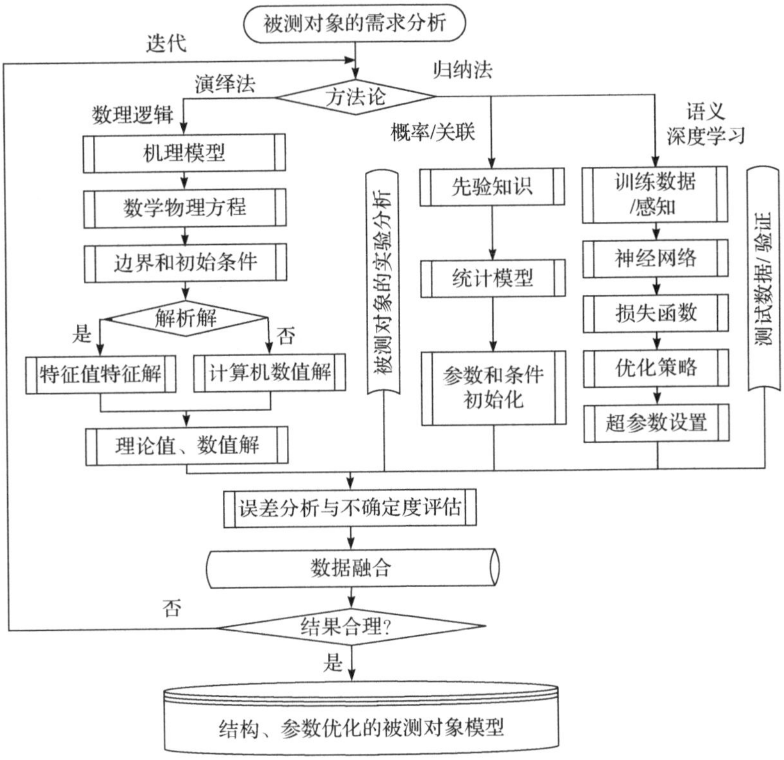

图 1-1 科学建模方法

(1) 演绎法是一种由抽象至具体的过程，从已知数学模型，比如能量方程、时域方程、频域方程等数学物理方程开始，根据实验复现结果，确定该模型的适用范围。在演绎建模过程中，通过实验结果对理论值和数值解进行误差分析与不确定性评价，以确定模型是否符合评价要求。其中，理论值是根据已有实证知识、经验、事实、法则、认知以及经过验证的假设，经一般化与演绎推理进行合乎逻辑的推论性总结，比如数学和物理模型等。数值解是利用数据模型构建、定量分析方法以及利用计算机来分析和解决科学问题，比如数值模拟、数据分析与计算优化等。

(2) 归纳法是一种由具体至抽象的过程，测量被测对象，建立一种输入输出关系，获得被测对象的统计(statistics)或经验模型。实验结果应满足测量不确定评价和误差分析要求。解决科学问题的经验方法包括观察、假设、实验和评估。

(3) 基于语义的深度学习(deep learning，DL)以数据为基础，对理论、试验和模拟数据进行联合分析。首先，获取或生成数据，并通过数据处理，将信息和知识存储在计算机中。其次，建立深度神经网络架构，构造损失函数(loss function)，确定优化策略，并对超参数进行设置等。最后，对训练数据进行学习，根据感知反馈进行强化学习(reinforcement learning，RL)，从而实现认知智能。2024 年 10 月 8 日，Hopfield 和 Hinton 因“基础发现和发明，使利用人工神经网络实现机器学习成为可能”，获诺贝尔物理学奖。

1.1　测量与计量

测量是以确定被测对象量值为目的的全部操作[15~20]，利用实验手段，把被测量 x 与作为计量单位的已知量 u 进行直接或间接的比较，获得比值 q 的过程

$$x = qu \tag{1-1}$$

式中，比值 q 与单位合称量值。量是指可测量的量，是现象、物体或物质的可定性区别和定量确定的一种属性；计量单位是指为定量表示同种量值而约定的定义和采用的特定量。测量 5 要素包括：测量对象、测量资源(含测量设备、测量人员和测量方法)、测量结果(可分为工程测量与精密测量)、计量单位和测量环境。

保证计量单位统一和量值准确可靠的测量主要包括：

(1) 标定，使用标准器或高精度标准表，对被测传感器进行全量程比对性测量，判断仪器的精度是否符合标准，对测试设备的精度进行复核，及时消除误差的动态过程。通常，标准器或高精度标准表测量误差小于被测传感器容许误差的 1/3。

(2) 校准，传感器或检测仪器使用一段时间后，在全量程范围内选择包括起始点和终点在内的 5 个以上的校准点，进行性能复测。对照计量标准，按校准周期评定测量装置的示值误差，确保量值准确，属量值溯源。

(3) 检定，对测量装置进行强制性全面评定，包括校准的全部内容，还需检定有关项目，属量值统一范畴，是自上而下的量值传递过程。

(4) 测试，生产和科学实验中满足一定准确度要求的实验性测量过程。

(5) 比对，在规定条件下，对相同准确度等级的同类计量基准、计量标准或工作计量器具的量值进行比较。

1.2　智能感知与计算

智能感知是信息获取和反馈控制的基础[1~3, 15, 21~24]，参见图 1-2。其中，射频识别(radio frequency identification，RFID)模块标识物体，定位模块确定位置，传感器模块感知和采集信息，执行器模块执行控制命令并调整与控制环境和设备的参数。

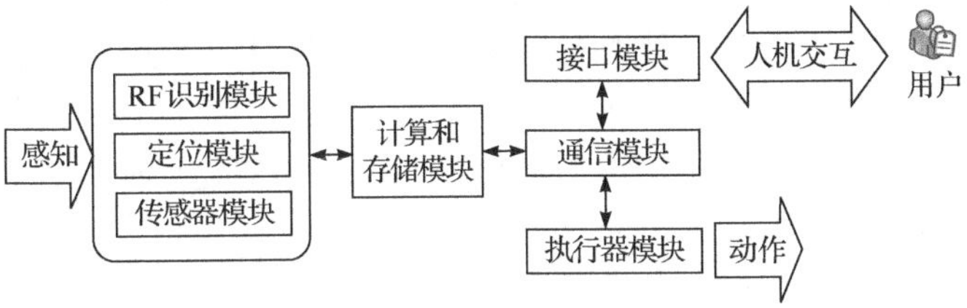

图 1-2　智能感知的一般结构

AI 的主要发展包括三个方向：①运算智能，指计算机具有优势的运算和存储能力。②感知智能，通过各种智能感知(intelligent perception)设备与物理世界进行交互。③认知智能，以语言为基础的概念和推理，包括：概念、意识、观念等。人与 AI 的协同计算如图 1-3 所示，在人与客观世界(观测、认识和符号)进行测量和控制的过程中，产生了人的主观世界。提取数据，通过分析得出信息，根据推理得到知识，最终提升为智慧。计算机将人的逻辑和推理带入了 AI 的虚拟世界/元宇宙，进而产生运算智能。Agent 在与客观世界的感知和动作的交互过程中，通过类似 RL 的方法产生感知智能；在与人的交互过程中，AI 通过人类反馈强化

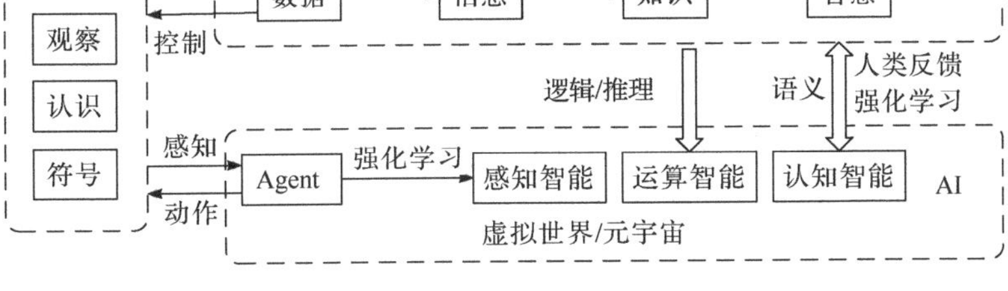

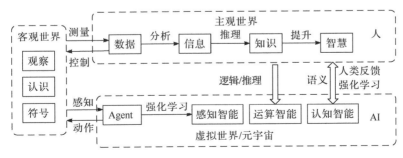

图 1-3　人与 AI 协同计算

学习(reinforcement learning with human feedback，RLHF)产生认知智能。2024 年 10 月 9 日，因“计算蛋白质设计方面的贡献”，Bake 获诺贝尔化学奖，另一半则共同授予 Hassabis 和 Jumper，以表彰其“开发出人工智能模型来解决预测蛋白质复杂结构的问题”。

1.2.1　传感器的基本原理

传感器是以材料的电、磁、光、声、热、力等效应和功能转换为基础，感受被测量并按一定规律转换成可用信号的器件，通常由敏感元件和转换元件组成[15~17]，参见图 1-4。其中，敏感元件直接感受被测量，转换元件将敏感元件输出量转换为适合传输和测量的信号。测量或指示被测量值的装置(如传感器)称为计、表和仪。检测是在生产、科研、试验及服务等领域，为获得被测对象信息，利用传感器对测量对象进行的实时或非实时定性检查和定量测量。监测是长期、连续、系统地对同一被测对象进行的在线测量。按被测参量的性质特点，可分为三个大类，包括：①物理参量，主要包括机械参量、声波、热工参量、电磁参量和光学参量；②化学参量，主要涉及电化学反应、氧化还原反应和催化反应等，将化学量转化为电信号，比如电压、电流、电阻和电容等测量型；③生物参量是与生物效应有关的转换参量，比如酶反应、免疫反应、微生物组织变异等。

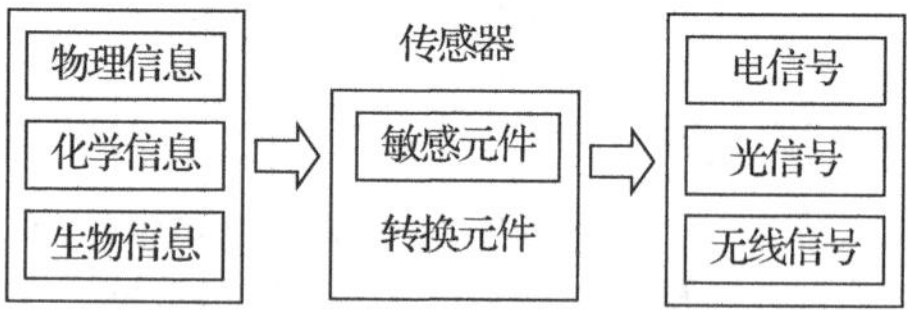

图 1-4　传感器的基本原理

1.2.2　智能感知系统

传感器与计算机主要通过软件来实现智能化[1~3, 21~24]，检测系统为感知现实物理量的感知设备提供系统运行环境，保证感知信息的准确性，参见图 1-5。

1.2.3　物联网与信息物理融合

物联网(internet of things，IoT)通过传感器、射频识别技术、全球定位系统、红外感应器、激光扫描器等装置与技术，采集被测对象的声、光、热、电、力学、化学、生物、位置等信息，通过网络接入，实现物与物、物与人的互联互通，达到对物品和过程的智能化感知、识别和管理的目标。物联网的理论核心和技术内涵是信息物理融合系统(cyber physical system，CPS)，该系统以数据为中心，通过传感、执行、计算、信息传输和交互技术进行数据整合[1~3, 25, 26]，

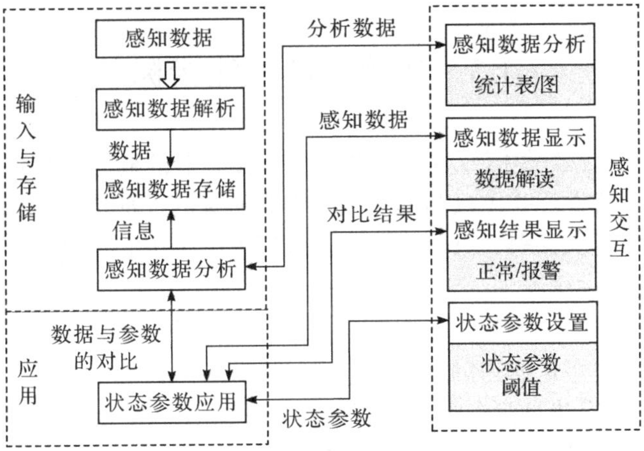

图 1-5　智能感知系统的结构图

参见图 1-6。CPS 可分为三层体系框架：①感知层，主要包括传感设备和控制设备，采集物理环境信息，利用控制信息对物理环境进行反馈控制。②网络层，主要包括通信传输网络，为不同 CPS 节点间的协同感知和控制提供基本的通信保障。③信息层，主要包括计算处理单元，对采集的数据进行处理和深度分析，得出控制决策，并将下层资源抽象为服务向上层用户提供，人在模型中属于可选组件。

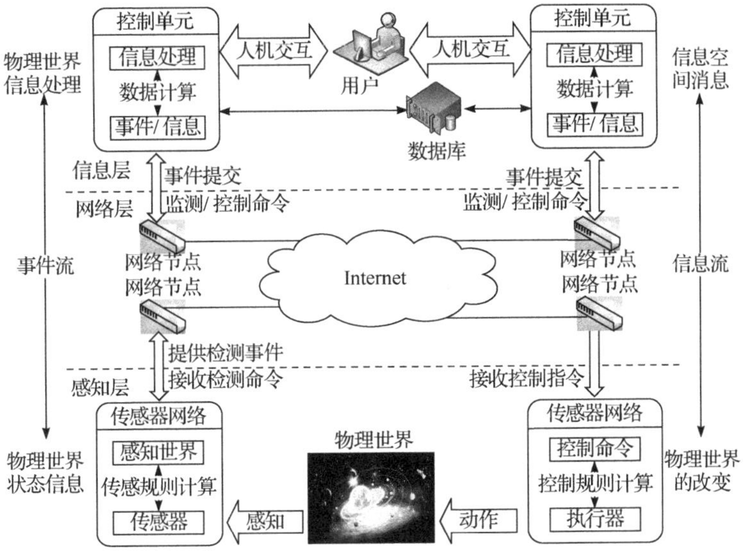

图 1-6　信息物理融合中的数据流

1.3 传感器的性能指标

传感器的输入(激励)信号称为被测参量，传感器的输出信号称为响应。传感器的输入与输出特性反映了其与内部结构参数有关的外部特性，包括误差产生的原因、规律和量程关系等，参见图 1-7。根据被测参量的变化，传感器检测系统可分为以下两种特性[15, 17]：

(1) 静态特性，当被测参量基本不变或变化很缓慢时，可利用检测系统的静态参数对这类准静态量的测量结果进行表示、分析和处理；

(2) 动态特性，当被测参量变化很快时，可利用检测系统的一系列动态参数，对这类动态量的测量结果进行表示、分析和处理。

传感器的静态与动态特性相互关联，传感器的静态特性会影响动态条件下的测量。检测系统在激励信号下的响应分析，评价检测系统的基本特性与主要技术指标：

(1) 已知传感器的基本特性，由测量结果计算被测参量的准确值。

(2) 已知传感器各组成环节的基本特性，按照输入信号的流向，逐级计算和分析各环节的输出信号及其不确定度。

(3) 已知输入信号和测量(输出)结果，分析传感器的基本特性。

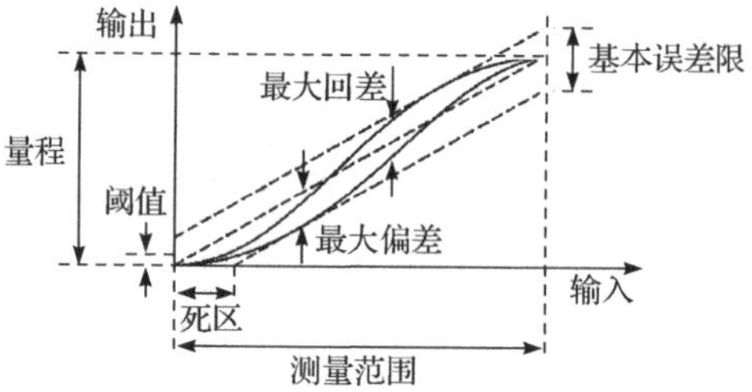

图 1-7 传感器的被测量值与输出值的关系

1.3.1 静态特性

静态特性是被测量为准静态量时传感器的输入与输出特性，参见表 1-1 和图 1-7，检测系统的输出值 y 与被测量的输入值 x 满足以下关系

$$y = a_0 + a_1 x + a_2 x^2 + \cdots + a_n x^n \tag{1-2}$$

式中，a_0 是零位输出(偏置量)；a_1 是传感器的灵敏度；a_2，…，a_n 是非线性系数。若非线性系数不大，可用切线或割线代替该段实际静态特性曲线，即传感器静态特性的线性化。传感元件具有储能效应，如弹性元件的变形、磁滞效应等，会导

致实际上升曲线和下降曲线不重合，形成滞环。此外，测量仪表内部传动机构的间隙和摩擦阻力或放大器有一定灵敏限值，当输入量较小时，输出量不发生变化或变化很小，即特性曲线的不灵敏区或死区，对应的输出量为阈值。所以，在设计传感器时，应将测量范围定义在静态特性最接近直线的范围。

表 1-1　传感器的静态特性指标

名称	定义	说明
测量范围 x_{FS}	$x_{FS}=x_U-x_L$	x_U、x_L 分别为测量的上、下限值
量程 y_{FS}	$y_{FS}=y_U-y_L$	y_U、y_L 分别为量程的上、下限值
灵敏度 s	$s=a_1=\lim\limits_{\Delta x\to 0}(\Delta y/\Delta x)=\mathrm{d}y/\mathrm{d}x$	$\mathrm{d}y$ 为输出变化量，$\mathrm{d}x$ 为被测量的输入变化量
灵敏度误差 Δs	$\delta_s=\Delta s/s$	s 为灵敏度
线性度 δ_L (非线性误差)	$\delta_L=\pm(\Delta y_{max}/y_{FS})$	Δy_{max} 为校准与拟合直线的最大偏差，y_{FS} 为满量程输出值
分辨力 R_x	$R_x=C_R y_N/s=\max\lvert\Delta x_{i,max}\rvert$	C_R=1～5 是分辨系数，y_N 是噪声背景
零点漂移 D_0 (稳定性误差)	$D_0=y_{offset}/y_{FS}$	y_{offset} 为最大零点漂移，y_{FS} 为传感器的满量程
满量程输出漂移 D_{FS}	$D_{FS}=\lvert y_{FS,max}-y_{FS,0}\rvert/y_{FS}$	y_{FS} 为满量程输出，$y_{FS,0}$ 和 $y_{FS,max}$ 分别为初始和最大漂移满量程输出
热漂移 D_T (温度稳定性)	$D_T=\Delta y_T/(y_{FS}\Delta T)$	Δy_T 为输出最大偏差，y_{FS} 为满量程
动态范围 ΔR	$\Delta R=y_{FS}/y_N$	y_{FS} 为系统的满量程，y_N 为噪声
迟滞 δ_H (回差)	$\delta_H=\pm\Delta y_H/(C_H y_{FS})$	Δy_H 为最大偏差，y_{FS} 为系统的满量程。C_H=1 或 2 是回差系数
重复性 δ_k (量具变异)	$\delta_k=\pm C_k\sigma/y_{FS}$	C_k=2 或 3 是重复性系数，σ 是标准偏差，y_{FS} 为系统的满量程
再生性 δ_r (作业者变异)	$\delta_r=\pm C_r\sigma/y_{FS}$	C_r=2 或 3 是重复性系数，σ 是标准偏差，y_{FS} 为系统的满量程
精密度		随机误差引起的测得值与真值的偏离程度
正确度		系统误差引起的测得值与真值的偏离程度
准确度 A (精确度)	$A=(\Delta y/y_{FS})\times 100\%$	系统和随机误差引起的测得值与真值的偏离程度，Δy 是测量范围内允许的最大绝对误差。常用精确度等级 0.01、0.1、1.0
环境适应性		传感器抵御外界干扰的能力，如抗冲击和振动、抗潮湿、抗电磁场干扰等
静态误差 δ	$\delta=\sigma/y_{FS}$ $\delta=\pm\sqrt{\delta_L^2+\delta_H^2+\delta_R^2+\delta_s^2}$ $\sigma=C_\sigma\sqrt{(n-1)^{-1}\sum\limits_{i=1}^{n}(y_i-\overline{y})^2}$	σ 是测量输出对理论输出的偏离程度，C_σ=2 或 3 是静态误差系数，n 为测试点数。静态误差包括非线性、回差、重复性、灵敏度等误差

1.3.2　动态特性的时域分析

动态特性是指当输入量随时间变化时传感器的输入与输出特性，动态精度是一个随机过程(stochastic processes)。传感器的动态输入 $x(t)$和动态输出 $y(t)$关系可用微分方程式来描述。大多数传感器都是线性的或在特定范围内认为是线性系统，可表示为常系数线性微分方程

$$a_n \frac{\mathrm{d}^n y(t)}{\mathrm{d}t^n} + \cdots + a_1 \frac{\mathrm{d}y(t)}{\mathrm{d}t} + a_0 y(t) = b_m \frac{\mathrm{d}^m x(t)}{\mathrm{d}t^m} + \cdots + b_1 \frac{\mathrm{d}x(t)}{\mathrm{d}t} + b_0 x(t) \tag{1-3}$$

式中，t 表示时间；a_0，a_1，…，a_n 及 b_0，b_1，…，b_m 是常系数。

零阶传感器的系数有 a_0、b_0，令静态灵敏度 $s=b_0/a_0$，则式(1-3)简化为

$$y(t) = sx(t) \tag{1-4}$$

一阶传感器的系数有 a_0、a_1、b_0，令时间常数为$\tau=a_1/a_0$，则式(1-3)简化为

$$\tau \frac{\mathrm{d}y}{\mathrm{d}t} + y(t) = sx(t) \tag{1-5}$$

二阶传感器的系数有 a_0、a_1、a_2、b_0，令无阻尼系统固有频率为$\omega_0=(a_0/a_2)^{1/2}$，阻尼比为$\xi=a_1/(2(a_0a_2)^{1/2})$，则式(1-3)简化为

$$\omega_0^{-2} \frac{\mathrm{d}^2 y}{\mathrm{d}t^2} + 2\xi\omega_0^{-1} \frac{\mathrm{d}y}{\mathrm{d}t} + y(t) = sx(t) \tag{1-6}$$

传感器的时域动态响应就是对输入动态信号产生输出，即方程(1-3)的解。

1) 零输入响应

当输入信号 $x(t)=0$ 时，输出为零输入响应。

(1) 零阶传感器的零输入响应为

$$y(t) = y(0) \tag{1-7}$$

(2) 一阶传感器的零输入响应为

$$y(t) = y(0)\mathrm{e}^{-t/\tau} \tag{1-8}$$

(3) 二阶传感器的零输入响应对应不同的阻尼比ξ有三种响应情况：

① 欠阻尼时，$\xi<1$，则二阶传感器的零输入响应为

$$y(t) = C\mathrm{e}^{-\xi\omega_0 t} \sin\left(\sqrt{1-\xi^2}\,\omega_0 t + \varphi\right) \tag{1-9}$$

② 过阻尼时，$\xi>1$，则二阶传感器的零输入响应为

$$y(t) = C_1 \mathrm{e}^{\left(-\xi+\sqrt{\xi^2-1}\right)\omega_0 t} + C_2 \mathrm{e}^{\left(-\xi-\sqrt{\xi^2-1}\right)\omega_0 t} \tag{1-10}$$

③ 临界阻尼，$\xi=1$，二阶传感器的零输入响应为

$$y(t)=C_1\mathrm{e}^{-\xi\omega_0 t}+C_2\mathrm{e}^{-\xi\omega_0 t} \tag{1-11}$$

当$\xi\geqslant 1$时，阻尼作用较强，零状态响应不呈现振荡现象。当$\xi<1$时，阻尼弱，呈现衰减振荡，即有阻尼固有频率为$\sqrt{1-\xi^2}\omega_0$，与外界信号无关，决定于本身参数。无阻尼时，$\xi=0$，振荡频率为无阻尼固有频率ω_0，且永不衰减(实际上不可能)。

2) 脉冲响应

在$t=0$时突然出现又消失的信号，可用脉冲函数(δ函数)表示

$$\int_{-\infty}^{\infty}\delta(t)\mathrm{d}t=1,\quad \delta(t)=\begin{cases}\infty, & t=0\\ 0, & t\neq 0\end{cases} \tag{1-12}$$

(1) 零阶传感器的脉冲响应为

$$y(t)=s\delta(t) \tag{1-13}$$

(2) 一阶传感器的脉冲响应为

$$y(t)=C_\delta\mathrm{e}^{-t/\tau} \tag{1-14}$$

式中，常数C_δ由$t=0_+$的起始条件决定。通常将脉冲响应$h(t)$称为系统的权函数，当输入信号为任意函数$x(t)$时，系统的零状态响应为

$$y(t)=\int_0^t h(t)x(t-\xi)\mathrm{d}\xi=h(t)*x(t) \tag{1-15}$$

式中，*号表示卷积。由$t=0$到$t=0_+$积分，可得$C_\delta=s/\tau$，则一阶系统的脉冲响应(权函数)为

$$h(t)=s\tau^{-1}\mathrm{e}^{-t/\tau} \tag{1-16}$$

脉冲信号出现瞬间$t=0$，响应函数突然跃升，其幅度与s成正比，与时间常数τ成反比；$\tau>0$时做指数衰减，τ越小衰减越快，响应波形越接近脉冲信号。

(3) 二阶传感器的脉冲响应对应不同的阻尼比ξ有三种脉冲响应情况：

① 欠阻尼时，$\xi<1$，则二阶传感器的脉冲响应为

$$y(t)=\omega_0 s\left(1-\xi^2\right)^{-1/2}\mathrm{e}^{-\xi\omega_0 t}\sin\left(\sqrt{1-\xi^2}\,\omega_0 t\right) \tag{1-17}$$

② 过阻尼时，$\xi>1$，则二阶传感器的脉冲响应为

$$y(t)=-\omega_0 s\left(2\sqrt{\xi^2-1}\right)^{-1}\left(\mathrm{e}^{-\left(\xi+\sqrt{\xi^2-1}\right)\omega_0 t}-\mathrm{e}^{-\left(\xi-\sqrt{\xi^2-1}\right)\omega_0 t}\right) \tag{1-18}$$

③ 临界阻尼，$\xi=1$，二阶传感器的单位脉冲响应为

$$y(t)=\omega_0^2 st\mathrm{e}^{-\omega_0 t} \tag{1-19}$$

3) 阶跃响应

一个起始静止的传感器，若输入一个单位阶跃信号

$$x=\begin{cases}0, & t<0\\ 1, & t\geqslant 0\end{cases} \tag{1-20}$$

给定初始条件下，求出传感器微分方程(1-3)的特解作为动态特性指标。

(1) 零阶传感器的跃迁响应为

$$y(t)=\begin{cases}0, & t<0\\ s, & t\geqslant 0\end{cases} \tag{1-21}$$

(2) 一阶传感器的跃迁响应为

$$y(t)=s\left(1-\mathrm{e}^{-t/\tau}\right) \tag{1-22}$$

式中，时间常数τ是一阶传感器响应速度的重要参数，参见图 1-8。稳态响应是输入阶跃值的 s 倍，暂态响应是指数函数，总响应要到 $t\to\infty$时才能达到最终的稳态值。工程上，把 $t=\tau$、2τ或 3τ时，即达到稳态值的 63.2%、95.0%或 98.2%作为一阶测量系统对阶跃输入的输出响应时间。因此，τ越小，响应曲线越接近阶跃曲线。

(3) 二阶传感器的跃迁响应对应不同的阻尼比ξ有三种阶跃响应情况，参见图 1-9。阻尼比ξ越大，则过冲现象减弱，当$\xi\geqslant 1$，则完全没有过冲，也不存在振荡。当$\xi<1$ 时，阶跃响应才出现过冲，超过稳态值；欠阻尼情况下，存在阻尼时的固有频率为$\omega_d=\omega_0(1-\xi^2)^{1/2}$。

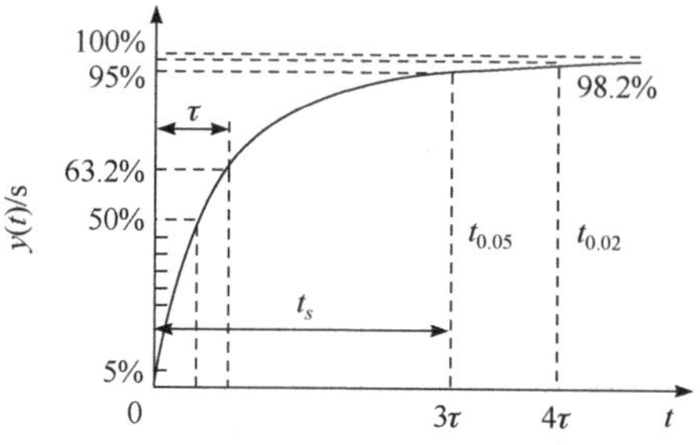

图 1-8　一阶系统的阶跃响应

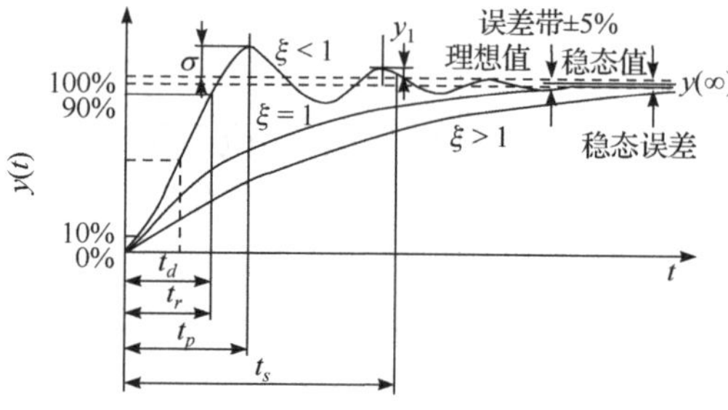

图 1-9　二阶传感器表示动态性能指标的跃迁响应曲线

① 欠阻尼时，$\xi<1$，参见表 1-2，二阶传感器的阶跃响应为

$$y(t)=-s\left(1-\xi^2\right)^{-1/2}\mathrm{e}^{-\xi\omega_0 t}\sin\left(\sqrt{1-\xi^2}\,\omega_0 t+\varphi\right)+s \tag{1-23}$$

式中，$\varphi=\arcsin(1-\xi^2)$。上升时间 t_r是输出由稳态值的 10%变化到稳态值的 90%所用时间，当$\xi=0.7$ 时，$t_r=2/\omega_0$。稳定时间 t_s 是系统从阶跃输入开始到系统达到稳态

所需的最小时间，稳态值取±5%，当ξ=0.7 时，$t_s=3/\omega_0$ 最小。峰值时间 t_p 是阶跃响应曲线达到第一个峰值所需的时间。超调量σ定义为过渡过程中超过稳态值的最大值ΔA(过冲)与稳态值之比的百分数

$$\sigma=\left(\left(y\left(t_p\right)-y(\infty)\right)\Big/y(\infty)\right)\times 100\% \tag{1-24}$$

超调量σ与$\xi=((\pi/\ln\sigma)^2+1)^{-1/2}$有关，$\xi$越大，$\sigma$越小。

表 1-2　0<ξ<1 二阶检测系统时域动态性能指标

名称	计算公式
振荡频率ω_d	$\omega_d=\omega_0\sqrt{1-\xi^2}$
振荡周期 T	$T=2\pi/\omega_d$
超调量σ	$\sigma=\mathrm{e}^{-\pi\xi/\sqrt{1-\xi^2}}\times 100\%=\mathrm{e}^{-D/2}\times 100\%$
衰减率 d	$d=\mathrm{e}^{2\pi\xi/\sqrt{1-\xi^2}}$
对数衰减率 D	$D=2\pi\xi/\sqrt{1-\xi^2}=-2\ln\sigma$
峰值时间 t_p	$t_p=\pi\Big/\left(\omega_0\sqrt{1-\xi^2}\right)=\pi/\omega_0=T/2$
响应时间 t_s	$t_{0.05}=3/(\xi\omega_0)=3T/D$，$t_{0.02}=4/(\xi\omega_0)=4T/D$
上升时间 t_r	$t_r=\left(1+0.9\xi+1.6\xi^2\right)/\omega_0$
延迟时间 t_d	$t_d=\left(1+0.6\xi+0.2\xi^2\right)/\omega_0$

② 过阻尼时，ξ>1，则二阶传感器的跃迁响应为

$$y(t)=-\frac{\xi+\sqrt{\xi^2-1}}{2\sqrt{\xi^2-1}}s\mathrm{e}^{-\left(\xi+\sqrt{\xi^2-1}\right)\omega_0 t}+\frac{\xi-\sqrt{\xi^2-1}}{2\sqrt{\xi^2-1}}s\mathrm{e}^{-\left(\xi-\sqrt{\xi^2-1}\right)\omega_0 t}+s \tag{1-25}$$

③ 临界阻尼时，ξ=1，二阶传感器的单位跃迁响应为

$$y(t)=-\left(1+\omega_0 t\right)s\mathrm{e}^{-\omega_0 t}+s \tag{1-26}$$

1.3.3　动态特性的频域分析

若 $x(t)$、$y(t)$的初始条件为零，对式(1-3)逐项进行 Laplace 变换，则系统的传递函数 $H(S)$可表示为输出量的 Laplace 变换 $Y(S)$与输入 Laplace 变换 $X(S)$之比

$$H(S)=\frac{Y(S)}{X(S)}=\frac{b_m S^m+\cdots+b_1 S+b_0}{a_n S^n+\cdots+a_1 S+a_0}=\frac{b_m\left(S+B_1\right)\cdots\left(S+B_m\right)}{a_n\left(S+A_1\right)\cdots\left(S+A_n\right)} \tag{1-27}$$

一个复杂的高阶传递函数可视为若干低阶(零阶、一阶、二阶)传递函数的乘积。

若传感器输入信号 $x(t)$按正弦函数规律变化时，微分方程(1-3)的特解为强迫振荡，则输出量 $y(t)$也是同频率的正弦函数，其振幅和相位随角频率 ω变化

$$x(t)=A\sin(\omega t+\varphi_0),\ y(t)=B\sin(\omega t+\psi_0) \tag{1-28}$$

式中，A、B、φ_0、ψ_0 是输入和输出的振幅和初相角。把上式代入式(1-27)，则传感器的频率传递函数(频率特性)为

$$H(\mathrm{i}\omega)=\frac{b_m(\mathrm{i}\omega)^m+\cdots+b_1(\mathrm{i}\omega)+b_0}{a_n(\mathrm{i}\omega)^n+\cdots+a_1(\mathrm{i}\omega)+a_0}=\frac{B\mathrm{e}^{\mathrm{i}(\omega t+\phi)}}{A\mathrm{e}^{\mathrm{i}\omega t}}=\frac{B}{A}\mathrm{e}^{\mathrm{i}\phi} \tag{1-29}$$

式中，幅频特性$|H(\mathrm{i}\omega)|$为输出信号对输入信号的幅值比 B/A；相频特性ϕ为输出信号相位与输入信号相位之差。

大多数情况下并不要求输出 $y(t)$同时再现输入 $x(t)$的波形，而是允许输出 $y(t)$延迟一段时间 t_p。当正弦输入时，可不考虑延迟或人为将延迟时间移回来再与输入信号 $x(t)$比较，这时的动态误差就完全由模$|H(\mathrm{i}\omega)|$决定。当非正弦输入时，已经延迟的输出 $y(t)$能否再现输入的波形取决于两个条件：①平坦的幅频特性，使输出中各次谐波的幅值比例关系与输入信号的各次谐波幅值比例关系相同；②与频率呈线性相移的相频特性，只有输出的各次谐波保持相同的延迟时间才能再现输入波形，即保持各次谐波的延迟时间为 $t_p=\varphi_n/\omega_0$。具有这两个条件，尽管输出波形延迟一段时间，但可重复原输入波形，这时可不被认为有动态误差。

(1) 零阶传感器的传递函数和频率特性为

$$H(\mathrm{i}\omega)=b_0/a_0=s \tag{1-30}$$

零阶传感器的输出与输入成正比，与频率无关，无幅值和相位失真。

(2) 一阶传感器的传递函数及其幅频特性和相频特性可表示为

$$H(\mathrm{i}\omega)=s/(1+\mathrm{i}\omega\tau) \tag{1-31}$$

$$B/A=|H(\mathrm{i}\omega)|=s\left(1+\omega^2\tau^2\right)^{-1/2} \tag{1-32}$$

$$\phi(\omega)=-\arctan(\omega\tau) \tag{1-33}$$

幅频$|H(\mathrm{i}\omega)|$是 $H(\mathrm{i}\omega)$的模，相频特性则为 $H(\mathrm{i}\omega)$的幅角。当$\omega\tau=1$ 时，传感器的灵敏度下降 3dB，取灵敏度下降到 3dB 时的频率为工作频带的上限，则一阶系统的截止频率为$\omega_H=1/\tau$。

(3) 二阶传感器的传递函数及频率特性可表示为

$$H(\mathrm{i}\omega)=s\left((\mathrm{i}\omega/\omega_0)^2+2\mathrm{i}\xi\omega/\omega_0+1\right)^{-1/2} \tag{1-34}$$

$$B/A=\left|H(\mathrm{i}\omega)\right|=s\left(\left(1-(\omega/\omega_0)^2\right)^2+4\xi^2(\omega/\omega_0)^2\right)^{-1/2} \tag{1-35}$$

$$\phi=-\arctan\left(2\xi(\omega/\omega_0)\Big/\left(1-(\omega/\omega_0)^2\right)\right) \tag{1-36}$$

① 当$\omega \ll \omega_0$时，$|H(\mathrm{i}\omega)|\approx ks$，$\phi(\omega)\approx 0$，近似理想系统(零阶系统)。当$\omega/\omega_0<<1$时，测量的动态参数和静态参数一致。加宽工作频带的关键是提高无阻尼固有频率ω_0。当$\omega<0.3\omega_0$时，$A(\omega)$段变化不超过10%，但$\phi(\omega)$随阻尼比的不同剧烈变化。其中当ξ接近于零时，相位近似为零，可认为是不失真的，但系统容易产生超调和振荡现象，不利于测量；当ξ在 0.6～0.8 范围时，相频特性近似为一条起自坐标原点的斜线，大多的测量系统都选择在ξ=0.6～0.8 的范围内，此时可得较好的相位线性特性。加宽工作频带的关键是提高无阻尼固有频率ω_0。

② 当$\omega\to\omega_0$，幅频和相频特性与阻尼比ξ有明显关系。当$\xi<1$时，$|H(\mathrm{i}\omega)|$有极大值，出现共振现象；当$\xi=0$时，共振频率等于无阻尼固有频率ω_0；当$\xi>0$时，有阻尼的共振频率为$\omega_d=\sqrt{1-2\xi^2}\,\omega_0$。当$\xi=0.702$(最佳阻尼)时，幅频特性$|H(\mathrm{i}\omega)|$的曲线平坦段最宽，相频特性$\phi$接近斜直线。若取$\omega=\omega_0/2$为通频带，其幅度失真不超过2.5%，输出曲线比输入曲线延迟$\Delta t=\pi/(2\omega_0)$。当$\xi\geqslant 0.702$时，幅频特性曲线小于1，不出现共振现象；但幅频特性曲线下降太快，平坦段变小。

③ 当$\omega>(2.5\sim3)\omega_0$时，$|H(\mathrm{i}\omega)|$接近零，$\phi(\omega)$接近180°，且随$\omega$变化很小，即被测参数的频率远高于其固有频率时，传感器没有响应。

1.3.4 FBG 温度传感器的静态特性

当温度变化时，光纤 Bragg 光栅(fiber Bragg grating，FBG)温度传感器产生的反射光中心波长偏移量$\Delta\lambda_T$与温度变化量ΔT的关系可表示为[27~29]

$$\Delta T=\Delta\lambda_T\Big/\left(S_\varepsilon(\alpha_H-\alpha_\Lambda)+S_T\right) \tag{1-37}$$

式中，S_ε为外加应力应变引入的应变敏感系数，S_T为温度变化引入的温度敏感系数，α_H与α_Λ分别为封装材料与光纤的热膨胀系数，$(\alpha_H-\alpha_\Lambda)$为封装材料与光纤的热膨胀系数失配所导致的外加应力应变。

将 FBG 温度传感器放入可编程温度控制箱，参见图 1-10。该控制箱的可控温度范围为−30℃～120℃，重复性误差为 0.1℃。在传感过程中，光源发出的光由传输通道进入传感光栅，FBG 在温度场的作用下，对光波进行调制；然后，带有外场调制信息的光被传感光栅反射，再进入传输通道而被探测器接收解调并输出。由于探测器接收的 Bragg 波长偏移包含了外场作用的信息，因而从探测器检测出的波长变化可获得外场信息的细致描述。

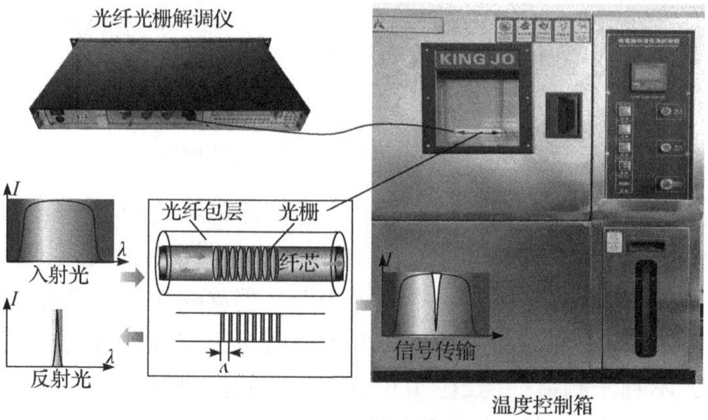

图 1-10 FBG 温度传感器标定试验

通过可编程温度控制箱对 FBG 传感器进行升温与降温的重复性试验，可测得不同温度荷载下 Bragg 波长的偏移。温度测试范围设置为 0℃～100℃，以 20℃为温度间隔进行数据记录，参见图 1-11。

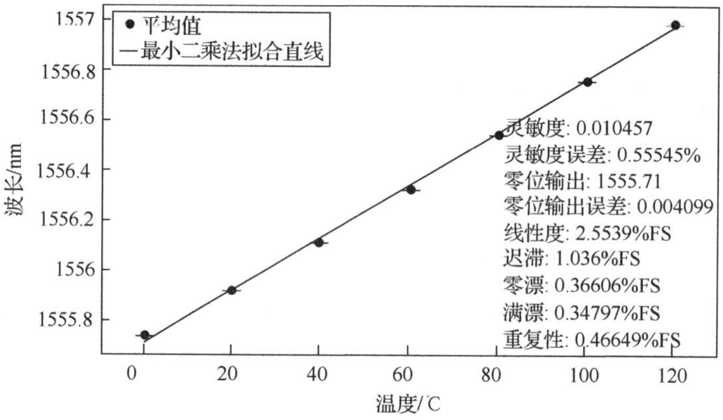

图 1-11 FBG 温度传感器的温度响应

实现 FBG 温度传感器的温度响应和静态特性的算法伪代码如下。

算法：传感器静态特性指标计算

输入：读取 FBG 温度传感器数据

输出：输出传感器静态特性指标曲线图

```
读取传感器数据 listnumber，以最小二乘法拟合原始数据曲线
While data[:, :]!=data_last    //终止循环条件，所有数据已经处理完成
    For i in range(listnumber)
```

```
        计算原始数据与拟合曲线差值绝对值的最大值
        计算系数的输出值、系统满量程输出
        计算传感器正反行程数据差值的绝对值中最大的数值
        计算传感器数据的平均值、无偏标准差
    End For
    线性度=校准曲线与拟合之间最大偏差/满量程输出
    灵敏度=输出变化量/输入变化量
    迟滞=正反行程最大偏差/回差系数×满量程输出
    重复性误差=重复性系数×标准偏差/满量程输出
    零点漂移=最大零点漂移/满量程输出
    满量程输出漂移=最大漂移满量程输出–初始满量程输出/满量程输出
End While
```

1.4　本书主要工作

在数据形成知识的过程中，通过假定设想、分析建模等处理分析方法，从数据中发现可使用的知识，改进关键决策，参见图 1-12。其中，统计分析揭示隐藏在数据中的规律，即对收集到的数据进行处理与分析，提取有价值的信息，得到特征统计量结果。ML 以数据或已有经验为基础，从大量的、不完全的、有噪声的、模糊的、随机的实际数据中，挖掘隐藏在数据中的信息。DL 将归纳偏差建立成神经网络(neutral network，NN)的层次化表示，找到高维数据(如图像、文本和音频)的低维表示(特征)，在解决维度灾难方面取得了有效进展。本书采用理论和实践相结合的方式进行撰写，一方面，从学习者接受知识的角度，编写内容力求通俗易懂，书中大量使用数据关联和原理图，让抽象的内容具象化；另一方面，

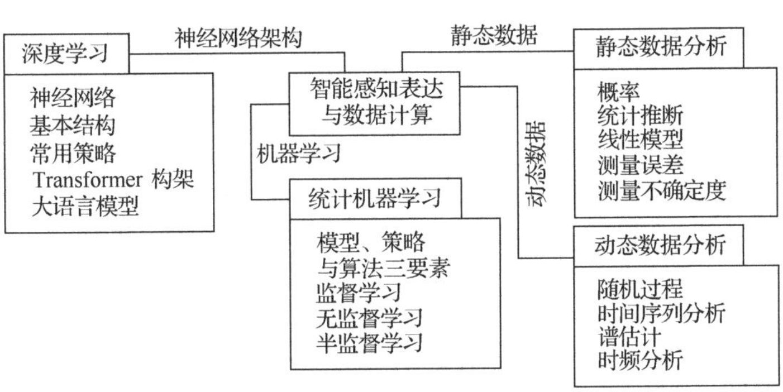

图 1-12　智能感知表达与计算的数据关联

书中凝练了静态与动态、信号和图像等方面的案例分析和计算，提供了典型问题的算法伪代码，还可提供基础问题的 MATLAB 参考程序，便于读者从数据处理和实验中深入理解和应用。

参考文献

[1] 中华人民共和国国家质量监督检验检疫总局，中国国家标准化管理委员会. 信息技术 大数据 术语. GB/T 35295-2017.
[2] 中华人民共和国国家质量监督检验检疫总局，中国国家标准化管理委员会. 信息技术 大数据 技术参考模型. GB/T 35589-2017.
[3] 中华人民共和国国家质量监督检验检疫总局，中国国家标准化管理委员会. 信息技术服务 治理 第 5 部分：数据治理规范. GB/T 34960.5-2018.
[4] 中华人民共和国国家质量监督检验检疫总局，中国国家标准化管理委员会. 数据管理能力成熟度评估模型. GB/T 36073-2018.
[5] 张翼，王晓霞，宋亚奇，等. 物联网技术与应用. 北京：清华大学出版社, 2017.
[6] 刘云浩. 物联网导论. 3 版. 北京：科学出版社, 2017.
[7] 李必信，周颖. 信息物理融合系统导论. 北京：科学出版社, 2014.
[8] 王雪. 人工智能与信息感知. 北京：清华大学出版社, 2018.
[9] 朱福喜. 人工智能. 3 版. 北京：清华大学, 2017.
[10] 王万森. 人工智能原理及其应用. 4 版. 北京：电子工业出版社, 2018.
[11] 雷明. 机器学习：原理、算法与应用. 北京：清华大学出版社, 2019.
[12] 周志华. 机器学习. 北京：清华大学出版社, 2016.
[13] 张宪超. 深度学习(上). 北京：科学出版社, 2019.
[14] 张宪超. 深度学习(下). 北京：科学出版社, 2019.
[15] 李川，李英娜，赵振刚，等. 传感器技术与系统. 北京：科学出版社, 2016.
[16] 中华人民共和国国家质量监督检验检疫总局，中国国家标准化管理委员会. 传感器通用术语. GB/T 7665-2005.
[17]《计量测试技术手册》编辑委员会. 计量测试技术手册，第 1 卷：技术基础. 北京：中国计量出版社, 1996.
[18] 林玉池，曾周末. 现代传感技术与系统. 北京：机械工业出版社, 2009.
[19] 中华人民共和国国家质量监督检验检疫总局. 通用计量术语与定义. JJF 1001-2011.
[20] Gobel E O, Siegner U. 新国际单位制(SI)量子计量和量子标准. 中国计量科学研究院，译. 北京：中国计量出版社，2021.
[21] 潘立登，李大宇，马俊英. 软测量技术原理与应用. 北京：中国电力出版社, 2008.
[22] 戴亚平，马俊杰，王笑涵. 多传感器数据智能融合理论与应用. 北京：机械工业出版社, 2021.
[23] 高聪，王忠民，陈彦萍. 工业大数据融合体系结构与关键技术. 北京：机械工业出版社, 2020.
[24] 刘桂雄. 基于 IEEE1451 的智能传感器技术与应用. 北京：清华大学出版社, 2012.
[25] 王桂玲，王强，赵卓峰，等. 物联网大数据处理技术与实践. 北京：电子工业出版社, 2017.

[26] 章洋, 毛艳芳. 事件驱动的物联网服务理论和方法. 北京: 科学出版社, 2016.

[27] 李川, 张以谟, 赵永贵, 等. 光纤光栅: 原理、技术与传感应用. 北京: 科学出版社, 2005.

[28] Li C, Wang H, Luo C, et al. Numerical simulation and detection of dry-type air-core reactor temperature field based on laminar-turbulent model. AIP Advance, 2021, 11(035002): 1-9.

[29] Luo C, Wang H, Zhang D, et al. Analytical evaluation and experiment of the dynamic characteristics of double-thimble-type fiber bragg grating temperature sensors. Micromechines, 2021, 12(16): 1-15.

第 2 章　静态数据与误差分析

1892 年，Pearson 认为，科学以明晰的定义和逻辑为基础，而问题的解决需要应用测量理论、误差分析和统计推断等方法，通过测量进行理论与实践的对比验证。静态数据(static data)是由若干个相关现象在某一时间点上所处状态的集合，反映了在一定时间、地点等条件下诸多相关现象间的内在数值联系。统计基于概率论，用于收集、整理和分析随机数据，对研究问题进行推断和预测，揭示了数据关联关系，为专门研究指示了方向[1~12]，参见图 2-1。

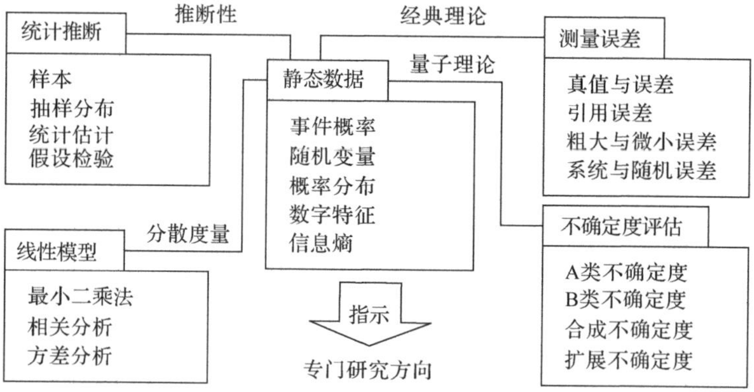

图 2-1　静态数据与误差分析的数据关联

2.1　概　　率

Maxwell 认为，世界的逻辑寓于概率(probability)的计算之中。随机现象是结果不确定的现象，对随机现象的观察为随机试验。相同条件下试验可重复进行；每次试验结果不止一种，试验前须明确试验所有可能结果；每次试验结果无法预知。17 世纪中期，Fermat、Pascal 和 Huygens 等人给出随机事件的概率和随机变量的期望和均值等概念。18 世纪，Bayes 提出计算条件概率的 Bayes 推理，揭示概率信息的认知加工过程与规律。19 世纪，Gauss、Legendre、Laplace、Bernoulli、Moivre 和 Poisson 等人利用概率分布、最小二乘法及相关定理形成概率论；Chebyshev 与 Markov、Lyapunov 提出大数定律。20 世纪 30 年代，Kolmogorov 和 Levy 建立公理化演绎理论。随机试验的一切可能结果(样本点ω)组成的集合为样本空间$\Omega=\{\omega\}$。每次试验只能出现Ω中的某一结果ω，各个可能结果ω在一次试验中出现是随机的，即随机事件。概率是某事件出现可能性的[0，1]数量指标[1~12]：

(1) 概率的先验古典定义(Laplace，1841 年)。设随机事件由有限 n 个等可能的基本结果组成，事件 A 是由其中的 k 个基本结果组成，则事件 A 的概率 $P(A)$为

$$P(A)=k/n \tag{2-1}$$

(2) 概率的公理化定义(Kolmogorov，1933 年)。设 F 是定义在样本空间Ω上的事件σ-代数，$P(A)$，$A\in F$ 是定义在 F 上的非负函数，满足下面条件

① 非负性公理：对于任意事件 $A\in F$，总有 $0\leqslant P(A)\leqslant 1$。

② 规范性公理：$P(\Omega)=1$，Ω为全部基本事件形成的基本空间，即必然事件。

③ 可列可加性公理：若 A_1, A_2，…，A_n 为两两不相容的事件，则

$$P\left(\bigcup_{i=1}^{\infty}A_i\right)=\sum_{i=1}^{\infty}P(A_i) \tag{2-2}$$

$P(A)$称为 F 上的概率测度(简称概率)。

(3) 概率后验(或经验)定义(von Mise，1936 年)。随机事件在相同条件下重复试验 n 次，A 出现 k 次，当 $n\to\infty$时，则事件 A 出现的概率定义为

$$P(A)=k/n,\quad n\to\infty \tag{2-3}$$

(4) 可列可加性条件概率公理系统的主观概率公理化定义(Renyi，1970 年)。设Ω为整个基本事件空间，即样本空间；F 是由Ω的子集所组成的事件σ域，即事件 $A\in F$，则 $\bar{A}\in F$；若 A_1，…，A_i，…$\in F$，则$\bigcup_{i=1}^{\infty}A_i\in F$。在 A、$B\in F$ 下，且 $P(B)\neq 0$，条件概率 $P(A|B)=P(AB)/P(B)$定义为事件 B 发生的条件下事件 A 发生的概率，满足

① 非负性和规范性公理：$P(\phi|B)=0\leqslant P(A|B)\leqslant P(\Omega|B)=1$，且 $P(B|B)=1$。

② 可列可加性公理：设 A_1, A_2，…，A_i，…两两互不相容，则

$$P\left(\bigcup_{i=1}^{\infty}A_i\middle|B\right)=\sum_{i=1}^{\infty}P(A_i|B) \tag{2-4}$$

③ 对每个事件集(A，B，C)，$A\subseteq B$，$B\subseteq C$，且 $P(B|C)>0$，存在

$$P(A|B)=P(A\cap B\mid C)/P(B\mid C) \tag{2-5}$$

2.1.1　事件概率

在大量随机现象中，事件频率具有稳定性，大量随机现象的平均结果也具有

稳定性，即大数定律。单个随机现象对大量随机现象共同产生的总平均效果几乎没有影响。频率的极限是概率。随机事件之间的相互关系可进行运算，参见表 2-1。

表 2-1　事件与集合对照表

记号	概率论	集合论
Ω	必然事件，样本空间	全集
$\varnothing$	不可能事件	空集
ω	基本事件或样本点	元素
A	事件	子集
$\omega \in A$	事件 A 出现	ω是 A 中元素
$A \subset B$	事件 A 出现，则事件 B 一定出现	A 是 B 的子集
$A=B$	两事件 A、B 相同	两集合 A、B 相等
$A \cup B$	两事件 A、B 至少有一个出现	两集合 A、B 的并集
$A \cap B$	两事件 A、B 同时出现	两集合 A、B 的交集
$A-B$	事件 A 出现，事件 B 不出现	两集合 A、B 的差集
$\overline{A}$	事件 A 的对立事件	A 的补集，即 A^c
$A \cap B=\varnothing$	事件 A 与事件 B 不相容	两集合 A、B 不相交
$P(A+B)=P(A)+P(B)-P(AB)$	加法公式	
$P(A-B)=P(A)-P(AB)$	减法公式	

设(Ω, F, P)是概率空间，$B \in F$，满足 $P(B)>0$，则 F 上的一个概率测度定义为

$$P(A \mid B)=P(A \cap B)/P(B), \quad A \in F \tag{2-6}$$

式中，$P(A|B)$为事件 A 在给定事件 B 条件下的条件概率。

① 乘法公式。设 $A_i \in F$，$i=1, \cdots, n(n \geqslant 2)$，且 $P(A_1 \cap \cdots \cap A_{n-1})>0$，则

$$P(A_1 \cap \cdots \cap A_n)=P(A_1)P(A_2|A_1)P(A_3|A_1 \cap A_2)\cdots P(A_n|A_1 \cap A_2 \cap \cdots \cap A_{n-1}) \tag{2-7}$$

② 全概率公式。设 $H_i \in F$，$i=1, 2, \cdots$为有限或可列个事件，满足条件 $H_i \cap H_j=\varnothing$，$i \neq j$，$\bigcup_{i=1}^{+\infty} H_i=\Omega$，则称$\{H_i, i=1, 2, \cdots\}$为一个完备事件组，又称为样本空间$\Omega$的一个分割。若 $P(H_i)>0$，$i=1, 2, \cdots$，那么对任意事件 $A \in F$，有

$$P(A)=\sum_i P(A \mid H_i)P(H_i) \tag{2-8}$$

③ Bayesian 公式(Bayesian formula)。设$\{H_i, i=1, 2, \cdots\}$是一完备事件组，对

$A \in F$，$P(A)>0$，有

$$P(H_i \mid A) = P(H_i)P(A|H_i) \Big/ \sum_j P(H_j)P(A \mid H_j) \tag{2-9}$$

式中，先验概率(prior)$P(H_i)$为事件 H_i 发生的概率，测度未知试验数据前对事件的先验认知程度。后验概率(posterior)$P(H_i|A)$为事件 A 发生条件下事件 H_i 发生的概率，测度已知试验数据后对事件的后验认知程度。数据似然(data likelihood)$P(A|H_i)$是事件 H_i 发生条件下事件 A 发生的概率，测度在先验认知下观察到当前试验数据的可能性。上式为根据已知结果分析原因的 Bayes 统计。

数理统计领域有频率和 Bayes 两大学派。频率学派认为事件的某个特征是确定的，存在恒定不变(常量)的特征真值，概率是长期试验中频率稳定所反映的真值，研究目标是真值所在范围。Bayes 学派认为事件的某个特征是满足某种概率分布的随机变量，概率反映认识的不确定性程度，由经验或知识进行判断，研究目标是该概率分布的最优表达。Bayes 概率是对事件发生概率的信任程度度量，取决于对事件的先验认识，及新信息加入后先验认知的不断修正。

2.1.2　随机变量及概率分布

随机变量的引入使概率论从对事件的研究转化为对随机变量的研究。中心极限定理表明，若一个随机变量取决于随机因素的总和，每个随机因素的单独作用对总体影响很小且相对均匀，则该随机变量满足正态分布。

1) 随机变量

在随机试验 E 中，若存在唯一一个实数 $X(\omega)$与样本空间Ω中的每一个样本点ω对应，则称 $X=X(\omega)$为随机变量。对任意实数 x，随机变量 X 的分布函数为

$$F(x) = P(X \leqslant x), \quad -\infty < x < \infty \tag{2-10}$$

对$-\infty<a<b<+\infty$，有

$$P(a < x \leqslant b) = F(b) - F(a) \tag{2-11}$$

若存在非负函数 $f(x)$为 X 的(概率)密度函数，则可表示为

$$F(x) = \int_{-\infty}^{x} f(t)\mathrm{d}t \tag{2-12}$$

若 X 取值 x_1，…，x_n，则离散型随机变量 X 的分布律(或概率函数)为

$$P(X = x_i) = p_i, \quad i = 1, 2, \cdots, n \tag{2-13}$$

且 p_i 满足条件 $\sum_{i=1}^{n} p_i = 1$。因此，离散型随机变量 X 的概率分布函数为

$$F(x)=\sum_{i<n}p_i \tag{2-14}$$

2) 多维随机变量(向量)与联合分布

设随机试验 E，样本空间为Ω。若Ω中的每一个样本点ω都对应一对有序实数$(X(\omega), Y(\omega))$，则(X, Y)为二维随机变量(向量)，其取值范围为其值域$\Omega_{(X, Y)}\subset\mathbf{R}^2$。对$(x, y)\in\mathbf{R}^2$，二维联合随机变量$(X, Y)$的联合分布函数$F(x, y)$为

$$F(x, y)=P(X\leqslant x, Y\leqslant y)=\int_{-\infty}^{x}\int_{-\infty}^{y}f(u, v)\mathrm{d}u\mathrm{d}v \tag{2-15}$$

式中，二元非负实值函数$f(u, v)$为二维连续型随机变量(x, y)的联合(概率)密度函数。若二维随机变量(X, Y)为有限或可列无限，则(X, Y)为二维离散型随机变量，其联合分布律为$P(X=x_i, Y=y_j)=p_{ij}$，$i,j=1, 2, \cdots$，且$p_{ij}\geqslant 0$，$\sum_i\sum_j p_{ij}=1$。

3) 边缘分布

设二维随机变量(X, Y)的联合分布函数为$F(x, y)$，$F_X(x)=F(x, +\infty)$，$-\infty<x<+\infty$为随机变量X的边缘分布函数；$F_Y(y)=F(+\infty, y)$，$-\infty<y<+\infty$为随机变量Y的边缘分布函数。若

$$F(x, y)=F_X(x)F_Y(y) \tag{2-16}$$

则称随机变量X与Y相互独立。

设二维连续型随机变量(X, Y)的联合密度函数为$f(x, y)$，则X和Y的边缘密度函数为

$$f_X(x)=\int_{-\infty}^{+\infty}f(x, y)\mathrm{d}y,\ f_Y(y)=\int_{-\infty}^{+\infty}f(x, y)\mathrm{d}x \tag{2-17}$$

X与Y相互独立的充分必要条件是在(X, Y)的联合分布函数$f(x, y)$、X和Y的边缘密度函数$f_X(x)$和$f_Y(y)$的一切公共连续点上都有

$$f(x, y)=f_X(x)f_Y(y) \tag{2-18}$$

设二维离散型随机变量(X, Y)的联合分布律为$P(X=x_i, Y=y_j)=p_{ij}$，$i,j=1, 2, \cdots$，概率$P(X=x)=\sum_j p_{ij}=p_{i\cdot}$ $(i=1, 2, \cdots)$为随机变量X的边缘分布律。同理，概率$P(Y=y)=\sum_i p_{ij}=p_{\cdot j}$ $(j=1, 2, \cdots)$为随机变量Y的边缘分布律，则X与Y相互独立的充分必要条件是对任意的$i,j=1, 2, \cdots$，满足

$$p_{ij}=p_{i\cdot}p_{\cdot j} \tag{2-19}$$

相互独立性是指当X取定x_i时，Y的取值规律不受任何影响，即

$$P(Y=y_j\mid X=x_i)=P(X=x_i, Y=y_j)/P(X=x_i)=p_{ij}/p_{i\cdot}=p_{\cdot j}=P(Y=y_j) \tag{2-20}$$

4) 条件分布

设 $f(x, y)$为二维连续型随机变量(X, Y)的联合密度函数，当 $y\in\Omega_Y$时，在给定$\{Y=y\}$条件下 x 的条件密度函数和条件分布函数为

$$\begin{cases} f_{X|Y}(x|y)=f(x, y)/f_Y(y), -\infty<x<+\infty, \ f_Y(y)>0 \\ F_{X|Y}(x|y)=\int_{-\infty}^{x} f_{X|Y}(u, y)\mathrm{d}u=\int_{-\infty}^{x} f(u,y)/f_Y(y)\mathrm{d}u, -\infty<x<+\infty, \ f_Y(y)>0 \end{cases} \tag{2-21}$$

给定条件$\{Y=y\}$，随机变量 X 为 $X|Y=y$，值域为$\Omega_{X|Y=y}=\{x: f(x, y)\neq 0\}$。

设二维离散型随机变量(X, Y)的联合分布律为 $P(X=x_i, Y=y_j)=p_{ij}$，随机变量 Y 的边缘分布律为 $P(Y=y)=\sum_i p_{ij}=p_{\cdot j}$。当 $y\in\Omega_Y$时，在给定$\{Y=y\}$条件下 x 的条件分布律为

$$P(X=x_i|Y=y_j)=P(X=x_i, Y=y_j)/P(Y=y_j)=p_{i|j}=p_{ij}/p_{\cdot j}, \ i=1,2,\cdots \tag{2-22}$$

2.1.3　随机变量的数字特征

随机变量的概率分布完整描述了随机变量的规律，其中，随机变量的数字特征描述了随机变量的某些特征，参见表 2-2。设 X、Y 是随机变量，k、l 是正整数，则离散数据可采用分布列及其数字特征，参见表 2-3。

表 2-2　常用分布密度及其数字特征

名称	分布密度函数及其特征函数	数字特征
正态分布	$p(x)=(2\pi)^{-1/2}\sigma^{-1}\mathrm{e}^{-(x-\mu)^2/(2\sigma^2)}$；$\mathrm{e}^{\mathrm{i}\mu t-\sigma^2t^2/2}$ 随机变量概率分布都可近似用正态分布来描述	μ；σ^2
对数正态分布	$p(x)=\sigma_H^{-1}x^{-1}(2\pi)^{-1/2}\mathrm{e}^{-(\ln x-\mu)^2/(2\sigma_H^2)}$，$x>0$ 用于绝缘材料的寿命、设备故障的维修时间等	$\mathrm{e}^{\mu+\sigma_H^2/2}$； $\mathrm{e}^{2\mu+\sigma_H^2}\left(\mathrm{e}^{\sigma_H^2}-1\right)$
指数分布	$p(x)=\lambda\mathrm{e}^{-\lambda x}$，$x>0$；$(1-\mathrm{i}t\lambda^{-1})^{-1}$ 可靠性，用于元件的寿命分布、通信问题等	$1/\lambda$；$1/\lambda^2$
Weibull 分布	$p(x)=(m/\alpha)x^{m-1}\mathrm{e}^{-x^m/\alpha}$，$x\geqslant 0$ 可靠性，用于材料及零件疲劳寿命等	$\alpha^{1/m}\Gamma(1/m+1)$； $\alpha^{2/m}\{\Gamma(2/m+1)-\Gamma(1/m+1)\}$
Rayleigh 分布	$p(x)=(x/b^2)\mathrm{e}^{-x^2/(2b^2)}$，$x\geqslant 0$ 描述平坦衰落信号接收包络或独立多径分量接受包络统计时变特性的分布类型	$(\pi/2)^{1/2}b$；$(4-\pi)b^2/2$
β分布	$p(x)=\Gamma(a+b)(\Gamma(a)\Gamma(b)^{-1}x^{a-1}(1-x)^{b-1}$， $0\leqslant x\leqslant 1$，$a>0$，$b>0$； 是一个 Bernouli 和二项式分布的共轭先验分布的密度函数，可表示误差分布，其特征量可计算测量结果和相应的测量不确定度，获得数据处理结果	$a/(a+b)$； $(a+b)^{-2}ab/(a+b+1)$

续表

名称	分布密度函数及其特征函数	数字特征
Γ分布	$p(x)=(b^a\Gamma(a))^{-1}x^{a-1}e^{-bx}$，$x\geqslant 0$；$(1-itb)^{-\alpha}$ 计数特征具有独立增量和平稳增量的情况	ab；ab^2
均匀分布	$p(x)=(b-a)^{-1}$，$a\leqslant x\leqslant b$；$(e^{ibt}-e^{iat})/(it(b-a))$ 用于舍入误差、量化误差等	$(b+a)/2$；$(b-a)^2/12$

表 2-3　常用分布列及其数字特征

名称	分布列及其特征函数	数字特征
一点分布	$p(x=a)=1$；e^{ita} 用于系统误差	a；0
二项分布	$p_k=\binom{n}{k}p^k(1-p)^{n-k}$ $k=0,1,\cdots,n$；$0\leqslant p\leqslant 1$；$(pe^{it}+q)^n$ Bernoulli 试验，用于抽样检验，质量评估	np；$np(1-p)$
负二项分布	$p_k=\binom{k-1}{r-1}p^r(1-p)^{k-r}$ $k=r,r+1,\cdots$；$0\leqslant p\leqslant 1$；$p^r(1-qe^{it})^{-r}$ Bernoulli 试验，随机变量 X 表示 A 事件第 r 次出现时已经试验的次数	r/p；$p^{-2}r(1-p)$
Bernoulli(二点)分布	当 $k=0$，$p_k=1-p$；当 $k=1$，$p_k=p$，$0<p<1$；$p+(1-p)e^{it}$ 用于系统误差	p；$p(1-p)$
Poisson 分布	$p_k=(k!)^{-1}\lambda^k e^{-\lambda}$，$k=0,1,\cdots,n$；$\lambda>0$；$e^{\lambda(e^{it}-1)}$ 用于抽样检验、质量评估、放射计量	λ；λ
几何分布	$p_k=p(1-p)^{k-1}$，$k=1,\cdots,n$；$0<p<1$；$pe^{it}(1-(1-p)e^{it})^{-1}$ Bernoulli 试验，随机变量 X 表示 A 事件首次出现时已经试验的次数	$1/p$；$p^{-2}(1-p)$
超几何分布	$p_k=\binom{K}{k}\binom{M-K}{N-k}\Big/\binom{M}{N}$ $p=\lim\limits_{N\to\infty}p_k=\binom{N}{k}p^k(1-p)^{N-k}$ $k=\max(0,N+K-M),\cdots,\min(N,K)$；$p=K/M$ 用于抽样检验、质量评估	$N\frac{K}{M}$； $\frac{NK(M-K)(M-N)}{M^2(M-1)}$

设 X、Y 是随机变量，k、l 是正整数，则

① $m_k=E(X^k)$是随机变量 X 的 k 阶原点矩；

② $\mu_k=E((X-E(X))^k)$是随机变量 X 的 k 阶中心矩；

③ $E(X^kY^l)$是随机变量(X, Y)的(k, l)阶联合原点矩；

④ $E((X-E(X))^k(Y-E(Y))^l)$是随机变量(X, Y)的(k, l)阶联合中心距。

随机变量的常用矩及其派生出的特征量反映了随机变量的数字特征：

① 当 k=1 时，$\mu_1=0$，中心矩可排除期望值不同的影响，坐标原点移至期望μ处。

② 当 k=2 时，$\mu_2=\sigma^2=D(X)$，即方差(variance)，表征分布离散度的特征量，也称尺度参数。

③ 当k=3 时，μ_3可表征分布非对称性；标准化矩$\gamma_3=\alpha_3=\mu_3/\sigma^3$为偏度系数(偏态)。$|\gamma_3|$越大，分布越不对称，而$\gamma_3<0$时称负偏或左偏，$\gamma_3>0$时称正偏或右偏。

④ 当k=4 时，μ_4可表征分布的凹凸形态；$\alpha_4=\mu_4/\sigma^4$，正态分布$\alpha_4=3$；相对正态分布$\gamma_4=\alpha_4-3$为分布的峰度系数(峰态)。对于单凸或单凹的对称分布，$\gamma_4>0$，γ_4越大，其峰态比正态分布更尖峭，分布更集中于$\mu\pm\sigma$区间之内，其两端拖尾更长；反之，$\gamma_4<0$，γ_4越小，峰态比正态分布更平坦，更分散于$\mu\pm\sigma$区间之外，甚至呈凹形的谷态，即负峰态。

1) 特征函数

随机变量 X 的特征函数定义为其分布密度 $p(x)$的 Fourier 变换(Fourier transform)，分布密度$p(x)$的 Fourier 变换及其逆变换为

$$\varphi(t)=\int_{-\infty}^{+\infty}\mathrm{e}^{\mathrm{i}xt}p(x)\,\mathrm{d}x=E\left(\mathrm{e}^{\mathrm{i}xt}\right),\ p(x)=\frac{1}{2\pi}\int_{-\infty}^{+\infty}\varphi(t)\mathrm{e}^{-\mathrm{i}\omega x}\,\mathrm{d}t \tag{2-23}$$

2) 累积量生成函数(母函数)

累积量生成函数(第二特征函数)定义为其特征函数的对数，按 Taylor 级数展开为

$$\varPsi(t)=\ln\varphi(t)=\sum_{k=1}^{\infty}\frac{1}{k!}(-\mathrm{i})^k\varPsi^k(0)(\mathrm{i}t)^k=\sum_{k=1}^{\infty}\frac{\kappa_k}{k!}(\mathrm{i}t)^k \tag{2-24}$$

式中，系数κ_k是 k 阶累积量或半不变量

$$\kappa_k=\mu_k-\sum_{i=2}^{k/2}(-1)^i\frac{k!}{i}\sum_{k_1+k_2+\cdots+k_i=k}\frac{(-1)^{i-1}}{i}\frac{\mu_{k_1}\mu_{k_2}\cdots\mu_{k_i}}{k_1!k_2!\cdots k_i!},\quad k\geqslant 4 \tag{2-25}$$

式中，系数κ_k是 k 阶累积量或半不变量

$$\gamma_k=\kappa_k/\sigma^k \tag{2-26}$$

正态分布的高阶($k\geqslant3$)累积量均恒为零。

3) 协方差矩阵

二维随机向量(x_1, x_2)的四个二阶中心矩称为(x_1, x_2)的协方差矩阵

$$c_{ij}=\mathrm{cov}(x_i,\ x_j)=E\Big(\big(x_i-E(x_i)\big)\big(X_j-E(x_j)\big)\Big),\quad i,j=1,2 \tag{2-27}$$

2.1.4　信息熵

1948 年，Shannon 引入表示信息不确定性的信息熵(entropy)，衡量概率分布的随机程度，或包含信息量大小。不确定性的离散型信息源可表示为互不相容的离散随机变量 $X=x_1$，…，x_n，$P(x=x_i \cap x=x_j)=0$，$i \neq j$，对应的概率为 p_1，…，p_n，且 $\sum_{i=1}^{n} p_i = 1$，则离散型熵定义为

$$H(X)=H(p_1,\cdots,p_n)=-k\sum_{i=1}^{n} p_i \log p_i \tag{2-28}$$

式中，对数取 2 为底，单位为比特，也可取其他对数底；k 为常数。与必然事件对应的完全确定性量的取值概率为 1，信息熵 $H(X)=0$。

对连续型信息源或连续随机变量 X，其概率分布密度为 $p(x)$，熵定义为

$$H(X)=H(p(x))=-\int_{-\infty}^{\infty} p(x)\log p(x)\mathrm{d}x=-E(\log p(x)) \tag{2-29}$$

上式是一个带等式约束的泛函极值问题，可构造 Lagrange 乘子泛函

$$\begin{aligned} F(p,\ \alpha,\ \beta,\ \gamma)=&-\int_{-\infty}^{\infty} p(x)\log p(x)\mathrm{d}x+\alpha\left(\int_{-\infty}^{\infty} p(x)\mathrm{d}x-1\right) \\ &+\beta\left(\int_{-\infty}^{\infty} xp(x)\mathrm{d}x-\mu\right)+\gamma\left(\int_{-\infty}^{\infty}(x-\mu)^2 p(x)\mathrm{d}x-\sigma^2\right) \end{aligned} \tag{2-30}$$

将上式被积函数合并，泛函的核为

$$L(x,\ p(x),\ p'(x))=-p(x)\log p(x)+\alpha p(x)+\beta xp(x)+\gamma(x-\mu)^2 p(x) \tag{2-31}$$

根据 Euler-Lagrange 方程，可得如下微分方程

$$\frac{\partial L}{\partial p}-\frac{\mathrm{d}}{\mathrm{d}x}\left(\frac{\partial L}{\partial p'}\right)=-(1+\log p(x))+\alpha+\beta x+\gamma(x-\mu)^2=0 \tag{2-32}$$

则正态分布的概率密度函数(probability density function，PDF)为

$$p(x)=\mathrm{e}^{\gamma(x-\mu)^2+\beta x+\alpha-1}=\left(\sqrt{2\pi}\sigma\right)^{-1}\mathrm{e}^{-(x-\mu)^2/\left(2\sigma^2\right)} \tag{2-33}$$

式中，约束条件为 $\int_{-\infty}^{+\infty} p(x)\mathrm{d}x=1$，$\int_{-\infty}^{+\infty}(x-\mu)^2 p(x)\mathrm{d}x=\sigma^2$，$\int_{-\infty}^{+\infty} xp(x)\mathrm{d}x=\mu$；$\alpha=1-\log\left(\sqrt{2\pi}\sigma\right)$，$\beta=0$，$\gamma=-1/(2\sigma^2)$。正态分布 $N(\mu,\ \sigma^2)$的熵为

$$H(p)=-\int_{-\infty}^{+\infty}\left(\sqrt{2\pi}\sigma\right)^{-1}\mathrm{e}^{-(x-\mu)^2/\left(2\sigma^2\right)}\log\left(\left(\sqrt{2\pi}\sigma\right)^{-1}\mathrm{e}^{-(x-\mu)^2/\left(2\sigma^2\right)}\right)\mathrm{d}x=\log\left(\sqrt{2\pi\mathrm{e}}\sigma\right) \tag{2-34}$$

1) 联合熵

联合熵描述了一组随机变量的不确定性。二维离散型随机变量 X 和 Y 的联合 PDF 为 $p(x, y)$，联合熵定义为

$$H(X, Y) = -\sum_{x}\sum_{y} p(x, y)\log p(x, y) \tag{2-35}$$

根据定义，联合熵是非负的，即 $H(X, Y)\geqslant 0$。

对二维连续型随机向量(X, Y)，若联合 PDF 为 $p(x, y)$，其联合熵为

$$H(X, Y) = -\int_{-\infty}^{+\infty}\int_{-\infty}^{+\infty} p(x, y)\log p(x, y)\mathrm{d}x\mathrm{d}y \tag{2-36}$$

若随机变量 X 和 Y 相互独立，则其联合熵等于各自边缘分布的熵之和

$$H(X, Y) = H(X) + H(Y) \tag{2-37}$$

式中，$H(X)$和 $H(Y)$分别为 X 和 Y 的边缘分布的熵。X 和 Y 相互独立，则

$$p(x, y) = p(x)p(y) \tag{2-38}$$

2) 交叉熵

交叉熵是数学期望，衡量两个概率分布的差异。对离散型随机变量 X，$p(x)$ 和 $q(x)$是两个概率分布的概率函数，交叉熵定义为

$$H(p, q) = E_p\left(-\log q(x)\right) = -\sum_{x} p(x)\log q(x) \tag{2-39}$$

对两个连续型概率分布，假设 PDF 分别为 $p(x)$和 $q(x)$，交叉熵定义为

$$H(p, q) = E_p\left(-\log q(x)\right) = -\int_{-\infty}^{+\infty} p(x)\log q(x)\mathrm{d}x \tag{2-40}$$

若两个概率分布完全相等 $p(x)=q(x)$，交叉熵退化成熵，$H(p, q)=H(p)=H(q)$。此外，交叉熵不具有对称性 $H(p, q)\neq H(q, p)$，也不满足三角不等式。

3) KL 散度

KL 散度(Kullback-Leibler divergence)或称相对熵，衡量两个概率分布间的差异。两个离散型概率分布 p 和 q 间的 KL 散度定义为

$$D_{\mathrm{KL}}(p\|q) = \sum_{x} p(x)\log\left(p(x)/q(x)\right) \tag{2-41}$$

式中，$p(x)$和 $q(x)$为这两个概率分布的 PDF。KL 散度非负，$D_{\mathrm{KL}}(p\|q)\geqslant 0$。KL 散度值越大，两个概率分布的差异越大。当两个概率分布完全相等时，KL 散度值 $D_{\mathrm{KL}}(p\|q)=0$。

两个连续型概率分布 p 和 q 间的 KL 散度定义为

$$D_{\mathrm{KL}}(p\|q) = \int_{-\infty}^{+\infty} p(x)\log\left(p(x)/q(x)\right)\mathrm{d}x \tag{2-42}$$

根据 KL 散度与交叉熵、熵的定义，可知 KL 散度是交叉熵与熵之差

$$D_{\mathrm{KL}}\left(p\|q\right)=-\sum_{x}p\left(x\right)\log q\left(x\right)+\sum_{x}p\left(x\right)\log p\left(x\right)=H\left(p,\ q\right)-H\left(p\right) \tag{2-43}$$

若 $p(x)$已知概率分布，则其熵 $H(p)$为常数。在 ML 中，通常以概率分布 $p(x)$为目标，拟合(fitting)出概率分布 $q(x)$来近似。此时 $H(p)$是不变的，可直接用交叉熵 $H(p, q)$作为优化目标。

4) JS 散度

两个概率分布 p 和 q 的 JS 散度(Jensen-Shannon divergence)定义为

$$D_{\mathrm{JS}}\left(p\|q\right)=2^{-1}D_{\mathrm{KL}}\left(p\|m\right)+2^{-1}D_{\mathrm{KL}}\left(q\|m\right) \tag{2-44}$$

式中，$m(x)=(p(x)+q(x))/2$。JS 散度具有对称性 $D_{\mathrm{JS}}(p\|q)=D_{\mathrm{JS}}(q\|p)$，且 JS 散度非负。当且仅当两个概率分布相等，即 $m(x)=p(x)=q(x)$时，JS 散度有最小值 $D_{\mathrm{JS}}(p\|q)=0$。JS 散度越大，两个概率分布之间的差异越大。

5) 互信息

互信息反映两随机变量的依赖程度，即相关性程度

$$I\left(X,\ Y\right)=\sum_{x}\sum_{y}p\left(x,\ y\right)\log\left(p\left(x,\ y\right)/\left(p\left(x\right)p\left(y\right)\right)\right) \tag{2-45}$$

式中，$p(x, y)$为离散型随机变量 X 和 Y 的联合概率，$p(x)$和 $p(y)$分别为 X 和 Y 的边缘概率。若两随机变量相互独立，即 $p(x, y)=p(x)p(y)$，则 $I(X, Y)=0$。互信息具有对称性，即 $I(X, Y)=I(Y, X)$。互信息是非负的，即 $I(X, Y)\geqslant 0$。互信息不大于其中任何一个随机变量的熵

$$I\left(X,\ Y\right)\leqslant\min\left\{H\left(X\right),\ H\left(Y\right)\right\} \tag{2-46}$$

6) 条件熵

条件熵是已知一个随机变量的取值的条件下另外一个随机变量的信息量。给定 X 的条件下 Y 的条件概率 $p(y|x)$的熵 $H(Y|X=x)$对 X 的数学期望为

$$H\left(Y|X\right)=-\sum_{x}\sum_{y}p\left(x,\ y\right)\log\left(p\left(x,\ y\right)/p\left(x\right)\right)\leqslant H\left(X\right) \tag{2-47}$$

式中，$p(x,y)$为 X 和 Y 的联合概率，$p(x)$为 X 的边缘概率。条件熵是非负的，$H(Y|X)\geqslant 0$。当 Y 完全由 X 确定时，$H(Y|X)=0$，$p(y|x)=1$。当两随机变量相互独立时，$H(Y|X)=H(Y)$。

2.2 统计推断

1923 年，Fisher、Pearson 和 Neyman 等人创建统计推断[1~12]，包括参数估计与假设检验。①实验设计和研究，对随机现象进行观察和实验，以合理、有效获

取观察资料。②统计推断，对获得的数据进行整理、加工，对问题做可靠、精确的判断。

2.2.1　样本与抽样分布

数据抽样主要用于有效、正确地收集数据，通过样本的抽样分布情况来了解总体，参见表 2-4。①总体是一个概率分布，样本是按一定规则从总体中抽出的一部分个体。当总体有限时，样本分布与抽样方式有关，仅由总体分布不能完全决定其样本分布。②完全由样本决定的量被称为统计量。统计量不依赖于其他未知量，包括总体分布中的未知参数。统计量是对样本的加工，能把样本中所含的(某一方面的)信息集中起来。

表 2-4　抽样的基本方法

基本方法	描述	应用
简单随机抽样	使总体中的每一个个体都有同等的机会被抽到。比如抽签或随机数表，以保证样品的代表性	样本类别不多或分布较均匀时
分层抽样	将总体数据按照主要特征分类或分层，然后在各层中按照随机原则抽取样本	减少层内差异，增加样本的代表性
整体抽样	将总体分为若干组，每组尽可能与其他组相似，可使用简单随机抽样选择几个组	样本总体差异较小的情况
系统抽样	从总体中每隔 K 个个体抽取一个个体的抽样方法	样本量特别多，可按某种次序排列

抽样的样本经过纠正或调整后，可使得样本的数据情况与总体的数据情况类似，但是仍然存在数据偏差现象，参见表 2-5。

表 2-5　典型的偏差类型及改进方法

偏差类型	改进方法
样本偏差	样本偏差容易导致数据以偏概全。可在条件允许的范围内尽可能增加样本
幸存者偏差	幸存者偏差导致的思想误区是相信部分事件在短时间内是随机的，不相信长期的随机性。可通过多个角度全面观察问题，有限屏蔽噪声数据
概率偏差	概率偏差是主观理解的数据偏差。应基于客观数据做好统计与概率分析；当不能验证客观概率时，应借助辅助数据、行业报告或行业专家，减少概率偏差
信息茧房	信息茧房是指对信息的筛选通常会习惯性地被兴趣所引导，从而导致对信息的理解存在个性偏差。应以开放、包容的心态理解观测值

1) 总体与样本

简单随机样本 $X_i(i=1, \cdots, n)$与总体 X 的分布相同的独立同分布。若总体 X

是离散型随机变量，分布律为$P(X=x;\ \theta)$，则样本$(X_1,\ \cdots,\ X_n)$的联合分布律为

$$F\left(X_1=x_1,\cdots,X_n=x_n;\ \theta\right)=\prod_{i=1}^{n}P\left(X_i=x_i;\ \theta\right) \tag{2-48}$$

若总体X是连续随机变量，密度函数为$f(x;\ \theta)$，则样本$(X_1,\ \cdots,\ X_n)$的联合密度函数为

$$f\left(x_1,\cdots,x_n;\ \theta\right)=f_{X_1}\left(x_1;\ \theta\right)\cdots f_{X_n}\left(x_n;\ \theta\right)=\prod_{i=1}^{n}f\left(x_i;\ \theta\right) \tag{2-49}$$

2) 统计量

设$(X_1,\ \cdots,\ X_n)$为取自总体的一个样本，则样本均值和样本方差分别为

$$\bar{X}=n^{-1}\sum_{i=1}^{n}X_i,\ S^2=(n-1)^{-1}\sum_{i=1}^{n}\left(X_i-\bar{X}\right)^2=(n-1)^{-1}\left(\sum_{i=1}^{n}X_i^2-n\bar{X}^2\right) \tag{2-50}$$

其观测值样本均值和样本方差分别为

$$\bar{x}=n^{-1}\sum_{i=1}^{n}x_i,\ s^2=(n-1)^{-1}\sum_{i=1}^{n}\left(x_i-\bar{x}\right)^2=(n-1)^{-1}\left(\sum_{i=1}^{n}x_i^2-n\bar{x}^2\right) \tag{2-51}$$

3) 三大抽样分布

常用统计分布在正态总体假定下都与χ^2分布、t分布、F分布有关，参见表 2-6。

表 2-6　三大抽样分布

类型	内容
χ^2分布	定义：设x_1，…，x_n相互独立，都服从标准正态分布$N(0,\ 1)$，则称随机变量$x^2=\sum_{i=1}^{n}x_i^2$服从自由度为n的χ^2分布。$\chi^2(n_1)+\chi^2(n_2)=\chi^2(n_1+n_2)$
	分布密度：$p(x)=2^{-n/2}x^{n/2-1}\mathrm{e}^{-x/2}(\Gamma(n/2))^{-1}$，$x>0$； 其中，$\Gamma(n/2)=\int_0^{\infty}x^{n/2-1}\mathrm{e}^{-x}\,\mathrm{d}x$，$\Gamma(1/2)=\sqrt{\pi}$
	期望：n。方差：$2n$
	特征函数：$\theta(t)=(1-2\mathrm{i}t)^{-n/2}$
	性质：给定α，$0<\alpha<1$，称满足条件$P\left(\chi^2>\chi_\alpha^2(n)\right)=\alpha$的点$\chi_\alpha^2(n)$为$\chi^2(n)$分布的上侧$\alpha$分位点。当$n>45$时，$\chi_\alpha^2(n)\approx\left(z_\alpha+\sqrt{2n-1}\right)^2/2$
t分布	定义：设x_1服从标准正态分布$N(0,\ 1)$，x_2服从自由度为n的χ^2分布，且x_1和x_2相互独立，则变量$t=x_1/(x_2/n)$所服从的分布为自由度为n的t分布
	分布密度：$t_n(x)=\Gamma\left((n+1)/2\right)\left(\sqrt{\pi n}\,\Gamma(n/2)\right)^{-1}\left(1+x^2/n\right)^{-(n+1)/2}$ $t(n)\to N(0,\ 1)$(当$n\to\infty$)

续表

类型	内容
t 分布	期望：0。方差：当 $n>1$ 时，0；当 $n>2$ 时，$n/(n-2)$
	特征函数：$\theta(t)=\left(\pi\Gamma(n/2)\right)^{-1}\left(\lvert t\rvert/\left(2\sqrt{n}\right)\right)^{n/2}N_{n/2}\left(\lvert t\rvert/\sqrt{n}\right)$，$N$ 为第二类 Bessel 函数
	性质：给定α，$0<\alpha<1$，称满足条件 $P(T>t_\alpha(n))=\alpha$的点 $t_\alpha(n)$为 $t(n)$分布的上侧α分位点。$t_{1-\alpha}(n)=-t_\alpha(n)$
F 分布	定义：设 x_1 和 x_2 分别服从自由度为 m 和 n 的χ^2分布，且 x_1 和 x_2 相互独立，则称变量 $F=(x_1/m)/(x_2/n)$ 服从 $F(m, n)=1/F(n, m)$的 F 分布，其中第一自由度为 m，第二自由度为 n
	分布密度：$f_{mn}(x)=\dfrac{\Gamma\left((m+n)/2\right)}{\Gamma(m/2)\Gamma(n/2)}\left(\dfrac{m}{n}\right)^{m/2}x^{m/2-1}\left(1+xm/n\right)^{-(m+n)/2}$，$x>0$
	期望：$n/(n-2)$。方差：$2n^2(m+n-2)m^{-1}(n-2)^{-2}(n-4)^{-1}$
	特征函数：$\theta(t)=M(m/2, -n/2, -\mathrm{i}nt/m)$，而 M 为合流型超几何级数
	性质：给定α，$0<\alpha<1$，满足 $P(F>f_\alpha(m, n))=\alpha$的点 $f_\alpha(m, n)$为 $F(m, n)$分布的上侧α分位点。有 $f_{1-\alpha}(m, n)=1/f_\alpha(n, m)$

2.2.2　统计估计

若变量的分布形态未知，根据样本数据对变量的分布形态进行推测(估计)。若变量的分布形式已知，根据样本数据对未知的参数或未知参数的函数进行估计。设统计总体 X 的 PDF 为 $f(x; \theta_1, \cdots, \theta_k)$，其中，$\theta_1$，$\cdots$，$\theta_k$ 为标记总体分布的 k 个未知参数或称总体参数。参数估计问题的一般方法是：从总体抽出独立随机样本 X_1，$\cdots$，X_n，其公共分布就是总体分布。根据该样本对参数θ_1，$\cdots$，θ_k 或其中未知值进行估计。总体参数估计对总体特征进行估计，从局部结果推论总体情况。

1) 点估计

点估计使用样本来计算一个值，比如均值、方差等。点估计值通常被当作未知数的最可能的值。点估计的最终结果可通过以下三个方面进行评估：①无偏性，估计值的期望值等于被估计的参数值，否则称为有偏估计。无偏性是指样本估计值在参数的真值附近扰动。②有效性，估计值越靠近目标，效果越好，可用方差衡量。有效性与无偏性没有直接关系，但是当一个参数有多个无偏估计时，则估计方差越小，估计值越有效。③一致性，随着样本量的不断增大，参数的估计结果均趋于被估计的参数值。

(1) 矩估计。

设总体 X 的均值 $E(X)=\mu$和方差 $\mathrm{var}(X)=\sigma^2$ 未知，$(X_1, \cdots, X_n)$为该总体的一个样本，则 $\bar{X}$ 、S_n^2 和 S_n 分别是μ、σ^2 和σ的矩估计量。若未知总体分布类型，已知未知参数与总体各阶原点矩的关系，则求解总体未知参数θ的矩估计量的一般步骤如下：

步骤 1，计算总体的 k 阶原点矩$\mu^k=E(X^k)=h(\theta)$，$k=1, 2$，…。

步骤 2，解出$\theta=h^{-1}(E(X^k))=h^{-1}(\mu_k)$。

步骤 3，计算样本的 k 阶原点矩 $A_k=n^{-1}\sum_{j=1}^{n}X_j^k$，得$\theta$的矩估计$\hat{\theta}=h^{-1}(A_k)$。

(2) 极大似然估计。

给定观测数据来评估模型参数，即模型已定，参数未知。通过多次试验，利用试验结果得到能使样本出现概率最大的某个参数值。设总体 X 的分布律为 $P(X=x;\ \theta)$，已知$\theta\in\Theta$，Θ是参数空间。$(x_1, \cdots, x_n)$为取自总体 X 的一个样本$(X_1, \cdots, X_n)$的观测值，将样本的联合分布律表示为θ的似然函数 $L(\theta)$

$$L(\theta)=\prod_{i=1}^{n}P(X_i=x_i;\ \theta) \tag{2-52}$$

满足关系式 $L(\hat{\theta})=\max\limits_{\theta\in\Theta}L(\theta)$ 的解 $\hat{\theta}$ 为θ的极大似然估计(maximum likelihood estimation，MLE)量。若固定$\theta_1, \cdots, \theta_k$，则 L 是 $x_1, \cdots, x_n$ 的概率函数。若固定$X_1, \cdots, X_n$，则 L 是$\theta_1, \cdots, \theta_k$的似然函数。似然程度最大的点$(\theta_1^*, \cdots, \theta_k^*)$为$(\theta_1, \cdots, \theta_k)$估计值，满足条件

$$L(X_1,\cdots,X_n;\ \theta_1^*,\cdots,\theta_k^*)=\max_{\theta_1,\cdots,\ \theta_k}L(X_1,\cdots,X_n;\ \theta_1,\cdots,\theta_k) \tag{2-53}$$

(3) 最小二乘估计。

通过最小化误差的平方和寻找数据的最佳函数匹配，使这些求得的数据与实际数据之间的误差的平方和为最小，利用该函数计算未知数据。

2) 区间估计

区间估计是以一定的概率保证估计包含总体参数的一个值域，可表示估计结果的准确度和可靠度，具备估计值、抽样极限误差和概率保证程度。抽样调查时，根据研究目的和研究对象的标志变异程度，确定允许的误差范围。抽样误差范围决定抽样估计的准确性，概率保证程度决定抽样估计的可靠性。设$(X_1, \cdots, X_n)$是取自总体 X 的一个样本，总体 $X\sim f(x;\ \theta)$，$\theta\in\Theta$未知，$1-\alpha$为置信水平，对$\forall 0<\alpha<1$，使

$$P(\theta_L\leqslant\theta\leqslant\theta_U)=1-\alpha,\ \theta\in\Theta \tag{2-54}$$

则θ_L和θ_U分别被称为θ的双侧 $1-\alpha$置信区间$[\theta_L, \theta_U]$的置信下限和置信上限。

当样本观测值为$(x_1, \cdots, x_n)$时，$[\theta_L(x_1, \cdots, x_n), \theta_U(x_1, \cdots, x_n)]$为置信区间的观测值。置信区间的长度平均 $E(\theta_U-\theta_L)$可反映区间估计的精确性；置信度 $1-\alpha$ 表明了区间估计的可靠性，显著性水平α表示区间估计的不可靠概率。先确定一

个较大的置信概率 $1-\alpha$，再寻找精度尽可能高的区间估计。当给定值 $\alpha(0<\alpha<1)$ 时，将 $[\theta_L,\ \theta_U]$ 包含 θ 的概率 $P(\theta_L<\theta<\theta_U)=1-\alpha$ 转化成某随机变量 $W(X_1,\ \cdots,\ X_n;\ \theta)$ 落在区间 $(a,\ b)$ 上的概率为

$$P\left(a<W\left(X_1,\cdots,X_n;\ \theta\right)<b\right)=1-\alpha \tag{2-55}$$

然后通过解不等式 $a<W(X_1,\ \cdots,\ X_n;\ \theta)<b$，得

$$\theta_L\left(x_1,\cdots,x_n\right)<\theta<\theta_U\left(x_1,\cdots,x_n\right) \tag{2-56}$$

为实现这个目的，函数 $W(X_1,\ \cdots,\ X_n;\ \theta)$ 必须满足以下两个条件：

① 仅是样本 X_1，…，X_n 和待估计参数 θ 的函数，不含其他未知参数。

② $(a,\ b)$ 是确定的，且已知 $W(X_1,\ \cdots,\ X_n;\ \theta)$ 的分布。

在实际抽样调查中，区间估计根据给定的条件不同，有两种估计方法：

① 给定极限误差，要求对总体指标进行区间估计。

② 给定概率保证程度，要求对总体指标进行区间估计。

3) Bayes 估计

Bayes 估计(Bayesian estimation)利用 Bayes 定理结合新的证据和以前的先验概率，得到事件的后验概率。Bayes 估计包含参数点估计和区间估计。

① 后验分布求解基本方法，在最小后验风险准则下，Bayes 公式的后验分布为

$$p_h\left(\theta|\boldsymbol{x}\right)=p_{\boldsymbol{x}}\left(\boldsymbol{x}|\theta\right)p_\pi\left(\theta\right)\Big/\int_\Theta p_{\boldsymbol{x}}\left(\boldsymbol{x}|\theta\right)p_\pi\left(\theta\right)\mathrm{d}\theta\propto p_{\boldsymbol{x}}\left(\boldsymbol{x}|\theta\right)p_\pi\left(\theta\right) \tag{2-57}$$

按样本分布 $p_{\boldsymbol{x}}(\boldsymbol{x}|\theta)$ 确定 θ 的先验分布 $p_\pi(\theta)$ 和后验分布 $p_h(\theta|\boldsymbol{x})$ 的共轭分布。估计正态分布总体 $X\sim N(\mu,\ \sigma^2)$ 的参数时，若已知 σ^2 估计 μ，取先验分布 $N(\mu_0,\ \sigma_0^2)$，得后验分布 $N(\mu_h,\ \sigma_h^2)$。对无先验信息，常见总体分布参数的后验分布如表 2-7 所示。

表 2-7　无先验信息下常见总体分布参数的后验分布

参数	无信息先验分布	后验分布核
正态分布均值 μ(已知 σ)	c(常数)	$\mathrm{e}^{-n(\mu-\bar{x})^2/(2\sigma^2)}$
正态分布标准差 σ(已知 μ)	$1/\sigma$	$\sigma^{-(n+1)}\mathrm{e}^{-\sum_{i=1}^{n}(x_i-\mu)^2/(2\sigma^2)}$
正态分布均值 μ 和标准差 σ	$1/\sigma$	$\sigma^{-(n+1)}\mathrm{e}^{-\left[n(\mu-\bar{x})^2-\sum_{i=1}^{n}(x_i-\bar{x})^2\right]/(2\sigma^2)}$
二项分布成功概率 p	$p^{-1/2}(1-p)^{-1/2}$	$p^{y-1/2}(1-p)^{n-y-1/2}$，$y=\sum_{i=1}^{n}x_i$
多项分布成功概率 p_1，…，p_m	$p_1^{-1/2}\cdots p_m^{-1/2}$	$p_1^{y_1-1/2}\cdots p_m^{y_m-1/2}$，$y_j=\sum_{i=1}^{n_j}x_{ji}$
Poisson 分布参数 λ	$\lambda^{-1/2}$	$\lambda^{y-1/2}\mathrm{e}^{-n\lambda}$，$y=\sum_{i=1}^{n}x_i$

② 后验期望估计(条件期望估计)，选择不同的损失函数，可得不同的 Bayes 估计。选平方损失函数 $L(\theta,\hat{\theta})=(\hat{\theta}-\theta)^2$，其后验风险为

$$r(h,\hat{\theta})=E_h(L(\theta,\hat{\theta}))=E_h\left((\hat{\theta}-\theta)^2\right)=\int_{\Theta}(\hat{\theta}-\theta)^2 p_h(\theta|\boldsymbol{x})\mathrm{d}\theta \tag{2-58}$$

Bayes 估计 $\hat{\theta}_B$ 使上式达到最小值，即 $\mathrm{d}r(h,\ \hat{\theta})/\mathrm{d}\hat{\theta}=0$，则 Bayes 估计为后验期望

$$\hat{\theta}_B=E_h(\theta|\boldsymbol{x})=\mu_h \tag{2-59}$$

评价 Bayes 估计精度可用后验方差

$$\sigma_h^2=\mathrm{var}_h(\theta)=E_h\left((\theta-\mu_h)^2\right)=E_h\left((\hat{\theta}_B-\theta)^2\right) \tag{2-60}$$

③ 最大后验估计，使后验分布密度最大化，取 0-1 损失下的 Bayes 估计。对后验分布核求待估参数θ的导数为零的解，即 Bayes 估计 $\hat{\mu}_B$

$$\mathrm{d}p_h(\theta|\boldsymbol{x})/\mathrm{d}\theta=\mathrm{d}\left(p_\pi(\theta)p_{\boldsymbol{x}}(\boldsymbol{x}|\theta)\right)/\mathrm{d}\theta=0 \tag{2-61}$$

④ Bayes 区间估计，参数是常量，以区间估计表示对估计值 $\hat{\theta}$ 给出其真实值θ给定置信概率下的置信区间。在参数θ的所有可能取值的空间Θ，给定置信水平α或置信概率 p 下，定义置信域的子集 C，即 $C\subset\Theta$，使

$$P_h(C|\boldsymbol{x})=\int_C p_h(\theta|\boldsymbol{x})\mathrm{d}\theta\geqslant(1-\alpha) \tag{2-62}$$

式中，$\theta\in C$，$\theta'\notin C$ 满足 $p_h(\theta|\boldsymbol{x})\geqslant p_h(\theta'|\boldsymbol{x})$。单一参数的置信区间为 $C=[\theta_L,\ \theta_U]$。Bayes 置信域或置信区间的置信概率为 $P_h=(1-\alpha)$，由使后验分布密度值达到最大的点构成，即最大后验密度置信域。

⑤ 经验 Bayes 法结合已有试验数据和现有数据进行 Bayes 统计推断或决策。在历史数据中，可反映并估计θ的先验分布，或与现有数据进行θ的经验 Bayes 估计 $\hat{\theta}_{\mathrm{EB}}$。设总体 X 的样本 $\boldsymbol{x}$ 与其参数θ的联合分布为

$$p(\boldsymbol{x},\ \theta)=p_{\boldsymbol{x}}(\boldsymbol{x}|\theta)p_\pi(\theta) \tag{2-63}$$

若已知联合分布，即已知先验分布。设过去累积的总体样本 X_1，…，X_m 为历史样本。这种样本共同的分布也均为总体 X 的概率分布，即 $\boldsymbol{x}$ 与θ联合分布的边缘分布为

$$p_{\boldsymbol{x}}(\boldsymbol{x})=\int_{\Theta}p_{\boldsymbol{x}}(\boldsymbol{x}|\theta)p_\pi(\theta)\mathrm{d}\theta=\int_{\Theta}L(\boldsymbol{x},\theta)p_\pi(\theta)\mathrm{d}\theta \tag{2-64}$$

4) 核密度估计

核密度估计是一种用于估计未知的密度函数的非参数检验方法。

(1) 经验密度函数。

设 X_1，…，X_n 是取自总体 X 的样本，x_1，…，x_n 表示样本观测值，样本的经验密度函数 $\hat{f}_h(x)$ 可定义为频率直方图的频率

$$\hat{f}_h(x)=\begin{cases} f_i/h_i=n_i/(nh_i), & x\in I_i,\ i=1,\cdots,k \\ 0, & \text{其他} \end{cases} \tag{2-65}$$

式中

$$\phi(x,\ x_i)=\begin{cases} 1/(nh_j), & x\in I_j,\ x_i\in I_j \\ 0, & x\in I_j,\ x_i\notin I_j \end{cases} \tag{2-66}$$

式中，窗宽 $h_i(i=1$，…，$k)$表示每个区间的长度，决定了经验密度函数的形状。

(2) 核密度估计。

① 核窗密度估计法，定义以原点为中心、半径为 1/2 的邻域或 Parzen 窗函数为

$$H(u)=\begin{cases} 1, & |u|\leqslant 1/2 \\ 0, & \text{其他} \end{cases} \tag{2-67}$$

当第 i 个样本点 x_i 落入 x 为中心、$h/2$ 为半径的邻域内时，$H((x-x_i)/h)=1$，否则 $H((x-x_i)/h)=0$。落入该邻域内总样本点数为 $\sum_{i=1}^{n}H\left((x-x_i)/h\right)$，点 x 处密度函数的 Parzen 窗密度估计为

$$\hat{f}_h(x)=(nh)^{-1}\sum_{i=1}^{n}H\left((x-x_i)/h\right) \tag{2-68}$$

② 核密度估计定义，Parzen 窗密度估计假设 x 邻域内所有点对 $\hat{f}_h(x)$ 的贡献是一样的，应按邻域内各点距离 x 的远近来确定它们的贡献大小。设 X_1，…，X_n 是取自一元连续总体的样本，在任意点 x 处的总体密度函数 $f(x)$的核密度 $K(\cdot)$估计定义为

$$\hat{f}_h(x)=(nh)^{-1}\sum_{i=1}^{n}K\left((x-X_i)/h\right) \tag{2-69}$$

为保证 $\hat{f}_h(x)$ 作为密度函数估计的合理性，要求核函数 $K(\cdot)$满足

$$K(x)\geqslant 0,\quad \int_{-\infty}^{\infty}K(x)\,\mathrm{d}x=1 \tag{2-70}$$

核函数关于原点对称且积分为 1，常用核函数如表 2-8 所示。

表 2-8　常用核函数

核函数名称	核函数表达式
均匀或盒子核函数	$1/(2h)$，$-h\leqslant x\leqslant h$
三角形核函数	$(h-\|x\|)/h^2$，$-h\leqslant x\leqslant h$
Gauss 核函数	$\left(1/\sqrt{2\pi}\right)e^{-x^2/2}$
Epanechikov 核函数	$0.75(1-x^2)$，$-h\leqslant x\leqslant h$
四次核函数	$15(1-x^2)^2/16$，$-h\leqslant x\leqslant h$
三重核函数	$(1-\|x\|^3)^2$，$-h\leqslant x\leqslant h$

③ 窗宽对核密度估计的影响，核函数估计 $\hat{f}_h(x)$ 窗宽 h 会影响 $\hat{f}_h(x)$ 的光滑程度

$$\mathrm{MISE}\left(\hat{f}_h\right)=E\left(\int\left(\hat{f}_h(x)-f(x)\right)^2\mathrm{d}x\right) \tag{2-71}$$

式中，$f(x)$为总体的真实分布密度。均方积分误差 MISE(·)是窗宽 h 的函数，最佳窗宽的估计值为其最小值点。大样本时，若满足 $K(x)$定义在[−1，1]，且对称；$\int K(x)\mathrm{d}x=1$；$\int xK(x)\mathrm{d}x=0$；$\int x^2K(x)\mathrm{d}x=\sigma_k^2$。当 $h\to 0$，$nh\to+\infty$时，由

$$\mathrm{MISE}\left(\hat{f}_h\right)\approx 4^{-1}\sigma_k^4h^4\int\left[f''(x)\right]^2\mathrm{d}x+(nh)^{-1}\int\left[K(x)\right]^2\mathrm{d}x \tag{2-72}$$

解 $\min\limits_h \mathrm{MISE}\left(\hat{f}_h(x)\right)$，得

$$\hat{h}=\left(\sigma_k^{-4}\int\left(K(x)\right)^2\mathrm{d}x\Big/\int\left(f''(x)\right)^2\mathrm{d}x\right)^{1/5}n^{-1/5} \tag{2-73}$$

当总体满足 $N(0，\sigma^2)$分布，核函数 $K(x)$为 Gauss 核函数时，最佳窗宽为

$$\hat{h}=(4/3)^{1/5}\sigma n^{-1/5}\approx 1.06\sigma n^{-1/5} \tag{2-74}$$

在实际应用中，σ应由样本标准差 S 来替代。

2.2.3　假设检验

假设检验(hypothesis testing)是一种判断样本与样本、样本与总体的差异是由抽样误差引起还是本质差别造成的统计推断方法。若该事件是小概率事件，通常在一次检验中是不可能发生的，但却发生了，这时可拒绝原假设，接受备选假设。参数检验假设总体满足正态分布，样本统计满足 t 分布，对总体分布中的一些未知参数进行统计推断。非参数检验直接通过样本分析推断总体分布，适用于小样

本、总体分布未知或偏态、方差不齐，以及混合样本等数据。参数检验效果优于非参数检验，若数据条件适当，可将数据转换为正态分布序列。若总体分布未知且样本量较小，无法由中心极限定理推断总体集中趋势和离散趋势，可使用非参数检验。

参数检验是在数据分布已知的情况下，对数据分布的参数是否落在相应范围内进行检验，包括总体均值假设问题和总体比例假设问题。参数检验的步骤如下：

步骤 1，建立假设：根据检验问题提出原假设(样本与总体或样本与样本间的差异由抽样误差引起)H_0 和备择假设(样本与总体或样本与样本间存在本质差异)H_1。设检验水准α=0.05 或 0.01。原假设 H_0 一般是关于总体未知参数θ等于某个特殊参数值，即

$$H_0\text{：}\ \theta=\theta_0 \tag{2-75}$$

备择假设 H_1 是关于θ的不同于 H_0 的假设，有三种常用形式：①H_1：$\theta\neq\theta_0$，即双侧检验；②H_1：$\theta>\theta_0$，即单侧(右侧)检验；③H_1：$\theta<\theta_0$，即单侧(左侧)检验。

步骤 2，给出拒绝域的形式：由样本给出未知参数θ的点估计量$\hat{\theta}=\hat{\theta}(X_1,\cdots,X_n)$，比较$\hat{\theta}$的观测值与$\theta_0$的距离，若距离很近，不拒绝原假设 H_0；若距离远，拒绝原假设 H_0。在构造拒绝域时，从备择假设开始，即

① 若检验是 H_0：$\theta=\theta_0$(双侧)$\leftrightarrow H_1$：$\theta\neq\theta_0$；则拒绝域$W=\left\{\left|\hat{\theta}-\theta_0\right|>c\right\}$。

② 若检验是 H_0：$\theta=\theta_0$(右侧)$\leftrightarrow H_1$：$\theta>\theta_0$；则拒绝域$W=\left\{\hat{\theta}-\theta_0>c\right\}$。

③ 若检验是 H_0：$\theta=\theta_0$(左侧)$\leftrightarrow H_1$：$\theta<\theta_0$；则拒绝域$W=\left\{\hat{\theta}-\theta_0<-c\right\}$。

其中，临界值 c 待定，$\overline{W}$ 为接受域。确定拒绝域，检验判断准则也随之确定。当有具体样本观测值后，若$(x_1,\cdots,x_n)\in W$，则拒绝 H_0；若$(x_1,\cdots,x_n)\in\overline{W}$，则接受 H_0。

步骤 3，选定统计检验的方法，由样本观测值按相应的公式计算出统计量的大小，根据数据的类型和特点进行选择，参见表 2-9。

表 2-9　典型统计检验的方法

检验方法名称	问题类型	假设	适用条件	抽样方法
单样本 t 检验	判断总体平均数等于已知数	总体平均数等于 A	总体满足正态分布	从总体中抽取一个样本
F 检验	判断两总体方差相等	两总体方差相等	总体满足正态分布	从两个总体中各抽取一个样本
独立样本 t 检验	判断两总体平均数相等	两总体平均数相等	总体满足正态分布；两总体方差相等	从两个总体中各抽取一个样本

续表

检验方法名称	问题类型	假设	适用条件	抽样方法
配对样本 t 检验	判断指标实验前后平均数相等	指标实验前后平均数相等	总体满足正态分布	抽取一组实验对象，实验前后测得实验对象某指标的值
二项分布检验	随机抽样实验的成功概率检验	总体概率等于 P 值	总体满足二项分布	从总体中抽取一个样本

步骤 4，确定显著性水平：假设检验通过拒绝域对样本数据划分，但样本的不完全信息对未知总体参数做出推断存在决策风险，参见表 2-10。在样本量一定的条件下，一般先限制犯第一类错误的概率不超过事先设定的值$\alpha(0<\alpha<1)$，再尽量减小犯第二类错误的概率。当$\alpha=0.05$、$\alpha=0.1$ 或$\alpha=0.01$ 时，称该拒绝域所代表的检验为显著性水平α的检验。

表 2-10　分类结果的混淆矩阵

真实情况	根据样本观测值所得的结论	
	当$(x_1, \cdots, x_n)\in\overline{W}$，接受 H_0 (正例)	当$(x_1, \cdots, x_n)\in W$，拒绝 H_0 (反例)
H_0 成立 (正例)	判断正确$(1-\alpha)$ 真正例(TP)	第一类错误，弃真错误(α) 假反例(FN)
H_0 不成立 (反例)	第二类错误，采伪错误(β) 假正例(FP)	判断正确$(1-\beta)$ 真反例(TN)

步骤 5，建立检验统计量，给出拒绝域。给定显著性水平α，求拒绝域 W。

① 建立针对未知参数θ的某个假设；

② 给出未知参数θ的一个点估计；

③ 构造检验统计量 $Z=\varphi(X_1, \cdots, X_n)$，要求当 H_0 时可求解 Z 的分位数；

④ 以 Z 为基础，根据备择假设 H_1，构造一个拒绝域 W 的表达式；

⑤ 确定拒绝域 W 中的临界值，要求 W 满足显著性水平α。

步骤 6，p 值检验。正态总体参数检验 H_0：$\mu=\mu_0\leftrightarrow H_1$：$\mu\neq\mu_0$ 时，由样本数据得检验统计量 Z 的观测值 z^*，则 $p=P(|Z|\geqslant z^*|H_0$ 成立)。p 值检验法是 p 值小到一定程度时拒绝 H_0：若 $p\leqslant\alpha$，检验统计量 Z 的观测值 z^*在拒绝域内，在显著性水平α下接受原假设 H_0；若 $p>\alpha$，则在显著性水平α下接受原假设 H_0。通常约定，$p\leqslant0.05$ 结果为显著；$p\leqslant0.01$ 结果为高度显著。

假设总体 $X\sim N(\mu, \sigma^2)$，μ和σ^2未知，设$(X_1, \cdots, X_n)$是取自总体 X 的一个样本，给定置信水平为 $1-\alpha$，显著性水平为α，则μ的双侧 $1-\alpha$置信区间为

$$\left[\bar{X}-t_{1-\alpha/2}(n-1)S\big/\sqrt{n},\bar{X}+t_{1-\alpha/2}(n-1)S\big/\sqrt{n}\right] \tag{2-76}$$

关于均值μ的双侧检测问题 H_0，$\mu=\mu_0$，H_1：$\mu\neq\mu_0$，则相应的拒绝域为

$$W=\left\{\left|\sqrt{n}\left(\bar{X}-\mu\right)\big/S\right|\geqslant t_{1-\alpha/2}(n-1)\right\} \tag{2-77}$$

对比置信区间和假设检验的拒绝域，在单正态总体中，假设σ^2未知情况下，μ的双侧 $1-\alpha$置信区间为μ的双侧检验问题的接受域，参见图 2-2。

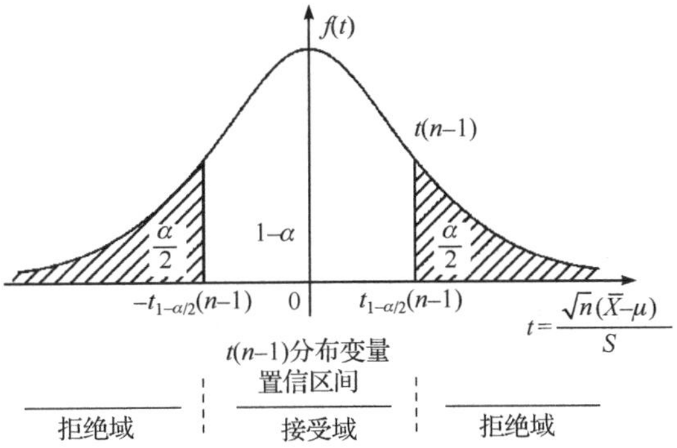

图 2-2　双侧置信区间与双侧检验拒绝域的关系图

2.3　线 性 模 型

线性模型或最小二乘法回归(regression)模型以线性方程来描述输入变量与输出变量之间的关系[4~16]。

2.3.1　最小二乘法拟合

最小二乘法使标准差与方差成为分散性度量的基础，使预测值与真实值之间的均方根误差最小。

1) 常量测量模型

设常量重复测量数据为 y_k，$k=1$，…，n，模型为 $y_k=c+\varepsilon_k$，其中 c 为被测常量，ε_k 为测量误差。假定其均值为 0、方差为 ε_k^2 的独立同分布，即

$$Q=\sum_{k=1}^{n}\varepsilon_k^2=\sum_{k=1}^{n}\left(y_k-c\right)^2 \tag{2-78}$$

式中，Q 为待估参数 c 的函数，令 $\mathrm{d}Q/\mathrm{d}c=0$，可得最小二乘估计 $\hat{c}$

$$\hat{c}_{\mathrm{LS}}=n^{-1}\sum_{k=1}^{n}y_k=\bar{y} \tag{2-79}$$

常量重复测量数据的测量误差估计 $\hat{\varepsilon}_k = y_k - \hat{c}_{\mathrm{LS}} = y_k - \overline{y}$ 为残差(residual errors)，可表征为样本标准差 s_ε

$$s_\varepsilon = \left(\sum_{k=1}^{n}(n-1)^{-1}(y_k - \hat{c})^2\right)^{1/2} = \left(\sum_{k=1}^{n}(n-1)^{-1}(y_k - \overline{y})^2\right)^{1/2} = (n-1)^{-1}Q \quad (2\text{-}80)$$

2) 单变量线性模型

当数据对为(x_k，y_k)，k=1，…，n 时，单变量线性模型为

$$y_k = \beta_0 + \beta_1 x_k + \varepsilon_k \quad (2\text{-}81)$$

式中，ε_k 为随机误差(stochastic error)。线性模型系数(β_0，β_1)为待估参数，按拟合误差(残差)平方和最小准则也称最小二乘准则构成，即

$$Q = \sum_{k=1}^{n}\varepsilon_k^2 = \sum_{k=1}^{n}(y_k - \beta_0 - \beta_1 x_k)^2 \quad (2\text{-}82)$$

令$\partial Q/\partial\beta_0$=0 和$\partial Q/\partial\beta_1$=0，则单变量线性模型的参数最小二乘法估计为

$$\begin{cases} \hat{\beta}_0 = \overline{y} - \hat{\beta}_1\overline{x} = \overline{y} - \overline{x}\sum_{k-1}^{n}(x_k - \overline{x})(y_k - \overline{y}) \Big/ \sum_{k=1}^{n}(x_k - \overline{x})^2 \\ \hat{\beta}_1 = \left(\sum_{k=1}^{n}x_k y_k - n\overline{xy}\right) \Big/ \left(\sum_{k=1}^{n}x_k^2 - n\overline{x}^2\right) = \sum_{k=1}^{n}(x_k - \overline{x})(y_k - \overline{y}) \Big/ \sum_{k=1}^{n}(x_k - \overline{x})^2 \end{cases} \quad (2\text{-}83)$$

式中，随机误差估计为 $\hat{\varepsilon}_k = y_k - \hat{\beta}_0 - \hat{\beta}_1\overline{x}_k$，$k$=1，…，$n$，以样本标准差 s_ε为表征。$\hat{\beta}_0$ 为截距估计，$\hat{\beta}_1$ 为斜率估计。所有数据至该直线的距离(残差)的平方和最小。

3) 多变量线性模型

若多变量数据对为{x_{1k}，…，x_{mk}；y_k}，k=1，…，n，则拟合的多元线性模型为

$$y_k = \beta_0 + \sum_{j=1}^{m}\beta_j x_{jk} + \varepsilon_k \quad (2\text{-}84)$$

式中，β_j，j=0，1，…，m 为 m+1 个待估参数；x_{jk}，j=0，1，…，m；k=1，…，n 为 n 个已给定值的变量，还可是另一变量的函数值；ε_k，k=1，…，n 为零均值和方差为 σ_ε^2 的独立等同概率分布的随机误差。多变量线性模型是最小化条件下该模型参数的最小二乘法估计 $\hat{\beta}_j$

$$Q = \sum_{k=1}^{n}\varepsilon_k^2 = \sum_{k=1}^{n}\left(y_k - \beta_0 - \sum_{j=1}^{m}\beta_j x_{jk}\right)^2 \quad (2\text{-}85)$$

令$\partial Q/\partial\beta_j$=0，$j$=0，1，…，$m$，可得多变量线性模型的正规方程

$$\begin{cases}\hat{\beta}_0=\sum_{k=1}^{n}\frac{y_k}{n}-\sum_{j=1}^{m}\hat{\beta}_j\sum_{k=1}^{n}\frac{x_{jk}}{n}=\overline{y}-\sum_{j=1}^{m}\hat{\beta}_j\overline{x}_j \\ \hat{\beta}_0\sum_{k=1}^{n}x_{ik}+\sum_{j=1}^{m}\hat{\beta}\sum_{k=1}^{n}x_{ik}x_{jk}=\sum_{k=1}^{n}x_{ik}y_k,\ i=1,2,\cdots,\ m\leqslant n\end{cases} \tag{2-86}$$

2.3.2　相关分析

在相关分析(correlation analysis)中，随机变量 X_1，…，X_p 处于平等的地位。设(X_1，X_2)满足二维正态分布 $N\left(a,\ b,\ \sigma_1^2,\ \sigma_2^2,\ \rho\right)$，$a$ 和 σ_1^2 分别是 X_1 的均值和方差，b 和 σ_2^2 分别是 X_2 的均值和方差，ρ 是 X_1 和 X_2 间的相关系数。在正态情况下，ρ 是变量间的相关性指标。在非正态情况下，ρ 是线性相关程度的度量，则相关系数 ρ 为

$$\begin{aligned}\rho&=\operatorname{cov}(X_1,X_2)\Big/\sqrt{\operatorname{var}(X_1)\operatorname{var}(X_2)}\\&=\sum_{i=1}^{n}\left(X_{1i}-\overline{X}_1\right)\left(X_{2i}-\overline{X}_2\right)\Big/\sqrt{\sum_{i=1}^{n}\left(X_{1i}-\overline{X}_1\right)^2\left(X_{2i}-\overline{X}_2\right)^2}\end{aligned} \tag{2-87}$$

对 ρ 的检验，若原假设为

$$H_0\text{：}\ \rho=0 \tag{2-88}$$

备择假设为 $\rho\neq0$。H_0 表示 X_1 和 X_2 独立。一个显然的检验方法是计算 r，且

$$\text{当}|r|\leqslant C\text{时接受}H_0\text{，不然就拒绝}H_0 \tag{2-89}$$

式中，常数 C 与样本大小 n 和检验水平 α 有关

$$C=t_{1-\alpha/2}(n-2)\Big/\sqrt{n-2+t_{1-\alpha/2}^2(n-2)} \tag{2-90}$$

当 $\rho=0$ 时，样本相关系数 r 的分布为

$$\sqrt{n-2}r\Big/\sqrt{1-r^2}\sim t(n-2) \tag{2-91}$$

2.3.3　方差分析

方差分析(analysis of variation，ANOVA)，又称变异数分析或 F 检验，用于两个及两个以上样本均数差别的显著性检验。由于各种因素的影响，研究所得的数据呈现波动状。造成波动的原因可分成两类：一是不可控的随机因素，另一是研究中施加的对结果形成影响的可控因素。

1) 单因素试验的方差分析

假设每个总体均满足正态分布，每个总体的方差相同，每个总体中抽取的样

本相互独立。设单因素 A 的每个水平 $A_i(i=1, \cdots, r)$考察的指标可被看成一个总体，参见表 2-11。

表 2-11　单因素完全随机化试验的方差分析表

方差来源	平方和	自由度	均方和	F 值
因素 A	S_A	$r-1$	$MS_A=S_A/(r-1)$	$F=MS_A/MS_E$
误差 E	S_E	$n-r$	$MS_E=S_E/(n-r)$	
总和 T	S_T	$n-1$		

2) 双因素试验的方差分析

多因素不同水平的搭配对试验指标的影响为交互作用。交互作用效应只有在有重复试验中才能分析出来。

(1) 无重复试验双因素方差分析。

设因素 A、B 作用于试验指标，因素 A 有 r 个水平 $A_1, \cdots, A_r$，因素 B 有 s 个水平 $B_1, \cdots, B_s$，对因素 A、B 的每一个水平的一对组合$(A_i, B_j)(i=1, \cdots, r; j=1, \cdots, s)$只进行一次试验，得到 rs 个试验结果 X_{ij}，参见表 2-12。假设前提如下：

① $X_{ij} \sim N(\mu_{ij}, \sigma^2)$，$\mu_{ij}$、$\sigma^2$ 未知$(i=1, \cdots, r, j=1, \cdots, s)$;

② 每个总体的方差相同;

③ 各 $X_{ij}(i=1, \cdots, r, j=1, \cdots, s)$相互独立。

表 2-12　无重复试验双因素方差分析表

方差来源	平方和	自由度	均方和	F 值
因素 A	S_A	$r-1$	$\bar{S}_A = S_A/(r-1)$	$F_A = \bar{S}_A/\bar{S}_E$
因素 B	S_B	$s-1$	$\bar{S}_A = S_B/(s-1)$	$F_B = \bar{S}_B/\bar{S}_E$
误差 E	S_E	$(r-1)/(s-1)$	$\bar{S}_E = S_E/((r-1)(s-1))$	
总和 T	S_T	$rs-1$		

(2) 等重复试验双因素方差分析。

设因素 A、B 作用于试验指标，因素 A 有 r 个水平 $A_1, \cdots, A_r$，因素 B 有 s 个水平 $B_1, \cdots, B_s$，对因素 A、B 的每一个水平的一对组合$(A_i, B_j)(i=1, \cdots, r; j=1,\cdots,s)$进行 $t(t \geqslant 2)$次试验，称之为等重复试验，得到 rs 个试验结果 $X_{ijk}, (i=1,\cdots, r; j=1, \cdots, s; k=1, \cdots, t)$，参见表 2-13。假设前提如下：

① $X_{ijk} \sim N(\mu_{ij}, \sigma^2)$，$\mu_{ij}$、$\sigma^2$ 未知$(i=1, \cdots, r, j=1, \cdots, s; k=1, \cdots, t)$;

② 每个总体的方差相同；

③ 各 $X_{ijk}(i=1, \cdots, r; j=1, \cdots, s; k=1, \cdots, t)$相互独立。

表 2-13　有重复试验双因素方差分析表

方差来源	平方和	自由度	均方和	F 值
因素 A	S_A	$r-1$	$\overline{S}_A = S_A/(r-1)$	$F_A = \overline{S}_A/\overline{S}_E$
因素 B	S_B	$s-1$	$\overline{S}_A = S_B/(s-1)$	$F_B = \overline{S}_B/\overline{S}_E$
交互作用	$S_{A\times B}$	$(r-1)(s-1)$	$\overline{S}_{A\times B} = S_{A\times B}/((r-1)(s-1))$	$F_{A\times B} = \overline{S}_{A\times B}/S_E$
误差 E	S_E	$rs(t-1)$	$\overline{S}_E = S_E/(rs(t-1))$	
总和 T	S_T	$rst-1$		

2.3.4　CFRP-FBG 加固混凝土结构的抗裂性能

碳纤维增强聚合物(carbon fiber reinforced plastic，CFRP)加固混凝土，可提升混凝土的抗裂能力[17~19]。将 FBG 传感器粘贴在混凝土结构裂缝表面，建立集检测与诊断为一体的智能蒙皮结构，参见图 2-3。结构应变ε和温度变化ΔT 与粘贴在其结构表面的应变和温度补偿 FBG 传感器的中心波长偏移量$\Delta\lambda_\varepsilon$和$\Delta\lambda_T$的关系为

$$\begin{cases}\varepsilon = \left(\Delta\lambda_\varepsilon - \Delta\lambda_\mathrm{T}\right)/\left(S_\varepsilon C_{g,\varepsilon}\right) \\ \Delta T = \Delta\lambda_T / S_T\end{cases} \tag{2-92}$$

式中，$C_{g,\varepsilon}$为结构与光栅之间的应变传递系数，S_ε和 S_T分别是 FBG 的应变和温度敏感系数。

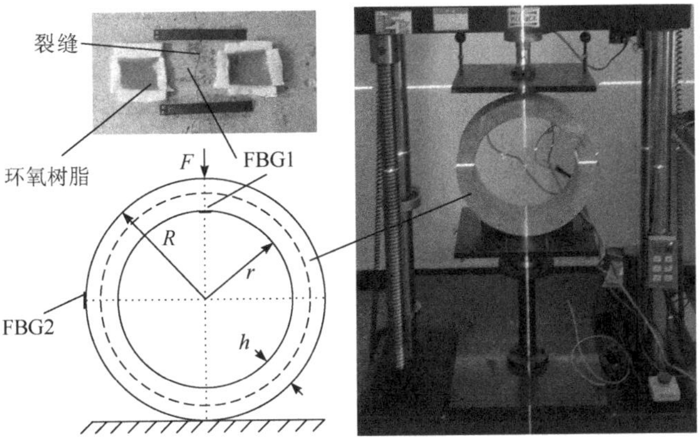

图 2-3　CFRP-FBG 加固环形混凝土结构的破坏性试验

在图 2-3 中，计算机控制试验机的力度与速率，施加的压力从荷重传感器传递到钢板，带动钢板挤压环状结构。此时，环状结构的顶端受钢板挤压，从而在该区域形成指向结构中心的反作用力，最终形成两个方向相反、大小相同的径向压力共同作用于结构。通过静力加载试验得到 3 块 CFRP 加固环状混凝土构件前后的应变情况，参见图 2-4。普通混凝土结构(图 2-4 中的 C1、C2、C3)的塑形破坏区为 4000～6000 N，经过 CFRP 增强后的混凝土结构(图 2-4 中的 RCS1、RCS2、RCS3)的塑形破坏区为 8000～10000N。结构破坏性试验表明，CFRP 增强后的混凝土结构的极限承载力提高了 1.6～2 倍。

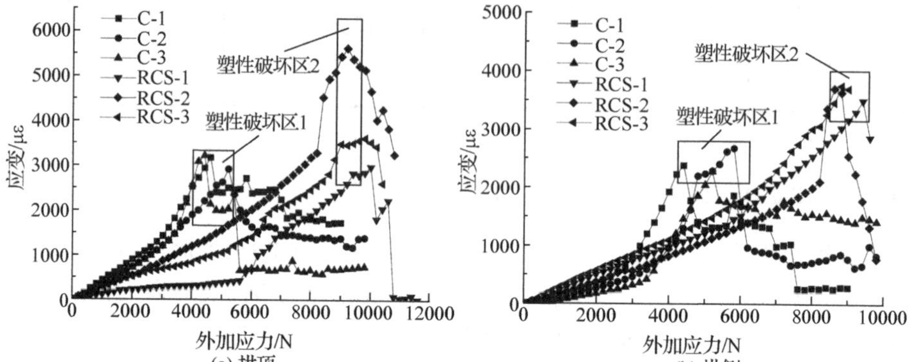

(a) 拱顶　　(b) 拱侧

图 2-4　CFRP-FBG 加固环形混凝土结构的破坏性试验

在图 2-4 中，通过如下算法(伪代码)对 CFRP-FBG 加固环形混凝土结构的破坏性试验的测量数据进行处理。

算法：CFRP 加固混凝土前后的结构抗裂性能算法

输入：传感器应变检测数据

输出：应力-荷载曲线及塑性破坏区标记

读取传感器数据 listnumber

For *i* in range (listnumber)

　　以原始数据作为输入时，拟合混凝土弹性区直线

　　计算传感器实测值与拟合计算值差值，并计算标准误差

　　设定显著性水平为 0.05，计算临界值、置信区间

　　If 标准误差>临界值

End For

标记此区域

2.4 测量误差

测量按某种规律，用数据来描述观察现象，对事件进行量化描述，确定并解决测量系统的误差问题[20~31]。在测量误差中，真值是指被测量能被完善确定并排除所有测量缺陷时，通过测量所得到的量值，参见表 2-14。测量的目的是得到尽量接近真值的可靠测量结果，或对测量数据的最终应用目的是足够精确的，即真值的最可信赖值。通常用更高精度仪器上测量得到的量值或上级计量部门传递的量值来代替真值，即实际值或约定真值。

表 2-14　测量误差定义

名称	定义	说明
测量误差	测量值–真值	测量绝对误差
测量相对误差	测量误差/真值	量纲为 1
测量修正值	真值–测量值	测量值加修正值得真值
仪表示值误差	指示值–激励真值	激励真值可用检定激励所得计量检定值
仪表示值相对误差	仪表示值误差/激励真值	工作中可用：仪表示值误差/指示值
仪表示值引用误差	仪表示值误差/仪表全量程值	
仪表精度级别	绝对值最大的仪表示值引用误差百分数的分子	准确度级别
声压分贝误差	$20\lg(1+\delta_k)\approx 8.69\delta_k$	δ_k是相对误差
功率分贝误差	$10\lg(1+\delta_k)\approx 4.34\delta_k$	δ_k是相对误差

误差理论是测量不确定度的基础，不确定度与误差由共同的影响量影响，参见图 2-5。在误差分析的数据处理中，剔除粗大误差(parasitic error)所导致的异常数据，尽可能减小或抑制系统误差(systematic error)。

误差使测得值 y_i 与实际值 t 不重合，参见图 2-6，若测得值呈正态分布 $N(\mu, \sigma)$，μ决定了系统误差的大小，σ决定了随机误差的分布范围$[\mu-k\sigma, \mu+k\sigma]$及其在范围内取值的概率。

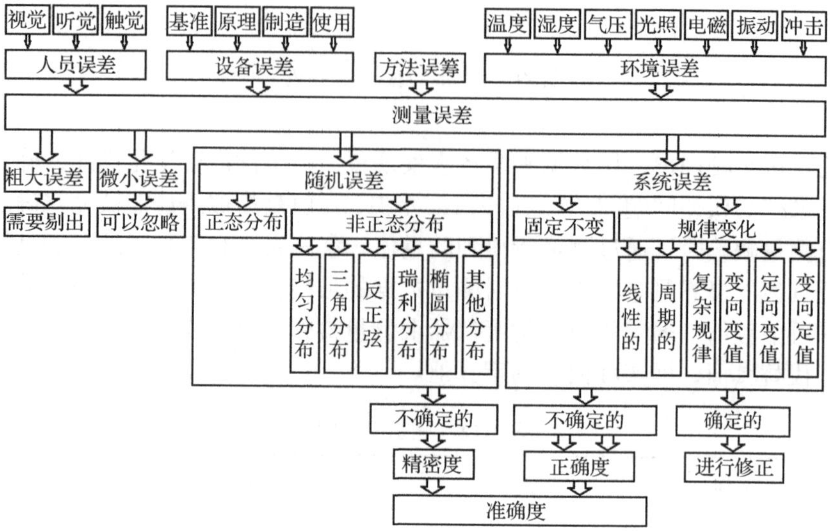

图 2-5　测量误差与不确定度的关系图

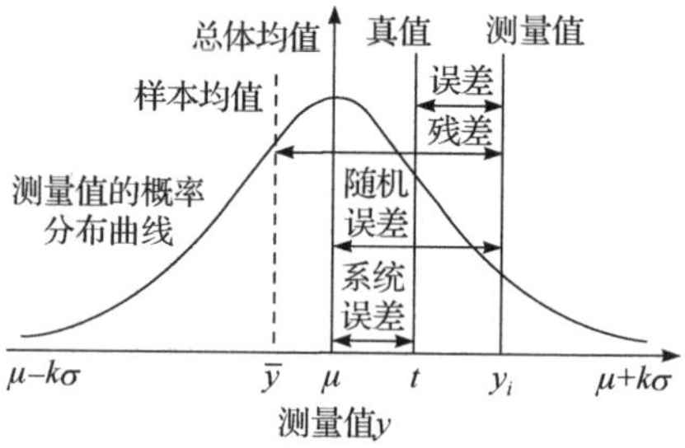

图 2-6　测量误差分布图

2.4.1　粗大误差

超出规定条件预期的误差为粗大误差，含粗大误差的测量值为异常值、差错、坏值或离群值。粗大误差主要是测量过程中意外发生的不正常因素造成的，若发现测量条件异常，应做记录，按下列原则处理：

① 直观判断法，测量列中残差绝对值最大者即为可疑值。若某可疑值确认是错读、错记、错误操作以及测量条件发生意外的突然变化得到的测量值，可将该数据从测量记录中剔除，但剔除时必须注明原因。

② 合理选择判别准则，依据测量准确度的要求和测量次数 n 来选择判别准则。发现可疑测量值时，可在维持等精密度测量条件的前提下，多增加一些测量次数。

③ 在有限次测量列中，出现两个以上异常值时，通常可认为整个测量结果是

在不正常的条件下得到的，应改进测量方法，重新进行有效测量。

④ 查找产生粗大误差的原因，以做出正确判断。

3σ准则的前提条件是测得值不含系统误差，随机误差满足正态分布。一组 n 个独立重复观测值中，第 k 次观测值 X_k 与该组观测值的算术平均值 $\bar{X}$ 之差为残差

$$v_k = X_k - \bar{X} \tag{2-93}$$

3σ准则的前提条件是测得值不含系统误差，随机误差满足正态分布。一组 n 个独立重复观测值中，第 k 次观测值 X_k 与该组观测值的算术平均值 $\bar{X}$ 之差为残差

$$|v_k| > 3\sigma \tag{2-94}$$

则认为该值为异常值。当标准偏差σ未知时，可用实验标准偏差 $s(X_k)$替换。该准则可重复使用，剔除第一个异常值后，再求第二个 $s(X_k)$，直至数据中不含异常值。

由于对任一残差 v_k，均存在 $v_k^2 < \sum_{k=1}^{n} v_k^2$ ，因此

$$|v_k| \leqslant \sqrt{\sum_{k=1}^{n} v_k^2} = \sqrt{n-1}\,s(X_k) \tag{2-95}$$

3σ准则不适用于 $n \leqslant 10$ 的情况。3σ准则犯弃真错误的概率随 n 增大而减少。

2.4.2　系统误差

系统误差是在重复条件下，对同一被测量实行无限多次测量结果的平均值与被测量值的差值。系统误差源于测量装置不完善和对测量有关的物理现象认识不完全。

设一组 n 个观测值，第 k 个观测值 X_k 含随机误差δ_{rk}和系统误差δ_{sk}，即

$$X_k = a + \delta_{rk} + \delta_{sk} = a + (X_k - \mu) + (\mu - a) \tag{2-96}$$

则该组算术平均值为

$$\bar{X} = n^{-1}\sum_{k=1}^{n}(a + X_k - \mu + \mu - a) = a + n^{-1}\sum_{k=1}^{n}\delta_{rk} + n^{-1}\sum_{k=1}^{n}\delta_{sk} \approx a + n^{-1}\sum_{k=1}^{n}\delta_{sk} \tag{2-97}$$

式中，随机误差的数学期望 $E(\delta_r)=0$，当测量次数较多时，$n^{-1}\sum_{k=1}^{n}\delta_{rk} \approx 0$。残差为

$$v_k = X_k - \bar{X} \approx a + \delta_{rk} + \delta_{sk} - \left(a + n^{-1}\sum_{k=1}^{n}\delta_{sk}\right) \approx \delta_{rk} + \left(\delta_{sk} - n^{-1}\sum_{k=1}^{n}\delta_{sk}\right) \tag{2-98}$$

恒定系统误差对残差无影响，即 $\left(\delta_{sk} - n^{-1}\sum_{k=1}^{n}\delta_{sk}\right) = 0$ ，则

$$v_k \approx \delta_{rk} \tag{2-99}$$

用 Bessel 法计算实验标准偏差时，恒定系统误差对其值无影响；对线性变化、周期性变化及复杂规律变化的系统误差， $\delta_{sk} - n^{-1}\sum_{k=1}^{n}\delta_{sk} \neq 0$ ，会影响实验标准偏差值。

1) 残差统计法

残差统计法根据测量列的各残差的大小和符号的变化规律，直接由误差数据或误差曲线来判断有无系统误差，不仅适用于有规律变化的变值系统误差，还适用组内数据检验，相同测量条件下短时间内独立重复观测到的一组数据。设 n 个观测值 X_1，…，X_n，算术平均值为 $\bar{X}$ ，第 k 次观测值 X_k 的残差为 $v_k = X_k - \bar{X}$ ，单次观测值的实验标准偏差为 $s(X_k)$。

(1) 残差正负号的分配检验法，用 C_k 表示残差 v_k 的符号函数，有

$$C_k = \begin{cases} 1, & v_k > 0 \\ 0, & v_k = 0 \\ -1, & v_k < 0 \end{cases} \tag{2-100}$$

令 $\omega = \sum_{k=1}^{n-1} C_k C_{k+1}$ ，若 $|\omega| \leqslant 2\sqrt{n-1}$ 不成立，则存在显著的可变系统误差。

(2) 残差校核法，按测量次序测量列前一半的残差求和与后一半测量列的残差和之差，当 n 为偶数时，$m=n/2$，当 n 为奇数时，$m=(n+1)/2$，若差值

$$\Delta = \sum_{k=1}^{m} v_k - \sum_{k=m+1}^{n} v_k \tag{2-101}$$

显著不等于 0，可认为该测量列中含有线性系统误差，适用于存在渐变递增或递减的系统误差。当存在周期性系统误差时，前半组残差和后半组残差和之差的绝对值也颇大。该方法可与残差散点图配合进行判断。

(3) 序差检验法，按测量顺序求得各观察值的残差 v_1，…，v_n，设

$$\begin{cases} B = \sum_{k=1}^{n-1}\left(X_k - X_{k+1}\right)^2 = \sum_{k=1}^{n-1}\left[\left(X_k - \bar{X}\right) - \left(X_{k+1} - \bar{X}\right)\right]^2 = \sum_{k=1}^{n-1}\left(v_k - v_{k+1}\right)^2 \\ 2A = \sum_{k=1}^{n-1} v_k^2 + \sum_{k=2}^{n} v_k^2 = 2\sum_{k=1}^{n} v_k^2 - \left(v_1^2 + v_n^2\right) \end{cases} \tag{2-102}$$

若 $|1 - B/A| < 2/\sqrt{n-1}$ 不成立，则存在显著的可变系统误差。该方法对急剧变化的周期性误差较敏感。当观测次数 $n<20$ 时，该方法不是很可靠。

2) 组间数据检验

组间数据检验对不同组的数据进行分析，判断组间是否存在系统误差。

(1) 正态检验法，设独立 m 组测量，各组算术平均值及其标差为 $\bar{X}_1$，σ_1；…；$\bar{X}_m$，σ_m，且任意两平均值之差是期望值为 0、方差为 $\left(\sigma_i^2+\sigma_j^2\right)$ 的正态分布，则

$$P\left(\left|\bar{X}_i-\bar{X}_j\right| \leqslant k\sqrt{\sigma_i^2+\sigma_j^2}\right)=1-\alpha \tag{2-103}$$

当 k=3 时，$1-\alpha$=0.9973。当测量次数不太多时，检验组间是否存在系统误差的准则为

$$\left|\bar{X}_i-\bar{X}_j\right| \Big/ \sqrt{\sigma_i^2+\sigma_j^2}<3 \tag{2-104}$$

实际计算时，可用 i 组算术平均值的实验标准差 $s\left(\bar{X}_j\right)$ 代替 σ_i，同样，用 $s\left(\bar{X}_j\right)$ 代替 σ_j。

(2) 秩和检验法，对某被测量，若测得 $x_i(i=1, \cdots, n_x)$ 和 $y_j(j=1, \cdots, n_y)$ 两组数据。把两组测量数据混合，按数值大小顺序重新排列，取测量次数 n_x 较少的一组数据，数出它们在混合列中的次序(秩)，把得到的秩求和，得秩和 T。若

$$T_{-}<T<T_{+} \tag{2-105}$$

则无根据怀疑两组测量数据间存在系统误差。由秩和检验表查得界限值 T_- 和 T_+，若 n_x 与 n_y 大于 10，则秩和 T 近似满足正态分布

$$T \sim N\left(n_x\left(n_x+n_y+1\right)/2, \sqrt{n_x n_y\left(n_x+n_y+1\right)/12}\right) \tag{2-106}$$

(3) F 检验法，对某参量独立测量 m 组，第 i 组在相同测量条件下独立重复测量 n_i 次，$N=\sum_{i=1}^{m} n_i$，第 i 组第 k 次观测值为 $X_{ik}(i=1, \cdots, m;\ k=1, \cdots, n_i)$，则第 i 组平均值 $\bar{X}_i$、总算术平均值 $\bar{X}$、组内残差平方和 Q_1 与其之和 Q_2 分别为

$$\begin{cases} \bar{X}_i=n_i^{-1}\sum\limits_{k=1}^{n_i} X_{ik}, \ \bar{X}=N^{-1}\sum\limits_{i=1}^{m}\sum\limits_{k=1}^{n_i} X_{ik}=N^{-1}\sum\limits_{i=1}^{m} n_i\bar{X}_i \\ Q_1=\sum\limits_{i=1}^{m} n_i\left(\bar{X}_i-\bar{X}\right)^2, \ Q_2=\sum\limits_{i=1}^{m}\sum\limits_{k=1}^{n_i}\left(X_{ik}-\bar{X}_i\right)^2 \end{cases} \tag{2-107}$$

若 X_{ik} 满足同一正态分布，即各组无系统误差，则

$$F=\left(Q_1/v_1\right)/\left(Q_2/v_2\right) \sim F\left(v_1, \ v_2\right) \tag{2-108}$$

式中，$v_1=m-1$，$v_2=N-m$，F 满足自由度为 v_1 和 v_2 的 F 分布。按给定的显著性水平 α 和自由度和 v_1、v_2 查 F 分布表上 $P(F \geqslant F_\alpha)=\alpha$ 的 F 分布临界值 F_α。若 $F>F_\alpha$，则怀疑各组间有系统误差。由于 $F_\alpha \geqslant 1$，所以在 F 检验中，要使上式的计算值 $F \geqslant 1$。

若 $F<1$，则互换 Q_1/v_1 和 Q_2/v_2 在分布中的位置，此时 $F(v_1, v_2)$中的 v_1 和 v_2 也要相应互换位置。

(4) t 检验法，某量独立测得两组正态分布数据 $x_i(i=1, \cdots, n_x)$和 $y_j(j=1, \cdots, n_y)$，由 $\overline{x}=\frac{1}{n_x}\sum_{i=1}^{n_x}x_i$，$\overline{y}=\frac{1}{n_y}\sum_{j=1}^{n_y}y_j$，$s_x^2=\frac{1}{n_x-1}\sum_{i=1}^{n_x}(x_i-\overline{x})^2$，$s_y^2=\frac{1}{n_y-1}\sum_{j=1}^{n_y}(y_j-\overline{y})^2$，则由实测数据计算 t 值为

$$t=(\overline{x}-\overline{y})\sqrt{n_x n_y(n_x+n_y-2)\Big/\Big((n_x+n_y)\big((n_x-1)s_x^2+(n_y-1)s_y^2\big)\Big)} \tag{2-109}$$

为满足自由度 $v=n_x+n_y-2$ 的 t 分布变量，取显著度α，由 t 分布表查 $p(|t_t|>t_\alpha)=\alpha$中 t_α，若满足$|t_t|>t_\alpha$，可认为两组数据间无系统误差。

3) 在测量过程中减小系统误差的常用方法

实际测量中，只能把系统误差降低到使其对测量结果的影响可忽略不计。若最后残留的系统误差为ε_θ，根据保留有效数字的舍入原则，ε_θ可忽略不计，比如总系统误差ε用一位或二位有效数字表示时，有

$$|\varepsilon_\theta|<|\varepsilon|/(2\times10)=0.05|\varepsilon|,\ \text{或}|\varepsilon_\theta|<|\varepsilon|/(2\times100)=0.005|\varepsilon| \tag{2-110}$$

减小系统误差的 4 种常用方法如下。

(1) 恒定系统误差消除法，可用修正值的方法消除其影响。对不易确定或修正值法比较困难的恒定系统误差，可采用适当的测量方法，使系统误差在测量过程中予以消除。测量方法包括：

① 标准量代替法，对被测量进行测量后，不改变测量条件，用同性质的已知标准量代替被测量进行同样测量，以便在相同测量条件下比较标准量和被测量。如标准量可连续改变，则直接测出被测量；如标准量不能连续改变，则求出被测量与标准量的差值。

② 交换测量法，测量后，交换某些测量条件，以减小该系统的定值系统误差。

③ 反向补偿法，先在有恒定系统误差的状态下进行一次测量，再在该恒定系统误差影响相反的另一状态下测一次，取其平均值相互抵消。

(2) 消除线性变化系统误差的对称测量法，取对称两点的两次测量值的平均值作为一个测量值，把线性变化的系统误差转化为可修正的恒定系统误差。

(3) 消除周期性变化系统误差的半周期偶数测量法，按系统误差变化的半周期进行一次测量，取平均值作为测量结果，消除周期性系统误差。

(4) 消除复杂规律变化系统误差的组合测量法。对相互间有依赖关系的被测量进行不同组合的直接和间接测量，可得具有一定数学关系的方程组，求解其方程组确定被测量的量值。在测量过程中，使某些系统误差的出现规律转变为随机性，减弱或消除系统误差对测量结果的影响。利用反馈修正法消除变值系统误差。

在查明某种误差因素的变化对测量结果有较复杂的影响时，可找出其影响测量结果的(近似)函数关系，在测量过程中用传感器将这些误差因素的变化转换成某种物理量，按其函数关系或计算出影响测量结果的误差值，从测量结果中自行修正。

2.4.3　压力约束混凝土结构的热应变响应

当环形混凝土结构受到径向压力时，结构沿着压力方向收缩，并沿垂直于压力的方向拉伸，参见图 2-7。

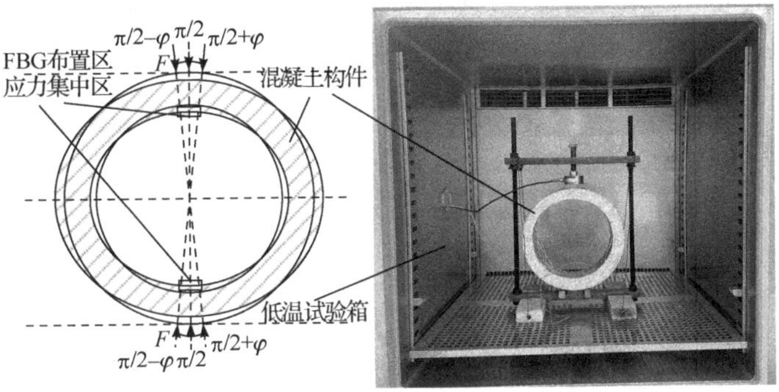

图 2-7　压力约束的环状构件温降试验

当混凝土结构处于线弹性应变时，粘贴在结构表面的结构应变 FBG 和温度补偿 FBG 的相对中心波长偏移$\Delta\lambda_\varepsilon/\lambda_\varepsilon$和$\Delta\lambda_T/\lambda_T$可分别表示为[32~34]

$$\begin{cases}\Delta\lambda_\varepsilon/\lambda_\varepsilon = S_\varepsilon C_{B,\varepsilon}\left[\Delta\varepsilon+(\alpha_H-\alpha_\Lambda)\Delta T\right]+S_T\Delta T\\ \Delta\lambda_T/\lambda_T = S_T\Delta T\end{cases} \tag{2-111}$$

式中，ΔT为温度变化量，α_H 为结构热膨胀系数，α_Λ为光纤热膨胀系数，S_ε和 S_T 分别为光纤 Bragg 光栅的应变灵敏度系数和温度灵敏度系数，$C_{B,\ \varepsilon}$为结构与 FBG 之间的应变传递系数。$\Delta\varepsilon=\varepsilon_W=\sigma/E=(F/(\pi RhE))(6+38(r/R)^2)$为外加应力应变，其中，$\sigma$为外加应力，$E$ 为弹性模量，h 为结构的厚度，r 和 R 分别为该环形结构的内半径和外半径，则环形试件的极限径向压力 F 为

$$F=\sigma_t\pi Rh\Big/\left(6+38(r/R)^2\right) \tag{2-112}$$

式中，σ_t为混凝土结构的抗拉强度。在应力约束下，结构的总应变ε_{tot}和热应变ε_T可分别表示为与结构应变 FBG 和温度补偿 FBG 的相对中心波长偏移$\Delta\lambda_\varepsilon/\lambda_\varepsilon$和$\Delta\lambda_T/\lambda_T$有关的关系式

$$\begin{cases}\varepsilon_{\text{tot}}=\left(S_\varepsilon C_{B,\varepsilon}\right)^{-1}\Delta\lambda_\varepsilon/\lambda_\varepsilon\\ \varepsilon_T=\varepsilon_{\text{tot}}-\varepsilon_W-\varepsilon_{T,B}=(\alpha_H/S_T)\Delta\lambda_T/\lambda_T\end{cases} \tag{2-113}$$

在图 2-7 中，对环状混凝土结构施加径向压力后放置在低温试验箱。当温度由 20℃梯度降至−20℃时，应力约束结构的热应变的变化量增大；当温度从−20℃梯度降至−40°时，应力约束结构的热应变的变化量减小，参见图 2-8。这是由于混凝土在梯度降温过程中，首先大孔中的水逐渐结冰，部分水在结晶压力的作用下进入细孔，导致混凝土收缩；然后细孔中水结冰并发生膨胀，造成混凝土缓慢膨胀。在压力分别为 0 N、1500 N、2000 N、3000 N 情况下，按分段线性进行灵敏度分析表明，当温度为 10℃～−20℃时，该段灵敏度分别为 12.4 με/℃、12.7 με/℃、13.2 με/℃、13.3 με/℃；在−10℃～−40℃时，该段灵敏度分别为 9.5 με/℃、9.9 με/℃、10.3 με/℃、11.4 με/℃。即压力越大，混凝土的热应变变化量越大。

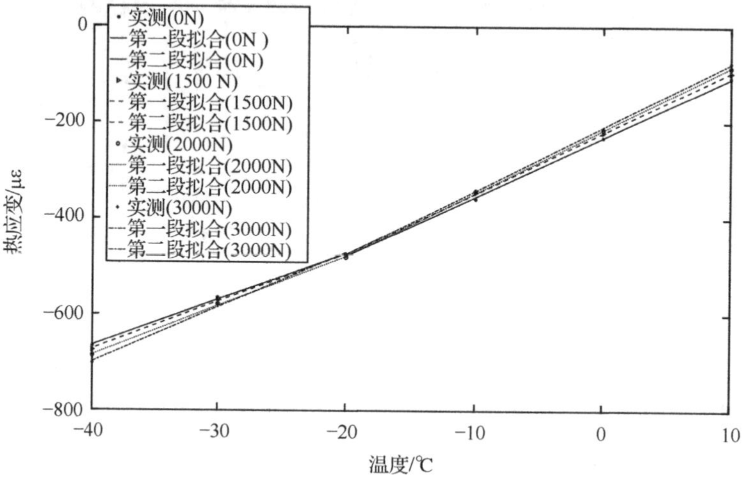

图 2-8 压力作用下环形混凝构件的热应变

在图 2-8 中，通过如下算法(伪代码)对压力约束混凝土结构的热应变数据进行处理。

算法：压力作用下环形混凝构件的热应变算法

输入：FBG 传感器的检测数据
输出：压力约束混凝土结构的热应变

---

01 读取传感器数据
02 0 N 压力，10℃～−20℃时，计算混凝土结构的热应变-温度灵敏度
03 0 N 压力，−20℃～−40℃时，计算混凝土结构的热应变-温度灵敏度
04 1500 N 压力，10℃～−20℃时，计算混凝土结构的热应变-温度灵敏度
05 1500 N 压力，−20℃～−40℃时，计算混凝土结构的热应变-温度灵敏度

06	2000 N 压力，10℃～−20℃时，计算混凝土结构的热应变-温度灵敏度
07	2000 N 压力，−20℃～−40℃时，计算混凝土结构的热应变-温度灵敏度
08	3000 N 压力，10℃～−20℃时，计算混凝土结构的热应变-温度灵敏度
09	3000 N 压力，−20℃～−40℃时，计算混凝土结构的热应变-温度灵敏度

2.5　测量不确定度评估

测量误差和测量不确定度(uncertainty in measurement)是评价测量结果质量的重要指标，参见表 2-15。1927 年，Heisenberg 提出微观物理体系中指定和测量所能达到的准确度存在不确定度关系；且宏观物理体系的被测量的准确度也受限制。1963 年，在研究仪器校准系统精密度和准确度估计时，Eisenhart 提出定量表示不确定度统一评价测量结果[35]。1993 年，ISO 联合 IEC、国际计量局(BIPM)、国际临床化学联合会(IFCC)、国际理论化学与应用化学联合会(IUPAC)、国际理论物理与应用物理联合会(IUPAP)、国际法制计量组织(OIML)，组成国际测量不确定度工作组，制定了《测量不确定度表示指南》(GUM)，统一测量不确定度的评定与表示方法，为测量结果的国际比对提供基础[29~31, 36~43]。2005 年，国际实验室认可委员会组织(ILAC)加入 GUM 联合委员会。2007 年，发布 ISO/IEC Guide 99-3：2008《国际计量学基本词汇　基本和通用概念和术语》(VIM)；2008 年，发布 ISO/IEC Guide98-3：2008《测量不确定度表示指南》(GUM)。2012 年，我国发布《测量不确定度评定与表示》(JJF 1059.1-2012)。

表 2-15　误差和不确定度的主要区别

比较项目	测量误差	测量不确定度
定义	测量误差是测量结果减去被测量的真值，是一个确定的值	测量不确定度表征合理地赋予被测量之值的分散性，如标准差或置信概率区间的半宽度，即一个区间
分类	按测量结果的规律分类，有系统误差和随机误差，是无限多次测量的理想概念	基于测量列结果的 A 类评定方法，基于经验或其他信息的假定概率分布的 B 类评定方法。 通常不区分不确定度的性质
可操作性	真值未知； 由约定真值计算测量误差； 没有统一的评定方法	由实验、资料、理论和经验等信息分析，确定测量不确定度的置信区间和置信概率。统一方法 GUM，根据不同领域的测量特殊性在 GUM 的框架下制定相应的评定方法
表述方法	一个带符号的确定的数值，非正即负或零	测量结果的置信区间(测量结果不确定度的大小)，测量结果包括该置信区间的置信概率
合成方法	误差=系统误差+随机误差。由各误差分量的代数和得到	当不确定度各分量彼此独立无关时，用方和根方法合成，否则要考虑相关

续表

比较项目	测量误差	测量不确定度
结果修正	利用已知误差对测量结果进行修正，得修正测量结果	不能用测量不确定度修正测量结果；评定修正不完善引入的不确定度
结果说明	测量误差表示测量结果与真值的偏离大小，与测量设备、测量方法和测量程序无关	测量不确定度定量表示测量结果的可信程度；测量不确定度与对被测量、影响量、测量方法以及测量过程的认识有关
实验标准差	源于给定的测量结果，不表示被测量估计值的随机误差	源于合理赋予的被测量的值，表示同一观测列中，任一估计值的标准不确定度
自由度	不存在	不确定度评定可靠程度的指标
置信概率	不存在	已知分布时，可按置信概率给出置信区间

测量不确定度的来源包括：①被测量的定义不完整或不完善，测量方法、测量系统和测量程序引起的不确定度。②复现被测量的测量方法不理想。③取样代表性不够，被测样本不能完全代表所定义的被测量。④测量环境不理想或认识不足，或对环境参数的测量与控制不完善。⑤测量人员技术不熟练。⑥测量仪器的计量性能，如灵敏度、阈值、分辨力、死区及稳定性等。⑦赋予计量标准的值和标准物质的值不准确。⑧引用数据或其他参数不确定，数据处理引用的常数及其他参数值不准确。⑨测量方法和测量程序的近似和假设所引入的不确定度。⑩相同条件下被测量在重复观测中的变化，由于随机效应的影响，测量结果存在一定的分散性。

在测量不确定度的评定过程中，首先，建立被测量的数学模型关系。然后，分析输入量、影响量和输出量之间的关系。最后，选取主要不确定度的来源，忽略次要不确定度分量，从而合理有效地进行测量不确定度的评定，参见图 2-9。

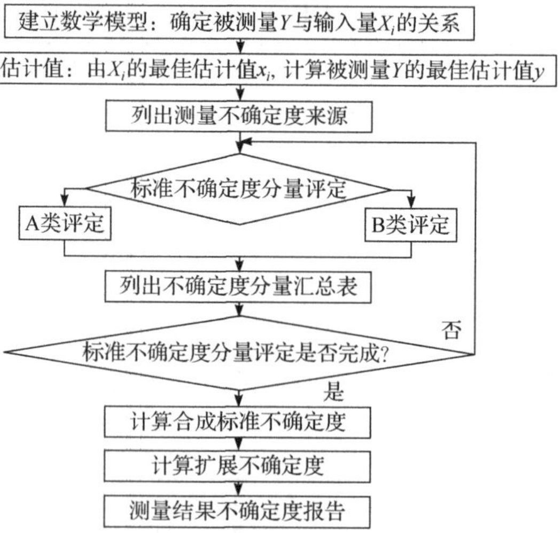

图 2-9 测量不确定度的评定过程

2.5.1　标准测量不确定度的 A 类评估方法

标准不确定度的 A 类评估(type A evaluation of standard uncertainty)是用统计方法对观测数据标准差的最佳估计。在已修正系统影响且不存在粗差的影响下，采用实验标准差 s 来表示标准不确定度 $u=s$。A 类不确定度(统计不确定度)以标准差 s 和自由度 v 为表征。直接测量可分为等精度(等权)直接测量和不等精度(不等权)直接测量。

1) 等精度直接测量不确定度评定

等精度测量(重复性测量)是在参与测量的五要素均不发生变化的条件下进行的多次重复测量。设对 A 进行重复性测量，测量值为 $x_i(i=1，\cdots，n)$。在实际测量过程中，剔除粗大误差，消除或减小已知系统误差。对仅含系统效应和随机效应所致不确定度的测量列，测量不确定度的 A 类不确定度评定方法和步骤如下：

步骤 1，计算测量列算术平均值 $\overline{x}$，即 $\overline{x}$ 为测量结果的最佳估计值

$$\overline{x}=n^{-1}\sum_{i=1}^{n}x_i \tag{2-114}$$

步骤 2，计算残差 v_i

$$v_i=x_i-\overline{x} \tag{2-115}$$

步骤 3，计算 $\overline{x}$ 的标准不确定度 $u(\overline{x})$

$$u(\overline{x})=\sqrt{\left(n(n-1)\right)^{-1}\sum_{i=1}^{n}v_i^2} \tag{2-116}$$

步骤 4，确定包含因子 k_p。自由度 $v=n-1$；若测量列无非正态的明显特征，原则上采用 t 分布。当自由度 v 充分大，被测量可能值接近正态分布时，近似认为 $k_{95}=2$，$k_{99}=3$。当测量列非正态分布特征明显时，按具体分布查 k 值。

步骤 5，计算扩展不确定度 U，即

$$U=k_pu(\overline{x}) \tag{2-117}$$

步骤 6，测量结果表示为

$$X=\overline{x}\pm U=\overline{x}\pm k_pu(\overline{x}) \tag{2-118}$$

2) 不等精度直接测量不确定度的评定

不等精度(复现性)测量是在测量过程中，除被测对象不变外，参与测量的其他 4 个要素发生改变的测量，常用于高准确度测量。设测量列为 $x_i(i=1，\cdots，n)$。根据复现性条件，x_i 与 $x_j(i\neq j)$的标准差不相等 $s_i\neq s_j$。产生不等精度测量的两种情况：

(1) 对同一被测量进行 m 组等精度测量，得 m 组等精度测量列，每次测量标准差均为 s，但每组的测量次数 $n_i(i=1，\cdots，m)$不同。每一测量列的算术平均值

$\overline{x}_i$ (i=1，…，m)为被测量的测量结果，各组平均值的标准偏差按等精度估计为

$$s_i = s\big/\sqrt{n_i}，\ i=1,\cdots，\ m \tag{2-119}$$

(2) 同一被测量，不同仪器、环境、方法或标准器具的测量。测量结果的标准偏差不同，形成被测量的不等精度的若干测量结果，即被测量的 m 个测量结果 $\overline{x}_i$ (i=1，…，m)的标准偏差 s_i(i=1，…，m)不同。

① 权 w，各测量结果可靠程度的数值表示。设被测量的一组不等权测量结果为 x_i(i=1，…，m)，其方差分别为 s_i^2 (i=1，…，m)，则权 w_i 与各自的方差成反比

$$w_i \propto s_i^{-2}，\ i=1,\cdots，\ m \tag{2-120}$$

在不等精度测量中，w_0=1 为单位权，对应的方差 s_0^2 为单位权方差。

② 已知标准差时不确定度的评定，设 x_i 及其标准差 s_i 已知。各测量值 x_i 的权和最佳估计值分别为

$$w_i = s^2 s_i^{-2}，\ i=1,\cdots，\ n \tag{2-121}$$

$$\overline{x} = \left(\sum_{i=1}^{n} w_i x_i\right)\left(\sum_{i=1}^{n} w_i\right)^{-1} \tag{2-122}$$

$\overline{x}$ 的标准不确定度的标准差和扩展不确定度分别为

$$s_{\overline{x}} = s\left(\sum_{i=1}^{n} w_i\right)^{-1} = \left(\sum_{i=1}^{n} s_i^{-2}\right)^{-1/2} \tag{2-123}$$

$$U = ks_{\overline{x}} \tag{2-124}$$

k 根据自由度 v=n−1，置信概率 p 查 t 分布表，或根据需要取 k=2，k=3。

③ 已知测量值权的不确定度评定，设 x_i 和其权 w_i 是已知的。$\overline{x}$ 的标准不确定度为 $\overline{x}$ 的标准差 $s_{\overline{x}}$，由单位权方差 s^2 决定

$$s^2 = (n-1)^{-1}\sum_{i=1}^{n} w_i v_i^2 \tag{2-125}$$

最佳估计值由式(2-119)确定。$\overline{x}$ 的扩展不确定度由式(2-124)所确定。

3) 标准测量不确定度的 A 类评估

(1) 被测量 X 在重复性条件下进行 n 次独立重复观测的观测值为 x_i(i=1，…，n)，算术平均值为 $\overline{x}$，单次测量的实验标准差和平均值的实验标准差分别为

$$s(x_i) = \sqrt{(n-1)^{-1}\sum_{i=1}^{n}(x_i-\overline{x})^2} \tag{2-126}$$

$$s(\overline{x}) = n^{-1/2}s(x_i) \tag{2-127}$$

若已消除系统误差，只存在随机误差，则观测值散布在其期望值附近。随着测量次数的增多，平均值收敛于期望值。因此，测量结果取观测的任一次 x_i 时对应的 A 类不确定度为

$$u(x)=s(x_i) \tag{2-128}$$

当测量结果取 n 次的算术平均值时，$\bar{x}$ 所对应的 A 类不确定度为

$$u(\bar{x})=s(x_i)/\sqrt{n} \tag{2-129}$$

$u(x)$和$u(\bar{x})$的自由度是相同的，即

$$v=n-1 \tag{2-130}$$

当观测次数 $n \geqslant 10$，A 类不确定度的评定可靠。

(2) 测量过程的合并样本标准差 s_p 为

$$s_p=\sqrt{k^{-1}\sum_{i=1}^{k}s_i^2} \tag{2-131}$$

式中，s_i 为每次核查的样本标准差，k 为核查次数。每次核查，自由度相同时，上式成立。对被测量 X 进行 n 次观测，算术平均值为测量结果时，其标准不确定度为

$$u(x)=s_p/\sqrt{n} \tag{2-132}$$

(3) 规范测量中的合并样本标准差，测量处于统计控制状态下时，可认为被测量 X 的单次测量结果 x_i 的标准差 $s(x_i)$相等。通过累积的测量结果，计算出自由度充分大的合并样本标准 $s_p(x)$，以用于每次测量结果的评定。

① 若 m 个被测量 X_i 在重复性条件下，均进行了 n 次独立观测，测值为 $x_{i1},\cdots,x_{in}$，平均值为 $\bar{x}_i$，则合并样本标准差(组合实验标准差)s_p 为

$$s_p=\sqrt{m^{-1}\sum_{i=1}^{m}s_i^2}=\sqrt{\left(m(n-1)\right)^{-1}\sum_{i=1}^{m}\sum_{j=1}^{n}\left(x_{ij}-\bar{x}_i\right)^2} \tag{2-133}$$

式中，二次方 $s_p^2(x_k)$称为合并样本方差或组合方差，自由度为 $v=m(n-1)$。

② 若 m 个被测量重复的次数 n_i 不完全相同，X_i 的标准差 $s(x_i)$的自由度分别为 $v_i=(n_i-1)$，通过 m 个 s_i 与 v_i 可得 s_p 和自由度 v 分别为

$$s_p=\sqrt{\sum_{i=1}^{m}v_i s_i^2\Big/\sum_{i=1}^{m}v_i} \tag{2-134}$$

$$v=\sum_{i=1}^{m}v_i \tag{2-135}$$

③ 若测量结果是 N 次测量结果的平均值，则该平均值的实验标准差为

$$s(\overline{x}) = s_p(x_k)/\sqrt{N} \tag{2-136}$$

当不便在重复性条件下进行多次测量，或同时有 m 个类似的被测量需要测量，且其测量不确定度均相近时，可采用合并样本标准差，比如日常检定或校准。

(4) 不确定度 A 类评定的独立性，在重复性条件下所得的测量列的不确定度，具有统计性，但要求有充分的重复次数，且测量程序中的重复观测值应相互独立。

(5) 独立测得 n 组数据(x_1, y_1)，…，(x_n, y_n)。假定 x 的测量不确定度远小于 y 的测量不确定度，可利用最小二乘法得到参数 a、b 及其标准不确定度 $u(a)$和 $u(b)$。实验测量到的 x_i 和 y_i 存在误差，则 $y=a+bx$ 的误差方程和残差 v_i 的平方和分别为

$$v_i = y_i - (a + bx_i), \quad i = 1, \cdots, \ n \tag{2-137}$$

$$\sum_{i=1}^{n} v_i^2 = \sum_{i=1}^{n} \left(y_i - (a + bx_i)\right)^2 \tag{2-138}$$

为使 $\sum_{i=1}^{n} v_i^2$ 达到最小值，使上式对 a 和 b 的偏导数同时为零，求解联立方程，得

$$a = \overline{y} - b\overline{x}, \quad b = S_{xy}/S_{xx} \tag{2-139}$$

式中

$$S_{xy} = \sum_{i=1}^{n} x_i y_i - n\overline{x}\overline{y}, \quad S_{xx} = \sum_{i=1}^{n} x_i^2 - n\overline{x}^2 \tag{2-140}$$

将 a、b 代回误差方程，得残差 v_i 和残差的平方和 $\sum_{i=1}^{n} v_i^2$，则 y 的实验标准差 $s(y)$为

$$s(y) = \sqrt{(n-2)^{-1} \sum_{i=1}^{n} v_i^2} \tag{2-141}$$

计算参数 a 和 b 的方差，可得它们的标准不确定度为

$$u(a) = s(a) = s\sqrt{(nS_{xx})^{-1} \sum_{i=1}^{n} x_i^2}, \quad u(b) = s(b) = s/\sqrt{S_{xx}} \tag{2-142}$$

参数 a 和 b 由同一组测量结果计算得到，两者之间存在一定的相关性，相关系数为

$$r(a, \ b) = -n\overline{x} \Big/ \sqrt{n\sum_{i=1}^{n} x_i^2} \tag{2-143}$$

① 对 x 测量得 x_0，通过参数 a、b 拟合值 y_0 时，y_0 的标准不确定度 $u(y_0)$为

$$u(y_0)=s\sqrt{n^{-1}+(x_0-\bar{x})^2/S_{xx}} \tag{2-144}$$

② 对 y 重复测量 p 次，得 y 的平均值 y_0 值，并通过参数 a、b 得拟合值 x_0 时，可求出 x_0 的标准不确定度 $u(x_0)$

$$u(x_0)=sb^{-1}\sqrt{p^{-1}+n^{-1}+(x_0-\bar{x})^2/S_{xx}} \tag{2-145}$$

完整的测量不确定度还应考虑示值误差引入的不确定度。

(6) 测量结果的标准差与置信区间评价，数据总体 X 的样本均值是渐近正态分布 $\bar{X}\sim N(\mu,\sigma^2/n)$，其中$\mu$为均值，方差$\sigma^2$ 近似为大样本的方差估计 $\hat{\sigma}^2$，n 为样本容量。当数据具有独立随机性时，评估测量结果不确定度的基本依据为

$$\bar{X}\sim N(\mu,\sigma^2/n),\ E(\bar{X})=\mu,\ D(\bar{X})=\sigma^2/n \tag{2-146}$$

无显著系统误差和粗差影响时，数据均值 $\bar{x}$ 为测量结果的最佳估计，数据标准差的最佳估计为实验标准差，即不确定度的 A 类评估为

$$u_{\mathrm{A}}=\hat{\sigma}_{\bar{x}}=s/\sqrt{n} \tag{2-147}$$

对正态数据，已知标准差σ时，测量结果最佳估计的均值置信区间为 $[\bar{x}-z_p\sigma,\ \bar{x}+z_p\sigma]$，其中，置信概率 p 下的置信因子 z_p=2～3(p≥0.95～0.99)；σ 也可用其大样本的估计 $\hat{\sigma}$。当数据标准差σ未知时，在常用小样本下，估计均值 $\bar{x}$ 和标准差 s，测量结果的置信区间为 $[\bar{x}-t_p(n-1)s/\sqrt{n},\ \bar{x}+t_p(n-1)s/\sqrt{n}]$，则不确定度 u_{A} 为

$$u_{\mathrm{A}}=t_p(n-1)s/\sqrt{n} \tag{2-148}$$

式中，$t_p(n-1)$ 是置信概率为 p、自由度为 n–1 的 t 分布值。

若怀疑有异常数据，用均值和标准差表示测量结果 T，置信区间半宽度表示不确定度估计 S，则置信区间估计为 $[T-t_p(0.7(n-1))S/\sqrt{n},\ T+t_p(0.7(n-1))S/\sqrt{n}]$。

2.5.2 标准测量不确定度的 B 类评估方法

标准不确定度的 B 类评估(type B evaluation of standard uncertainty)主要依据有关的资料、知识和经验等可靠的先验信息，经科学判断得出的评估。B 类评定标准不确定度的信息来源如下：

(1) 历史观测数据，未引起多次重复测量数据随机变动的不确定度分量，可在相同情况下，根据以往对该影响分量的多次重复测量的数据来评估其不确定度。

① 先验信息给出测量结果的概率分布及其置信区间的半宽度 a 和置信水平的包含因子 k，则 B 类标准不确定度为

$$u_{\mathrm{B}}(x)=a/k \tag{2-149}$$

② 先验信息给出测量不确定度 U 为标准差的 k 倍，则标准不确定度为

$$u_{\mathrm{B}}(x)=U/k \tag{2-150}$$

③ 已知扩展不确定度 U_p 和置信水准 p 的正态分布，可按正态分布评定其标准不确定度

$$u(x_i)=U_p/k_p \tag{2-151}$$

④ 已知扩展不确定度 U_p 和置信水准 p 与有效自由度 v_{eff} 的 t 分布，可按 t 分布处理

$$u(x_i)=U_p/t_p(v_{\mathrm{eff}}) \tag{2-152}$$

这种情况提供的不确定度评定信息比较齐全，常用于标准仪器的校准证书。

(2) 校准证书、检定证书或其他文件提供的数据，准确度的等级或级别、误差限等。检定证书或校准证书通常给出测量结果的扩展不确定度。

① 证书给出被测量 x 的扩展不确定度 $U(x)$ 和包含因子 k，根据扩展不确定度和标准不确定度之间的关系，被测量 x 的标准不确定度为式(2-150)。

② 证书给出被测量 x 的扩展不确定度 $U_p(x)$ 及其对应的置信概率 p，包含因子 k 与被测量 x 的分布有关。若证书指出被测量分布，则按该分布对应的 k 值计算，参见表 2-16。

表 2-16　常用分布与 k、$u(x_i)$ 的关系

分布类型	p/%	k	$u(x_i)$
正态	99.73	3	$a/3$
三角	100	$\sqrt{6}$	$a/\sqrt{6}$
梯形 β=0.71	100	2	$a/2$
矩形(均匀)	100	$\sqrt{3}$	$a/\sqrt{3}$
反正弦	100	$\sqrt{2}$	$a/\sqrt{2}$
两点	100	1	A

若证书未指出被测量的分布，一般考虑正态分布，参见表 2-17。在比较重要的场合，且该分量是合成标准不确定度的主要分量时，采用包含因子 k 值较小的分布。

表 2-17　正态分布情况下置信概率 p 与包含因子 k_p 之间的关系

p/%	50	68.27	90	95	95.45	99	99.73
k_p	0.67	1	1.645	1.960	2	2.676	3

③ 由重复性限或复现性限求不确定度，规定实验方法的国家标准或技术文件指出两次测量结果之差的重复性限 r 或复现性限 R 时，测量结果标准不确定度为

$$u(x_i)=r/2.83,\ u(x_i)=R/2.83 \tag{2-153}$$

式中，r 或 R 的置信水准为 95%，并作为正态分布处理。由于

$$Y=X_1-X_2 \tag{2-154}$$

式中，X_1 与 X_2 为满足同一正态分布的随机变量。

④ 以“等”使用的仪器的不确定度计算，一般采用正态分布或 t 分布。当检定系统或检定规程规定该等别的测量不确定度的大小时，按式(2-150)或式(2-151)计算。当检定证书既给出扩展不确定度，又给出有效自由度时，按式(2-152)计算。

⑤ 以“级”使用仪器的不确定度计算，可按检定系统或检定规程所规定的该级别的最大允许误差 $\pm A$ 进行评定，一般采用均匀分布，得到示值允差引起的标准不确定度分量

$$u(x)=A/\sqrt{3} \tag{2-155}$$

(3) 手册或资料给出的参考数据及其不确定度，已知输入量 x 的可能值分布区间的半宽 a，即允许误差限的绝对值。由于 a 可作为对应置信概率 p=100%的置信区间的半宽度，即扩展不确定度，于是输入量 x 的标准不确定度可表示为式 (2-145)。

(4) 根据实际测量原理及具体测量方法，应用有关准确度或误差的机理分析方法来评估 B 类不确定度。由机理分析得到影响值界限[a_-，a_+]评估其相应的 u_B 时，需在假定其先验分布下确定 k_p，一般 p=100%或≥99%。

信息来源还包括对有关技术资料和测量仪器特性的了解和经验、生产部门提供的技术说明文件、基于有关专家主观评估和知识或经验得出的 B 类不确定度分量等。

2.5.3　合成不确定度评估

间接测量根据直接测量与被测量之间的函数关系，计算出被测量的测量方法，即合成不确定度，包括：间接测量不确定度的评定、分配、合成以及最佳测量方案的选择等。利用合成标准不确定度作为被测量 Y 估计值 y 的测量不确定度 u_c

$$Y=y\pm u_c \tag{2-156}$$

式中，被测量Y的合成标准不确定度$u_c(y)$由所有的不确定度分量$u_i(y)$合成来得到。若存在相关性，需考虑加入相关项。若数学模型为非线性模型，需考虑加入高阶项。

在进行测量不确定度评定时，被测量(输出量)Y和所有各影响量(输入量)$X_i(i=1,\cdots,n)$间的函数关系一般可写为

$$Y=f\left(X_1,\cdots,X_n\right) \tag{2-157}$$

在进行测量不确定度评定时，被测量(输出量)Y和所有各影响量(输入量)$X_i(i=1,\cdots,n)$间的函数关系如下：

(1) y是取Y的n次独立观测值y_k的算术平均值，其每个观测值y_k的不确定度相同，且每个y_k都是根据同时获得的N个输入量X_i的一组完整的观测值求得的，则

$$y=n^{-1}\sum_{k=1}^{n}y_k=n^{-1}\sum_{k=1}^{n}f\left(x_{1k},x_{2k},\cdots,x_{Nk}\right) \tag{2-158}$$

(2) $\overline{x}_i=n^{-1}\sum_{k=1}^{n}X_{ik}$是独立观测值$x_{ik}$的算术平均值，则

$$y=f\left(\overline{x}_1,\overline{x}_2,\cdots,\overline{x}_n\right) \tag{2-159}$$

当f是输入量X_i的线性函数时，式(2-158)和上式的结果相同。当f是X_i的非线性函数时，计算出Y的最佳估计值可能不同，其中式(2-158)的计算方法较优。

不确定度的合成主要取决于测量模型(被测量与影响量的关系)、不确定度的传递规律、不确定度分量之间的关系等三要素，参见表2-18。

表2-18　不确定度合成的三要素

要素	内容
测量模型	① 测量设备(基准器、仪器)； ② 测量环境(温度、湿度、振动、电磁干扰)； ③ 测量人员； ④ 测量方法； ⑤ 测量对象
传递规律	① 应包含对测量不确定度有显著影响的全部输入量； ② 不重复计算对测量结果的不确定度有显著影响的不确定度分量； ③ 选择合适的输入量，以避免相关性
分量关系	① 直接对最后结果评定； ② 直接对来源评定不确定度，再乘以传播系数，求出最后结果影响

1) 不确定度的传递规律

(1) 线性数学模型的合成标准不确定度。标准线性数学模型的一般形式为

$$y = y_0 + c_1 x_1 + c_2 x_2 + \cdots + c_n x_n \tag{2-160}$$

数学模型仅含各输入量的一阶项。在各输入量相互独立或各输入量之间的相关性可忽略的情况下，被测量 y 的合成方差 $u_c^2(y)$ 可表示为不确定度传播定律

$$u_c^2(y) = \sum_{i=1}^{n}\sum_{j=1}^{n}(\partial f/\partial x_i)(\partial f/\partial x_j)u(x_i,\ x_j) = \sum_{j=1}^{n} c_i^2 u^2(x_i) = \sum_{j=1}^{n} u_i^2(y) \tag{2-161}$$

式中，$c_i = \partial f/\partial x_i$ 是灵敏系数。$u(x_i,\ x_j) = (n-1)^{-1}\sum_{k=1}^{n}(x_k - \bar{x}_i)(x_k - \bar{x}_j)$ 为输入量 x_i 和 x_j 之间的协方差。

当输入量间存在不可忽略的相关性时，合成标准不确定度可表示为

$$u_c^2(y) = \sum_{j=1}^{n} u_i^2(y) + 2\sum_{i=1}^{n}\sum_{j=i+1}^{n} u_i(y)u_j(y)r(x_i,\ x_j) \tag{2-162}$$

式中，$r(x_i,\ x_j) = u(x_i,\ x_j)/(u(x_i)u(x_j))$ 是相关系数。

(2) 非线性数学模型的合成标准不确定度，将数学模型 $y=f(x_1,\ \cdots,\ x_n)$ 在各输入量的数学期望 x_{10}，…，x_{n0} 处用 Taylor 级数展开，得

$$y = f(x_{10},\cdots,\ x_{n0}) + \sum_{i=1}^{n}\left(\frac{\partial f}{\partial x_i}\right)\delta x_i + \frac{1}{2}\sum_{i=1}^{n-1}\sum_{j=i+1}^{n}\left(\frac{\partial^2 f}{\partial x_i^2}\delta x_i^2 + 2\frac{\partial^2 f}{\partial x_i \partial x_j}\delta x_i \delta x_j + \frac{\partial^2 f}{\partial x_j^2}\delta x_j^2\right) + \cdots \tag{2-163}$$

当每个输入量 x_i 都对其平均值 $\bar{x}_i$ 对称分布并考虑下一个高阶项后，对上式两边求方差，此时不确定度传播定律为

$$u_c^2 = \sum_{i=1}^{n}\left(\frac{\partial f}{\partial x_i}\right)^2 u^2(x_i) + \sum_{i=1}^{n}\sum_{j=1}^{n}\left(\frac{1}{2}\left(\frac{\partial^2 f}{\partial x_i \partial x_j}\right)^2 + \frac{\partial f}{\partial x_i}\frac{\partial^3 f}{\partial x_i \partial x_j^2}\right)u^2(x_i)u^2(x_j) \tag{2-164}$$

2) 可略微小不确定度分量

设不确定度分量为 $\{u_i,\ i=1,\ \cdots,\ m\}$，其中 $\{u_{mj},\ j=1,\ \cdots,\ l\}$ 属于微小不确定度分量，且在多数情况下均按不相关处理，则合成不确定度评估为

$$u_c = \sqrt{\sum_{i=1}^{m} u_i^2 - \sum_{j=1}^{l} u_{mj}^2} = \sqrt{u_\Sigma^2 - u_{\text{mic}}^2} \tag{2-165}$$

且满足

$$\varepsilon_u = (u_\Sigma - u_c)/u_\Sigma \leqslant (1 \sim 10)\% \tag{2-166}$$

当 ε_u=10%、5%和 1%时，则 $u_{\text{mic}}/u_\Sigma \approx$1/3、1/2、1/7。全相关时，按直接取和合成

$$u_{\mathrm{mic}}/u_{\Sigma} \leqslant 1/10 \tag{2-167}$$

式中，u_{Σ}一般未知，实际多用 $u_{\max}$ 近似。当存在多项微小不确定度分量$\{u_{mj}, j=1, \cdots, l\}$时，在同等大小下，微小不确定度分量的判别为

$$\sqrt{l}u_{mj}/u_{\max} \leqslant 1/10 \sim 1/3, \quad j=1,\cdots, \ l \tag{2-168}$$

2.5.4　扩展不确定度评估

除计量学基础研究、基本物理常数量以及复现国际单位制单位的国际比对可仅给出合成标准不定度外，其余研究几乎都要求给出测量结果的扩展不确定度。

(1) 扩展不确定度 U 由合成标准不确定度 u_c 乘以包含因子 k 得到

$$U = ku_c \tag{2-169}$$

(2) 对任一给定的置信概率 p，扩展不确定度 U_p 可表示为

$$U_p = k_p u_c(y) \tag{2-170}$$

在实际工作中，对 Y 可能值的分布作正态分布估计，则 $U=2u_c(y)$是置信概率近似为 95%的置信区间的半宽，$U=3u_c(y)$是置信概率近似为 99%的置信区间的半宽。

2.5.5　直流电子式电流互感器校验仪测试

直流稳态准确度校验系统同时接收标准源侧和试品侧两路信号的输入[44, 45]，参见图 2-10。标准源侧的信号是精度校验试验的基准，它取自高精度标准直流比例器输出的模拟量，信号接至“直流前置单元”的一个输入。试品侧的信号可以为模拟量输出式、IEC61850-9-1 数字量输出式、IEC61850-9-2 数字量输出式、IEC60044-8FT3 数字量输出式等。模拟量输出的试品，信号接至“直流前置单元”的另一个输入。各类数字量输出式试品，信号经过“数字量输入接口”，接至上位机的以太网口。标准源侧和试品侧的信号在同步信号的控制下进行采集，以避免采样不同步造成的相位误差。校验系统的同步信号采用符合标准的光秒脉冲和 IRIG-B 输出 NT705-D 校验仪通过电以太网口和上位机通信。上位机的 NT705-D 直流电子式互感器校验系统分析软件采用高精度算法，进行数据汇总及分析处理，得到被试品的各项比差、频差、复合误差等指标，同时完成时间特性测试、信号分析、波形绘制、数据统计、报告生成等功能。

校验系统通过接收由标准电流互感器二次输出电流作标准，由电子式电流互感器感应到的电流量经 MU 发送过来的数字量作试品，两者之间的对比得出电子式互感器特性，参见图 2-11。NT705-D 直流电子式互感器校验系统由嵌入式系统

(下位机)和 PC 机(上位机)两部分组成。

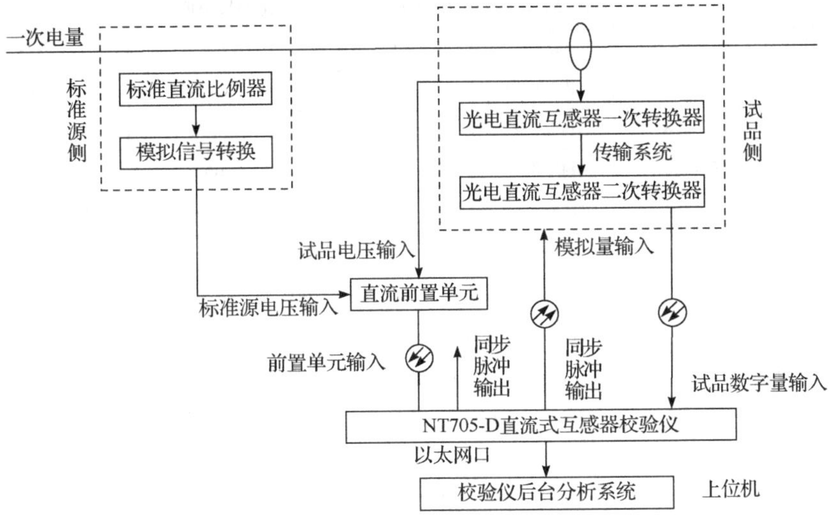

图 2-10　直流稳态准确度校验系统

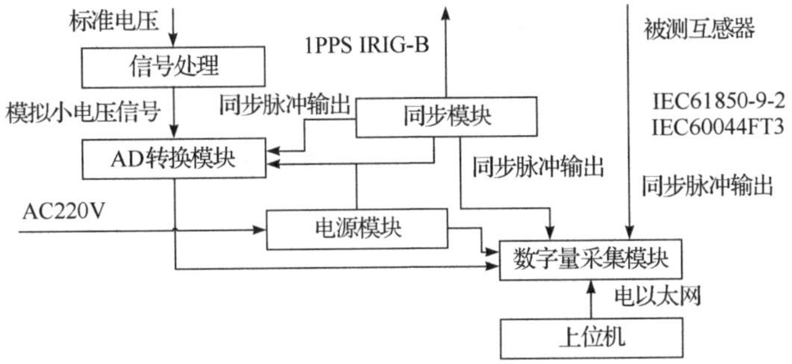

图 2-11　直流电子式互感器校验仪原理图

测试 CT 准确度一次电量为电流，经过高精度标准直流比例器转换成小的电压模拟量接至直流前置单元，再由光纤转接至 NT705-D 直流电子式互感器校验仪前置单元输入口作为标准源侧；试品侧为合并单元输出的 FT3 数字量信号，接至 NT705-D 直流电子式互感器校验仪 FT3 口。不同比率下的比差按以下公式计算

$$R_d = \left(i_{\text{sample}} - i_{\text{std}}\right) / i_{\text{std}} \tag{2-171}$$

可得如表 2-19 所示的实验结果，被测直流电子式电流互感器测量通道的精度在 0.2%以内，满足精度要求。

表 2-19　不同比率下的比差

比率/%	标准源直流/A	试品直流/A	比差最大值/%	比差最小值/%	比差平均值/%
10	199.7812	200.1121	0.1821	0.1657	0.1746
20	399.8028	400.2290	0.1085	0.0993	0.1038
50	1000.0458	1000.2532	0.0241	0.0193	0.0216
80	1600.4540	1600.3895	−0.0040	−0.0024	−0.0032
100	2000.5252	2000.2199	−0.0159	−0.0138	−0.0147

一次电量为电流，标准互感器将一次侧大电流转换成 5A/1A 的模拟量电流信号接至 NT705-D 直流电子式互感器校验仪的 5A/1A 输入口作为标准源侧；试品侧为合并单元输出的数字量信号。在稳态下，复合误差为一次电流瞬时值和实际二次输出瞬时值乘以额定变比。以模拟量输出为

$$E_{\text{comp}} = \sqrt{\frac{1}{T}\int_0^T \left(K_{\text{ra}} u_s - i_p\left(t - t_{\text{dr}}\right)\right)^2 \mathrm{d}t} \tag{2-172}$$

式中，I_p 为一次电流几波的方均根值；T 为一个周波周期；K_{ra} 为额定变比；u_s 为二次电压；i_p 为一次电流；t 为时间瞬时值；t_{dr} 为额定延时时间。配置额定延时时间 0.435 ms，记录相关试验数据，参见表 2-20 和表 2-21，被测直流电子式电流互感器测量通道的精度在 0.2%以内，额定延时在 0.5 ms 以内，满足精度要求。

表 2-20　配置额定延时时间 0.435 ms 时的比差相差

比率/%	频率/Hz	比差最大值/%	比差最小值/%	比差平均值/%	相差最大值	相差最小值	相差平均值
5	49.966	−0.1745	−0.0635	−0.1185	0°32′50″	0°21′55″	0°27′39″
10	50.028	0.0131	−0.0977	−0.0422	0°41′11″	0°21′31″	0°30′3″
20	49.999	0.0430	−0.0578	−0.0065	0°36′38″	0°22′52″	0°28′11″
50	49.972	0.0541	−0.0386	0.0073	0°31′3″	0°28′2″	0°29′39″

表 2-21　配置额定延时时间 0.435 ms 时的延时值

比率/%	绝对延时最大值/ms	绝对延时最小值/ms	绝对延时平均值/ms	正延时抖动最大值/μs	负延时抖动最大值/μs
5	−0.0203	−0.0304	−0.0256	0.02	−0.02
10	−0.0199	−0.0381	−0.0278	0.02	−0.02
20	−0.0212	−0.0339	−0.0251	0.02	−0.02
50	−0.0260	−0.0288	−0.0275	0.02	−0.02

在表 2-19～表 2-21 中，通过如下算法(伪代码)对直流电子互感器校验仪的测量数据进行处理。

算法：直流电子互感器校验仪的测量数据处理算法

输入：来自校验仪的电流、频率和时间等参量
输出：比差、相差和延时值等

01 读取校验仪数据
02 计算标准源侧与试品侧的比差
03 计算比差相差
04 计算延时
05 计算抖动
06 计算精度

参 考 文 献

[1] 中华人民共和国国家质量监督检验检疫总局，中国国家标准化管理委员会．统计学词汇及符号 第 1 部分：一般统计术语与用于概率的术语. GB/T 3358.1-2009.
[2] 中华人民共和国国家质量监督检验检疫总局，中国国家标准化管理委员会．统计学词汇及符号 第 2 部分：应用统计. GB/T 3358.2-2009.
[3] 中华人民共和国国家质量监督检验检疫总局，中国国家标准化管理委员会．统计学词汇及符号 第 3 部分：实验统计. GB/T 3358.3-2009.
[4] 陈希孺，倪国熙．数理统计学教程．合肥：中国科学技术大学出版社, 2009.
[5] 陈希孺．高等数理统计学．合肥：中国科学技术大学出版社, 2009.
[6] 陈希孺．概率论与数理统计．合肥：中国科学技术大学出版社, 2009.
[7] 同济大学数学系．概率论与数理统计．北京：人民邮电出版社, 2017.
[8] 吴赣昌．概率论与数理统计． 5 版．北京：中国人民大学出版社, 2017.
[9] 盛骤，谢式千，潘承毅．概率论与数理统计. 4 版．北京：高等教育出版社, 2008.
[10] 茆诗松，程依明，濮晓龙．概率论与数理统计教程. 2 版．北京：高等教育出版社, 2011.
[11] 何正风．概率与数理统计分析. 2 版．北京：机械工业出版社, 2012.
[12] Hogg R V, Mckean J W, Craig A T. Introduction to Mathematical Statistics. 7th Edition. New York: Pearson Education, 2013.
[13] 陈希孺，王松桂．线性模型中的最小二乘法．上海：上海科学技术出版社, 2003.
[14] 陈希孺，陈桂景，吴启光，等．线性模型参数的估计理论．北京：科学出版社, 2010.
[15] 陈希孺，王桂松．近代回归分析：原理方法及应用．安徽：安徽教育出版社, 1987.
[16] 韦来生，张伟平．贝叶斯分析．合肥：中国科学技术大学出版社, 2013.

[17] 中华人民共和国国家质量监督检验检疫总局，中国国家标准化管理委员会. 测量方法与结果的准确度(正准度与精密度)第 1 部分：总则与定义. GB/T 6379.1-2004.

[18] Li C, Li J, Luo C, et al. Diagnosis and monitoring of tunnel lining defects by using comprehensive geophysical prospecting and fiber bragg grating strain sensor. Sensors, 2024, 22(9660): 1-14.

[19] Li C, He D, Li J, et al. Assessment of tunnel lining stability through integrated monitoring of fiber bragg grating strain and structural deformation. Sensors, 2024, 24(3824): 1-15.

[20] 中华人民共和国国家质量监督检验检疫总局，中国国家标准化管理委员会. 测量方法与结果的准确度(正准度与精密度) 第 2 部分：确定标准测量方法重复性与再现性的基本方法. GB/T 6379.2-2004.

[21] 中华人民共和国国家质量监督检验检疫总局，中国国家标准化管理委员会. 测量方法与结果的准确度(正确度与精密度) 第 3 部分：标准测量方法精密度的中间度量. GB/T 6379.3-2012.

[22] 中华人民共和国国家质量监督检验检疫总局，中国国家标准化管理委员会. 测量方法与结果的准确度(正确度与精密度) 第 4 部分：确定标准测量方法正确度的基本方法. GB/T 6379.4-2006.

[23] 中华人民共和国国家质量监督检验检疫总局，中国国家标准化管理委员会. 测量方法与结果的准确度(正确度与精密度) 第 5 部分：确定标准测量方法精密度的可替代方法. GB/T 6379.5-2006.

[24] 中华人民共和国国家质量监督检验检疫总局，中国国家标准化管理委员会. 测量方法与结果的准确度(正确度与精密度) 第 6 部分：准确度值的实际应用. GB/T 6379.6-2009.

[25] 中华人民共和国国家质量监督检验检疫总局，中国国家标准化管理委员会. 环境试验 支持文件和指南 温湿度试验箱不确定度计算. GB/T 2424.27-2013.

[26] 中华人民共和国国家质量监督检验检疫总局，中国国家标准化管理委员会. 数值修约规则与极限数值的表示和判定. GB/T 8170-2008.

[27] 中华人民共和国国家质量监督检验检疫总局，中国国家标准化管理委员会. 有关量、单位和符号的一般原则. GB/T 3101-1993.

[28] 中华人民共和国国家质量监督检验检疫总局，中国国家标准化管理委员会. 数据的统计处理和解释 正态样本离群值的判断和处理. GB/T 4883-2008.

[29] 费业泰. 误差理论与数据处理. 7 版. 北京：机械工业出版社, 2015.

[30] 林洪桦. 测量误差与不确定度评估. 北京：机械工业出版社, 2009.

[31] 崔伟群，杭晨哲，田锋. 测量误差与不确定度数学原理. 北京：中国质检出版社, 2013.

[32] 李川，张以谟，赵永贵，等. 光纤光栅：原理、技术与传感应用. 北京：科学出版社, 2005.

[33] Li C, Yang L, Luo C, et al. Frost heaving strain monitoring for lining structure in extreme cold and high-altitude area with FBG strain sensors. Measurement, 2022, 196(110918): 1-9.

[34] Yang L, Li C, Luo C. Thermal strain detection for concrete structure cold shrinkage under stress constraint with FBG. Sensors, 2022, 22(9660): 1-14.

[35] Eisenhart C. Realistic evaluation of the precision and accuracy of instrument calibration systems. Journal of Research of the National Bureau of Standards, 1963, 67C: 161-187.

[36] 中华人民共和国国家质量监督检验检疫总局. 测量不确定度评定与表示. JJF 1059.1-2012.

[37] 中华人民共和国国家质量监督检验检疫总局, 中国国家标准化管理委员会. 检测实验室中常用不确定度评定方法与表示. GB/T 27411-2012.

[38] 龙包庚. 统计技术与测量不确定度的评定及应用. 北京: 中国计量出版社, 2010.

[39] Coleman H W, Steele W G. Experimentation, Validation, and Uncertainty Analysis for Engineers. 4th Edition. Hoboken: Wiley, 2018.

[40] 倪育才. 实用测量不确定度评定. 6 版. 北京: 中国计量出版社, 2020.

[41] 叶德陪. 测量不确定度理解、评定与应用. 北京: 中国质检出版社, 2013.

[42] 耿维明. 测量误差与不确定度评定. 2 版. 北京: 中国质检出版社, 2015.

[43] 王中宇, 刘智敏, 等. 测量误差与不确定度评定. 北京: 科学出版社, 2008.

[44] 王光峰, 张长胜, 李川, 等. 直流电子式电流互感器校验仪设计与实现. 电子科技, 2018, 31(5): 12-15.

[45] 中华人民共和国国家质量监督检验检疫总局, 中国国家标准化管理委员会. 互感器 第 8 部分: 电子式电流互感器. GB/T 20840.8-2007.

第 3 章　动态数据与信号处理

一切可观测现象的动态过程均具有随机性，反映了现象与现象间的发展变化规律[1~14]，参见图 3-1。20 世纪初，随机过程源于 Gibbs、Boltzmann 和 Maxwell 等人的统计力学，以及 Einstein、Wiener 和 Levy 等人的 Brown 运动研究。1907 年，Markov 给出 Markov 链。1931 年 Kolmogorov 的《概率论的解析方法》和 1934 年 Khinchin 的《平稳过程的相关理论》奠定 Markov 过程与平稳过程的理论基础。1807 年，Fourier 提出 Fourier 变换。1965 年，Cooley、Tukey 和 Sande 等人利用 FFT 算法形成频谱分析法。1974 年以来，Morlet、Grossmann 和 Mallat 等人创建多分辨和变尺度功能的小波分析法，适于分析非平稳性时变信息。

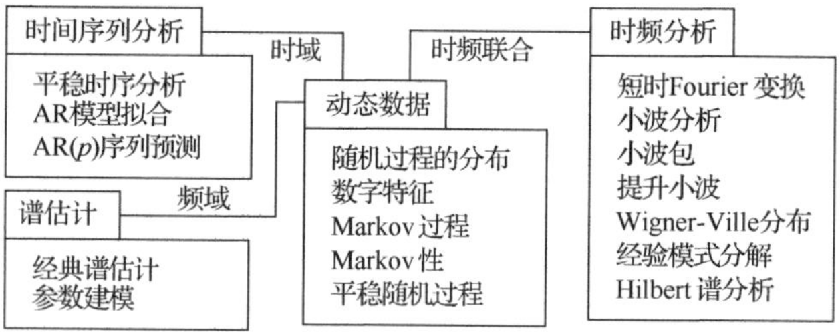

图 3-1　动态数据与信号处理的数据关联

3.1　随 机 过 程

1906 年，Markov 提出 Markov 过程，用于描述自然界中普遍存在的随机现象的演化过程。20 世纪 70 年代以来，Markov 过程广泛应用于计算机、自然和社会科学领域。设随机试验 E 的概率空间为(Ω, F, P)，Ω为样本空间，F 是事件集合，P 是概率测度或概率[1~14]。若$\omega\in \Omega$，有随机过程$\{X(\omega, t), t\in T\}$，其中，t 为随机过程的指标或参数，T 为随机过程的指标集或参数集，$X(\omega, t)$为随机过程的实现或样本函数，简记为 $X(t)\in \Phi$(Φ为状态空间)。根据指标的可列或不可列以及状态的连续或离散，随机过程可分为以下四类：①T 可列，Φ离散。②T 可列，Φ连续。③T 不可列，Φ离散。④T 不可列，Φ连续。其中，状态空间Φ离散的随机过程为链，指标集 T 可列的随机过程为随机序列或时间序列。

3.1.1　随机过程的分布

1) 随机过程的分布函数

设$\{X(t),\ t\in T\}$为随机过程，对$t\in T$，$X(t)$是一维随机变量，其分布函数为

$$F_X(t,\ x)=F(t,\ x)=P\big(X(t)\leqslant x\big),\quad x\in\mathbf{R} \tag{3-1}$$

式中，$F(t,\ x)$是随机过程$\{X(t),\ t\in T\}$的一维分布函数。

对$t_1,\ \cdots,\ t_n\in T$，$X=(X(t_1),\ \cdots,\ X(t_n))$是$n$维随机变量，$(x_1,\ \cdots,\ x_n)\in\mathbf{R}^n$，则$X$的$n$维联合分布函数为

$$\begin{aligned}F_X(t_1,\cdots,\ t_n;\ x_1,\cdots,\ x_n)&=F(t_1,\cdots,\ t_n;\ x_1,\cdots,\ x_n)\\&=P\big(X(t_1)\leqslant x_1,\cdots,\ X(t_n)\leqslant x_n\big)\end{aligned} \tag{3-2}$$

对应的特征函数为

$$\varPhi(t_1,\cdots,\ t_n;\ \theta_1,\cdots,\ \theta_n)=E\left(\mathrm{e}^{\mathrm{i}\theta X^{\mathrm{T}}}\right)=\int_{-\infty}^{+\infty}\cdots\int_{-\infty}^{+\infty}\mathrm{e}^{\mathrm{i}\theta X^{\mathrm{T}}}\,\mathrm{d}F_X(t_1,\cdots,\ t_n;\ \theta_1,\cdots,\ \theta_n) \tag{3-3}$$

式中，$F(t_1,\ \cdots,\ t_n;\ x_1,\ \cdots,\ x_n)$是随机过程$\{X(t),\ t\in T\}$的$n$维分布函数族。

2) 二维随机过程

设$X(t)$与$Y(t)$是两个有共同指标集T的随机过程，称$\{(X(t),\ Y(t)),\ t\in T\}$为二维随机过程。对$m,\ n\geqslant 1,\ t_1,\ \cdots,\ t_m\in T,\ t'_1,\ \cdots,\ t'_n\in T,\ (X(t_1),\ \cdots,\ X(t_m),\ Y(t'_1),\ \cdots,\ Y(t'_n))$是一个$m+n$维随机向量，其分布函数为

$$\begin{aligned}&F(x_1,\cdots,\ x_m;\ t_1,\cdots,\ t_m;\ y_1,\cdots,\ y_n;\ t'_1,\cdots,\ t'_n)\\&=P\big(X(t_1)\leqslant x_1,\cdots,\ X(t_m)\leqslant x_m;\ Y(t'_1)\leqslant y_1,\cdots,\ Y(t'_n)\leqslant y_n\big)\end{aligned} \tag{3-4}$$

设$F_X(x_1,\ \cdots,\ x_m;\ t_1,\ \cdots,\ t_m)$和$F_Y(y_1,\ \cdots,\ y_n;\ t'_1,\ \cdots,\ t'_n)$为过程$X(t)$和$Y(t)$的$m$和$n$维分布函数。对$m,\ n\geqslant 1,\ t_1,\ \cdots,\ t_m,\ t'_1,\ \cdots,\ t'_n\in T,\ x_1,\ \cdots,\ x_m;\ y_1,\ \cdots,\ y_n\in\mathbf{R}$，有

$$\begin{aligned}&F_{XY}(x_1,\cdots,\ x_m;\ t_1,\cdots,\ t_m;\ y_1,\cdots,\ y_n;\ t'_1,\cdots,\ t'_n)\\&=F_X(x_1,\cdots,\ x_m;\ t_1,\cdots,\ t_m)F_Y(y_1,\cdots,\ y_n;\ t'_1,\cdots,\ t'_n)\end{aligned} \tag{3-5}$$

则称随机过程$X(t)$与$Y(t)$相互独立，这两个过程描述的随机现象演变过程互不影响。

3.1.2　随机过程的数字特征

设$\{X(t),\ t\in T\}$为一随机过程，$F(t,\ x)$为随机过程的一维分布函数，若$E(X(t))$存在，则其数学期望$\mu_X(t)$、方差$\sigma_X^2(t)$可表示为

$$\begin{cases}\mu_X = E\big(X(t)\big) = \int_{-\infty}^{+\infty} X(t)\mathrm{d}F(t,\ X) \\ \sigma_X^2(t) = E\Big(\big(X(t)-\mu_X(t)\big)^2\Big) = \int_{-\infty}^{+\infty}\big(X(t)-\mu_X(t)\big)^2\mathrm{d}F(t,\ X)\end{cases} \tag{3-6}$$

式中，随机函数方差$\sigma_X^2(t)$是$x(t)$的二阶中心矩。二阶原点矩$\psi_X^2(t)$是随机过程的方均值，反映了随机函数的强度，包括中心趋势和分散度

$$\psi_X^2(t) = E\big(X^2(t)\big) = \mu_X^2(t) + \sigma_X^2(t) \tag{3-7}$$

式中，均值函数$\mu_X(t)$反映了随机过程$X(t)$在各个时刻的平均位置，方差函数$\sigma_X^2(t)$与标准差函数$\sigma_X(t)$反映了随机过程$X(t)$偏离$\mu_X(t)$的平均波动程度。

存在均值和协方差函数(covariance function)的随机过程为二阶矩过程，随机过程的相关理论从二阶矩过程的均值函数与相关函数来研究随机过程的性质。设$\{X(t),\ t\in T\}$是一个二阶矩过程，对t_1，$t_2\in T$，自相关函数(auto-correlation functions, ACF)R_X、标准自相关函数ρ_X和协方差函数C_X分别定义为

$$\begin{cases}R_X(t_1,\ t_2) = E\big(X(t_1)X(t_2)\big) \\ \rho_X(t_1,\ t_2) = R_X(t_1,\ t_2)\big/\big(\sigma_X(t_1)\sigma_X(t_2)\big) \\ C_X(t_1,\ t_2) = \operatorname{cov}\big(X(t_1),\ X(t_2)\big)\end{cases} \tag{3-8}$$

当零均值$\mu_X(t)=0$时，有

$$C_X(t_1,\ t_2) = R_X(t_1,\ t_2),\ \ \sigma_X^2(t) = \psi_X^2(t) \tag{3-9}$$

对二维随机过程$\{(X(t),\ Y(t)),\ t\in T\}$，互相关函数(cross-correlation function, CCF)R_{XY}和互协方差函数C_{XY}分别定义为

$$\begin{aligned}R_{XY}(t_1,\ t_2) &= E\big(X(t_1)Y(t_2)\big),\ C_{XY}(t_1,\ t_2) \\ &= E\Big(\big(X(t_1)-\mu_X(t_1)\big)\big(Y(t_2)-\mu_Y(t_2)\big)\Big)\end{aligned} \tag{3-10}$$

式中，若$C_{XY}(t_1,\ t_2)=0$，称$X(t)$和$Y(t)$不相关。若$R_{XY}(t_1,\ t_2)=0$，称$X(t)$和$Y(t)$正交。若$X(t)$和$Y(t)$满足式(3-5)，称随机过程$X(t)$和$Y(t)$独立。

3.1.3 Markov 过程

Markov 过程根据参数空间的可列与不可列以及状态空间的离散与连续，分为 4 种类型：①可列参数集、离散状态集，离散参数 Markov 链(Markov chain)，如 Bernoulli 过程。②可列参数集、连续状态集，如 Poisson 流和独立过程。③不可列参数集、离散状态集，连续参数 Markov 链，如 Poisson 过程。④不可列参数集、连续状态集，如 Wiener 过程。

(1) Markov 链。设概率空间(Ω, F, P)，取随机序列，$0\leqslant m_1<\cdots<m_k<\cdots<M\geqslant 1$ 及 i_1，…，i_{M-1}，i，$j\in\Phi$，当 $P\left(X_m=i,\ X_{m_k}=i_k, 0\leqslant k\leqslant M\right)>0$，有

$$P\left(X_m=i \middle| X_{m_k}=i_k, 0\leqslant k\leqslant M\right)=P\left(X_{m+n}=j \middle| X_m=i\right),\quad m\geqslant 1 \tag{3-11}$$

则称$\{X_m$，$m=0$，1，…$\}$为离散时间 Markov 链。Φ是 X_m 的状态空间，即 Markov 链 X_m 取值的全体。$\{X_m=i\}$表示在 m 时刻位于状态 i 的事件。上式表明，已知现在时刻事件 $\{X_m=i\}$ 的情况下，将来时刻事件 $\{X_{m+n}=j\}$ 与过去时刻事件 $\left\{X_{m_k}=i_k, 1\leqslant k\leqslant M\right\}$ 是独立的，即 Markov 性(Markov property)或无后效性、无记忆性。

(2) 转移概率矩阵。称 $p_{ij}^{(n)}(m)$ 为 X_m 的 n 步状态转移概率，如果对 i_1，i_2，…，i_M，$j\in\Phi$，$n\geqslant 0$ 均有

$$P\left(X_{m+n}=j \middle| X_m=i,\ X_{m_k}=i_k, 0\leqslant k\leqslant M\right)=P\left(X_{m+n}=j \middle| X_m=i\right)=p_{ij}^{(n)}(m) \tag{3-12}$$

当 $p_{ij}^{(n)}(m)$ 与起始时刻 m 无关时，称 X_m 为齐次 Markov 链。当 $n=1$，对 $m\geqslant 0$，则 X_m 的一步转移概率为

$$P\left(X_{m+1}=j \middle| X_m=i\right)=p_{ij} \tag{3-13}$$

式中，$P=(p_{ij})$为一步转移概率矩阵。

在 Markov 链的条件概率 $P(X_{m+n}=j|X_m=i)$中，$m\in T$，n 是正整数，i，$j\in E$。若 Markov 链在时刻 m 从任意状态 i 出发，经 n 步到另一时刻 $m+n$，转移到状态空间 $E=\{0, 1, 2, \cdots\}$中的某一个状态，由概率的加法公式，对 $i=0$，1，2，…，总有

$$\sum_{j=1}^{n} P\left(X_{m+n}=j \middle| X_m=i\right)=1 \tag{3-14}$$

若$\{X_n$，$n\geqslant 1\}$是独立随机过程，则 X_n 是 Markov 过程。若$\{X(t)$，$t\geqslant a\}$是独立增量过程，且 $X(a)=0$，则 $X(t)$是 Markov 过程。若$\{X(t)$，$t\geqslant a\}$是平稳独立增量过程，且 $X(a)=0$，则 $X(t_1)=x_1$，…，$X(t_{n-1})=x_{n-1}$ 时，$X(t_n)$的条件分布仅与 t_n-t_{n-1} 和 x_n-x_{n-1} 有关。

(3) 时齐 Markov 链。在转移概率中，若$\forall$正整数 n，i，$j\in E$，$P(X_{m+n}=j|X_m=i)$ 与 m 无关，称 Markov 链$\{X_n, n\geqslant 0\}$为齐次 Markov 链或时齐 Markov 链。齐次 Markov 链$\{X_n$，$n\geqslant 0\}$的 n 步转移概率 $p_{ij}^{(n)}$ 为

$$p_{ij}^{(n)}(m)=P\left(X_{m+1}=j \middle| X_m=i\right) \tag{3-15}$$

若$\{X(t), t\geqslant a\}$是一个平稳独立增量过程，且 $X(a)=0$，则 $X(t)$是一个齐次 Markov 过程。Wiener 过程与 Poisson 过程都是齐次 Markov 过程。齐次 Markov 链$\{X_n$，

$n \geqslant 0\}$的转移概率$p_{ij}^{(n)}$只与起始时刻和终止时刻的时间间隔n有关，当$n=1$时，称$p_{ij}^{(1)}=p_{ij}$为(一步)转移概率，其中，$m \geqslant 0$，i，$j \geqslant 0$，有

$$p_{ij}=P\left(X_{m+1}=j \mid X_m=i\right),\ p_{ij}(0)=\delta_{ij}=\begin{cases}1, & i=j \\ 0, & i \neq j\end{cases} \tag{3-16}$$

式中，当时刻不改变时，状态没有变动。

1) Markov链的分布

设$\{X_n，n \geqslant 0\}$是一个齐次Markov链，k，$l \geqslant 0$；i，$j \in E$，有C-K方程

$$p_{ij}^{(k+l)}=\sum_r p_{ir}^{(k)} p_{rj}^{(l)} \tag{3-17}$$

$p_{ij}^{(k+l)}$从状态i出发经$k+l$步到达状态j的概率，可先由状态i出发经k步到达状态r，再由状态r出发经l步到达状态j，其中$\{X_k=r\}(r \in E)$是样本空间的一个划分。

设$\boldsymbol{P}(n)$是齐次Markov链$\{X_n，n \geqslant 0\}$的n步转移概率矩阵

$$\begin{cases}\boldsymbol{P}(k+l)=\boldsymbol{P}(k)\boldsymbol{P}(l),\ k,\ l \geqslant 0 \\ \boldsymbol{P}(n)=\boldsymbol{P}^n\end{cases} \tag{3-18}$$

齐次Markov链的n步转移概率矩阵等于n个一步转移概率矩阵的乘积。

给定一个Markov链$\{X_n，n \geqslant 0\}$，设$i=0$，1，2，…，随机变量X_0的初始概率分布$P_i(0)$定义为

$$P_i(0)=P\left(X_0=i\right),\ 0 \leqslant P_i(0) \leqslant 1,\ \sum_i P_i(0)=1 \tag{3-19}$$

Markov链的初始分布描述了在初始时刻Markov链处于各个状态的概率。

对齐次Markov链，绝对分布由初始分布与一步转移概率矩阵唯一确定。设$\{X_n，n \geqslant 0\}$是一个齐次Markov链，$j=0$，1，2，…。对$n \geqslant 1$，有

$$P_j(n)=\sum_i P_i(0) p_{ij}^{(n)} \tag{3-20}$$

2) 遍历性

Markov链的重要课题是讨论$n \to \infty$时n步转移概率$p_{ij}(n)$的极限性质。给定一个齐次Markov链$\{X_n，n \geqslant 0\}$，如果n步转移概率的极限

$$\lim_{n \to \infty} p_{ij}(n)=\pi_j,\ i,\ j \in E \tag{3-21}$$

存在且与i无关，则称$\{X_n, n \geqslant 0\}$具有遍历性，或遍历的齐次Markov链。当$\sum_j \pi_j=1$时，称$\{\pi_j，j \in E\}$为齐次Markov链的极限分布。由极限的性质可知，π_j满足

$$0 \leqslant \pi_j \leqslant 1,\ j \in E \tag{3-22}$$

假定状态空间 $E=\{1, 2, \cdots, m\}$，当 Markov 链具有遍历性时，有

$$\sum_{j=1}^{m}\pi_j=\sum_{j=1}^{m}\lim_{n\to\infty}p_{ij}(n)=\lim_{n\to\infty}\sum_{j=1}^{m}p_{ij}(n)=1 \tag{3-23}$$

此时，极限 $\{\pi_j, j=0, 1, 2, \cdots\}$ 构成一个极限分布。这表明遍历的齐次 Markov 链经过相当长时间后，处于各个状态的概率趋于稳定，且稳定值与初始状态无关。

3) 平稳分布

如果有 Markov 链的一步转移矩阵 $\boldsymbol{P}=(p_{ij})$，假定存在概率分布 $\{p_j, j\in\varPhi\}$，使得

$$p_j=\sum_i p_i p_{ij},\quad j\in\varPhi \tag{3-24}$$

则称 $\{p_j, j\in\varPhi\}$ 是该 Markov 链对应的平稳分布。假定 X_0 的概率分布为 $\{p_j=P(X_0=j), j\in\varPhi\}$，且是平稳分布，则

$$P(X_1=j)=\sum_{i\in\varPhi}P(X_1=j|X_0=i)P(X_0=i)=\sum_{i\in\varPhi}p_i p_{ij}=p_j \tag{3-25}$$

由归纳法可知

$$P(X_n=j)=\sum_{i\in\varPhi}P(X_n=j|X_{n-1}=i)P(X_{n-1}=i)=\sum_{i\in\varPhi}p_i p_{ij}=p_j \tag{3-26}$$

若 $\{X_n, n\geqslant 0\}$ 是 Markov 链，且初始概率平稳分布，则 X_n 有相同的分布。

3.1.4 平稳随机过程

平稳过程是自然与应用科学中的常见随机过程，其性质与变量间的时间间隔有关，与所考察的起点无关。当试验或工作条件基本稳定时，相隔时间 h 的两个时刻 t 与 $t+h$ 过程的状态 $X(t)$ 与 $X(t+h)$ 具有相同概率分布。

(1) 严平稳随机过程。在 $\{X(t), t\in T\}$ 中，如果对 $t_1, \cdots, t_n\in T$ 和 $t_1+\tau, \cdots, t_n+\tau\in T$，有限维分布函数满足

$$F(t_1,\cdots, t_n; x_1,\cdots, x_n)=F(t_1+\tau,\cdots, t_n+\tau; x_1,\cdots, x_n) \tag{3-27}$$

则称 $\{X(t), t\in T\}$ 为严平稳随机过程，比如 Bernoulli 过程与正态白噪声。在严平稳过程中，全体随机变量 $X(t)$ 同分布，增量 $X(t+\tau)-X(t)$ 具有平稳性，即与 t 无关。

(2) 宽(广义)平稳随机过程。如果一个二阶矩过程 $\{X(t), t\in T\}$ 满足

① $E(|X(t)|^2)<+\infty$；

② $\forall t\in T$，$\mu_X(t)=E(X(t))=\mu_X$；

③ $\forall t, s\in T$，$\tau=s-t$，$R_X(t, s)=E\left(X(t)\overline{X(s)}\right)=R_X(s-t)=R_X(\tau)$。

则称 $X(t)$ 为宽平稳随机过程。

宽平稳和严平稳过程的均值函数是常数。若严平稳过程的二阶矩不存在，则严平稳过程一般不是宽平稳过程。若严平稳过程的二阶矩存在，就同时也是一个宽平稳过程。宽平稳过程 $X(t)$的一、二阶矩不随时间推移改变，但不确保其任意有限维分布函数不随时间推移而改变，即一个宽平稳过程也不一定是一个严平稳过程。正态过程的有限维分布由其前二阶矩唯一确定，所以正态过程既是一个宽平稳过程，也是一个严平稳过程。

(3) 联合平稳过程。对平稳过程，通过平移，可得一个零均值的平稳过程。设$\{X(t),\ t\in T\}$与$\{Y(t),\ t\in T\}$是两个平稳过程，如果互相关函数和互协方差函数

$$R_{XY}(t,\ t+\tau)=E\left(X(t)Y(t+\tau)\right)=R_{XY}(\tau) \tag{3-28}$$

$$C_{XY}(t,\ t+\tau)=R_{XY}(\tau)-\mu_X\mu_Y=C_{XY} \tag{3-29}$$

与 t 无关，则称 $X(t)$与 $Y(t)$是平稳相关的，也称 $X(t)$与 $Y(t)$是联合平稳的。

1) 平稳随机过程的各态历经性

平稳过程的均值函数为常数。设平稳随机过程$\{X(t),\ -\infty<t<\infty\}$或$\{X_n,\ n=0,\ \pm1,\ \cdots\}$，则 $X(t)$或 X_n 的时间平均和时间相关函数分别为

$$\langle X(t)\rangle=\lim_{T\to\infty}(2T)^{-1}\int_{-T}^{T}X(t)\mathrm{d}t \tag{3-30}$$

$$\left\langle X(t)\overline{X(t+\tau)}\right\rangle=\lim_{T\to\infty}(2T)^{-1}\int_{-T}^{T}X(t)\overline{X(t+\tau)}\mathrm{d}t \tag{3-31}$$

$$\langle X_n\rangle=\lim_{N\to+\infty}(2N+1)^{-1}\sum_{n=-N}^{N}X_n \tag{3-32}$$

$$\langle X_n\rangle=\lim_{N\to+\infty}(2N+1)^{-1}\sum_{n=-N}^{N}X_n \tag{3-33}$$

式中，时间平均是随机变量，而时间相关函数是随机过程。

若平稳过程具有各态历经性，只要观察时间足够长，其每个样本都遍历各种可能的状态。所以一个样本按时间平均就可近似地替代它在固定时刻取值的统计平均。

(1) 设$\{X(t),\ -\infty<t<\infty\}$为平稳过程，$X(t)$具有均值各态历经性的充分必要条件是

$$\lim_{T\to\infty}(2T)^{-1}\int_{-2T}^{2T}\left(1-|\tau|/(2T)\right)C_X(\tau)\mathrm{d}\tau=0 \tag{3-34}$$

(2) 设$\{X_n,\ n=0,\ \pm1,\ \cdots\}$为平稳序列，其相关函数为 $R(\tau)$，则 X_n 具有均值各态历经性的充分必要条件为

$$\lim_{N\to+\infty}(2N+1)^{-1}\sum_{n=-N}^{N}C_X(\tau)=0 \tag{3-35}$$

若平稳过程$\{X(t), -\infty<t<+\infty\}$的 $C_X(\tau)$满足

$$\int_{-\infty}^{+\infty}\left|C_X(\tau)\right|\mathrm{d}\tau<+\infty \tag{3-36}$$

则 $X(t)$的均值是各态历经的。

对平稳序列$\{X_n, n=0, \pm1, \pm2, \cdots\}$，若满足

$$\lim_{\tau\to+\infty}R_X(\tau)=\mu_X^2 \tag{3-37}$$

$$\lim_{\tau\to+\infty}C_X(\tau)=0 \tag{3-38}$$

则 X_n 的均值是各态历经的。随着时间推移，不同时刻状态之间的线性联系越来越弱。设平稳过程$\{X(t), -\infty<t<\infty\}$是具有零均值的正态过程，①若 $\lim\limits_{\tau\to+\infty}R_X(\tau)=0$，则 $X(t)$具有相关函数各态历经性；②若$\int_0^{+\infty}\left|R_X(\tau)\right|\mathrm{d}\tau<\infty$，则 $X(t)$具有相关函数各态历经性。

通常先假定过程具有各态历经性，然后由此假定出发，对数据进行分析处理，在实践中考察是否会产生较大偏差，如果偏差较大，便认为过程不具有各态历经性。设平稳过程$\{X(t), t\geqslant0\}$具有各态历经性，假定通过一次抽样得到样本函数 $x(t)$。取足够大的 T，把区间$[0, T]$作 N 等分，分点为 t_1，…，t_N，间距为$\Delta t_i=T/N$，可用

$$\hat{\mu}_X=\frac{1}{T}\sum_{k=1}^{N}x(t_k)\Delta t=\frac{1}{N}\sum_{k=1}^{N}x(t_k) \tag{3-39}$$

来估计均值μ_X。在应用中，要求 T 与 N 都较大，且 T/N 较小。

把相关函数 $R_X(\tau)$的估计转化成估计在 $m+1$ 个点τ_0，τ_1，…，τ_m 处的函数值 $R_X(\tau_r)$，其中，$\tau_r=r\Delta t=rT/N$，$r=0, 1, \cdots, m$。由于 $T-\tau_r=(N-r)\Delta t$，可用

$$\hat{R}_X(\tau_r)=\frac{1}{N-r}\sum_{k=1}^{N-r}x(t_k)x(t_{k+r}) \tag{3-40}$$

来估计 $R_X(\tau)$在$\tau=\tau_r$处的函数值 $R_X(\tau_r)$，$r=0, 1, \cdots, m$。在应用中，要求 T 与 $N-m$ 都较大，且 T/N 较小。通常取 $m/N=0.2\sim0.5$，以便保证 $N-m$ 较大。这样，对于各态历经过程，仅通过一条样本曲线 $x(t)$就得到了均值μ_X与相关函数 $R_X(\tau)$的估计。

2) 平稳随机过程的谱密度

相关函数和谱密度(spectral density)分别在时间域和频率域描述平稳过程的统计特性，即时域法和频域法。

(1) 自谱密度。设 $R_X(\tau)$是平稳过程 $X(t)$, $t\in T$ 的相关函数，且 $\int_{-\infty}^{+\infty}|R_X(\tau)|\mathrm{d}\tau<+\infty$，则自相关函数 $R_X(\tau)$与自谱密度 $S_X(\omega)$是一对 Fourier 变换，即

$$S_X(\omega)=\int_{-\infty}^{+\infty}R_X(\tau)\mathrm{e}^{-\mathrm{i}\omega\tau}\mathrm{d}\tau \tag{3-41}$$

$$R_X(\tau)=(2\pi)^{-1}\int_{-\infty}^{+\infty}\mathrm{e}^{\mathrm{i}\omega\tau}S_X(\omega)\mathrm{d}\omega \tag{3-42}$$

对平稳序列 X_n，n=0，1，2，…也有类似的结果，当 $\sum_{m=-\infty}^{+\infty}|R_X(m)|<+\infty$，可得平稳过程相关函数的谱展式为

$$S_X(\omega)=\sum_{m=-\infty}^{+\infty}\mathrm{e}^{-\mathrm{i}\omega m}R_X(m),\quad \omega\in[-\pi,\ \pi] \tag{3-43}$$

$$R_X(m)=(2\pi)^{-1}\int_{-\pi}^{+\pi}\mathrm{e}^{\mathrm{i}\omega m}S_X(\omega)\mathrm{d}\omega,\quad m=0,\pm1,\pm2,\cdots \tag{3-44}$$

(2) 功率谱密度。相关函数与谱密度分别在时间域与频率域上描述了平稳过程的统计特性，谱密度在物理学中表示功率谱密度。在实际应用中，取 $x(t)$的截尾函数

$$x_T(t)=\begin{cases}x(t), & |t|\leqslant T\\ 0, & |t|>T\end{cases} \tag{3-45}$$

$x_T(t)$满足 $\int_{-\infty}^{\infty}|x_T(t)|\mathrm{d}t<\infty$，对截尾函数 $x_T(t)$作 Fourier 变换

$$F_x(\omega,\ T)=\int_{-\infty}^{\infty}x_T(t)\mathrm{e}^{-\mathrm{i}\omega t}\mathrm{d}t=\int_{-T}^{T}x(t)\mathrm{e}^{-\mathrm{i}\omega t}\mathrm{d}t \tag{3-46}$$

信号 $x(t)$在ω处的功率谱密度 $S_x(\omega)$为

$$S_x(\omega)=\lim_{T\to\infty}(2T)^{-1}E\left(|F_x(\omega,\ T)|^2\right) \tag{3-47}$$

(3) 互谱密度。互谱密度可在频率域上描述两个平稳过程的相关性。设 $X(t)$和 $Y(t)$是两个平稳相关的平稳过程，则平稳过程 $X(t)$与 $Y(t)$的互谱密度 $S_{XY}(\omega)$与互相关函数 $R_{XY}(\tau)$为 Fourier 变换对

$$S_{XY}(\omega)=\int_{-\infty}^{\infty}R_{XY}(\tau)\mathrm{e}^{-\mathrm{i}\omega\tau}\mathrm{d}\tau,\quad -\infty<\omega<\infty \tag{3-48}$$

$$R_{XY}(\tau)=(2\pi)^{-1}\int_{-\infty}^{\infty}S_{XY}(\omega)\mathrm{e}^{\mathrm{i}\omega\tau}\mathrm{d}\omega,\quad -\infty<\tau<\infty \tag{3-49}$$

(4) 平稳过程的谱分解。平稳过程{$X(t)$，$-\infty<t<+\infty$}可表示为无穷多个复谐波

的叠加。设$\{X(t), -\infty<t<+\infty\}$是零均值、均方连续的复平稳过程，其谱密度为$S_X(\omega)$，则$X(t)$可表示为

$$X(t)=\int_{-\infty}^{\infty}\mathrm{e}^{\mathrm{i}\omega t}\,\mathrm{d}Z(\omega),\quad -\infty<t<\infty \tag{3-50}$$

$X(t)$的随机谱函数为

$$Z(\omega)=\lim_{T\to\infty}\int_{-T}^{T}\mathrm{i}t\left(\mathrm{e}^{-\mathrm{i}\omega t}-1\right)X(t)\,\mathrm{d}t,\quad -\infty<\omega<+\infty \tag{3-51}$$

$\forall\omega_1<\omega_2$，有

$$E\left(\left|Z(\omega_2)-Z(\omega_1)\right|^2\right)=(2\pi)^{-1}\left(F_X(\omega_2)-F_X(\omega_1)\right) \tag{3-52}$$

式中，$F_X(\omega)=\int_{-\infty}^{\omega}S_X(\omega)\,\mathrm{d}\omega$称为$\{X(t),\ t\in T\}$的谱函数或功率谱函数。

设$\{X(t),\ t\in(-\infty,\ +\infty)\}$是零均值、均方连续的实平稳过程，谱函数为$F_X(\omega)$，则

$$X(t)=\int_{0}^{\infty}\cos(\omega t)\,\mathrm{d}Z_1(\omega)+\int_{0}^{\infty}\sin(\omega t)\,\mathrm{d}Z_2(\omega),\quad -\infty<t<\infty \tag{3-53}$$

式中

$$Z_1(\omega)=\lim_{T\to\infty}\int_{-T}^{T}t^{-1}X(t)\sin(\omega t)\,\mathrm{d}t \tag{3-54}$$

$$Z_2(\omega)=\lim_{T\to\infty}\int_{-T}^{T}t^{-1}X(t)\left(1-\cos(\omega t)\right)\mathrm{d}t \tag{3-55}$$

3) 窄带随机过程

若一个随机过程的功率密度只分布在高频载波附近的窄频范围$\Delta\omega$内，且满足$\omega_0>>\Delta\omega$，称为窄带随机过程。其中，ω_0可选在频带中心附近或最大功率谱密度点对应的频率附近。该随机过程可表示为慢变幅度与慢变相位的正弦振荡

$$X(t)=A(t)\cos\left(\omega_0 t+\Phi(t)\right) \tag{3-56}$$

式中，$A(t)$是随机过程的慢变幅度，即包络；$\Phi(t)$是随机过程的慢变相位，都是随机过程。称上式为准正弦振荡，窄带随机过程的数学模型可展开为

$$X(t)=A_c(t)\cos(\omega_0 t)-A_s(t)\sin(\omega_0 t) \tag{3-57}$$

式中

$$A_c(t)=A(t)\cos\left(\Phi(t)\right),\quad A_s(t)=A(t)\sin\left(\Phi(t)\right) \tag{3-58}$$

式中，$A(t)$是随机过程的慢变幅度(包络)，$\Phi(t)$是随机过程的慢变相位。上式为准正弦振荡，窄带随机过程的数学模型可展开为

$$A(t)=\sqrt{A_c^2(t)+A_s^2(t)},\quad \Phi(t)=\arctan\left(A_s(t)/A_c(t)\right) \tag{3-59}$$

窄带随机过程 $X(t)$的功率谱密度 $G_X(\omega)$与相关函数间的关系为

$$G_X(\omega)=\int_{-\infty}^{\infty}R_X(\tau)\mathrm{e}^{-\mathrm{i}\omega\tau}\,\mathrm{d}\tau,\quad R_X(\tau)=(2\pi)^{-1}\int_{\omega_0-\Delta\omega}^{\omega_0+\Delta\omega}G_X(\omega)\mathrm{e}^{\mathrm{i}\omega\tau}\,\mathrm{d}\omega \tag{3-60}$$

4) 窄带平稳 Gaussian 过程

设 $X(t)$为零均值、窄带平稳 Gaussian 过程，其方差为 σ_X^2，则式(3-58)中的 $A_c(t)$和 $A_s(t)$都是低频慢变 Gaussian 随机过程，分别称为窄带 Gaussian 随机过程的同相分量和正交分量。而且，$A_c(t)$和 $A_s(t)$在任意相同时刻正交，是互不相关的，其联合概率密度为

$$f_{A_cA_s}(a_{Ct},\ a_{St})=\left(2\pi\sigma_X^2\right)^{-1}\mathrm{e}^{-\left(a_{Ct}^2+a_{St}^2\right)/\left(2\sigma_X^2\right)} \tag{3-61}$$

式中，a_{Ct}和 a_{St}分别是 $A_C(t)$和 $A_S(t)$在 t 时刻的取值。设 A_t 与 Φ_t 分别表示 $A(t)$和 $\Phi(t)$在时刻 t 的取值，则 $A(t)$和 $\Phi(t)$的联合概率密度为

$$f_{A\Phi}(a_t,\ \varphi_t)=|\mathrm{J}|f_{\alpha\beta}(a_{Ct},\ a_{St}) \tag{3-62}$$

式中，|J|为 Jaccobi 行列式，定义为

$$|\mathrm{J}|=\left|\frac{\partial(a_{Ct},\ a_{St})}{\partial(a_t,\ \varphi_t)}\right|=\begin{vmatrix}\partial a_{Ct}/\partial a_t & \partial a_{Ct}/\partial\varphi_t\\ \partial a_{St}/\partial a_t & \partial a_{St}/\partial\varphi_t\end{vmatrix}=\begin{vmatrix}\cos\varphi_t & -a_t\sin\varphi_t\\ \sin\varphi_t & a_t\cos\varphi_t\end{vmatrix}=a_t \tag{3-63}$$

于是，联合概率密度为

$$f_{A_cA_s}(a_t,\ \varphi_t)=\begin{cases}a_t\left(2\pi\sigma_X^2\right)^{-1}\mathrm{e}^{-a_t^2/\left(2\sigma_X^2\right)}, & a\geqslant 0,\ 0\leqslant\varphi_t\leqslant 2\pi\\ 0, & \text{其他}\end{cases} \tag{3-64}$$

分别计算包络 $A(t)$和相位 $\Phi(t)$的边缘分布，得 $A(t)$和 $\Phi(t)$的一维概率密度为

$$f_A(a_t)=\int_0^{2\pi}f_{A,\ \Phi}(a_t,\ \varphi_t)\mathrm{d}\varphi_t=a_t\sigma_X^{-2}\mathrm{e}^{-a_t^2/\left(2\sigma_X^2\right)},\quad a_t\geqslant 0 \tag{3-65}$$

$$f_\Phi(\varphi_t)=\int_0^{\infty}f_{A,\ \Phi}(a_t,\ \varphi_t)\mathrm{d}a_t=(2\pi)^{-1},\quad 0\leqslant\varphi_t\leqslant 2\pi \tag{3-66}$$

上两式表明，窄带 Gaussian 过程的包络服从 Rayleigh 分布，其相位服从均匀分布

$$f_{A\Phi}(a_t,\ \varphi_t)=f_A(a_t)f_\Phi(\varphi_t) \tag{3-67}$$

上式表明，窄带 Gaussian 过程的包络和相位在同一时刻的状态(或取样)是两个统计独立的随机变量。但一般情况下，包络和相位这两个 Gaussian 过程并不独立。

5) 白噪声与有色噪声

白噪声频谱的谱密度值不变，且频带延伸到整个频率轴。设{$X(t)$，$-\infty<t<\infty$}

为实平隐随机过程，若均值为 0，且谱密度在所有频率范围内为非零的常数，即

$$G_X(\omega)=G_0,\quad -\infty<\omega<+\infty \tag{3-68}$$

则称 $X(t)$为白噪声过程，其主要统计特性不随时间推移而改变的平稳过程。实际工作中，只要随机干扰的谱密度比信号频带宽得多，且分布近似均匀，可把该干扰视为白噪声。

(1) 离散时间白噪声过程。设$\{X(k),\ k\in Z\}$为实值平稳离散时间随机过程，其自相关函数为

$$R_X(k)=\sigma_X^2\delta(k)=\begin{cases}\sigma_X^2, & k=0\\ 0, & k=\pm1,\pm2,\cdots\end{cases} \tag{3-69}$$

则称 $X(k)$为离散时间白噪声过程。离散时间白噪声过程 $X(k)$的功率谱为

$$G_X(\omega)=\sigma_X^2,\quad -\infty<\omega<\infty \tag{3-70}$$

(2) 有色噪声。不是白噪声的任何噪声都是有色噪声。设$\{X(t),\ -\infty<t<\infty\}$为实平稳过程，均值为 0，谱密度在给定频率范围内为非零常数

$$G_X(\omega)=\begin{cases}G_0, & |\omega|\leqslant\Omega\\ 0, & |\omega|>\Omega\end{cases} \tag{3-71}$$

则称 $X(k)$为有色噪声过程。该过程的自相关函数为

$$R_X(\tau)=(G_0/\pi)(\sin(\Omega\tau)/\tau) \tag{3-72}$$

3.1.5 GPR 信号混叠的双排钢筋识别与定位

探地雷达(ground penetrating radar，GPR)波在传播经过钢筋时，电磁场的传输方向几乎与入射面垂直，则反射系数可近似表示为

$$R=\left(\sqrt{\varepsilon_1}-\sqrt{\varepsilon_2}\right)\Big/\left(\sqrt{\varepsilon_1}+\sqrt{\varepsilon_2}\right) \tag{3-73}$$

式中，ε_1 和ε_2 为界面两侧的相对介电常数。当电磁波由混凝土传播至钢筋时，由上式可得反射系数为-1，会产生强烈的多次反射信号[15, 16]。在信号混叠处，第二排钢筋信号除相位变化外，会由于前序钢筋信号的交叉信号与后续钢筋信号叠加，而产生较大的正向振幅改变以至于出现叠加峰值，即构造性干涉，参见图 3-2。

当第一排钢筋信号对后排钢筋信号影响较大时，第二排钢筋存在范围内信号振幅叠加，形成振幅增加的结果。利用叠加峰值点提取算法，将产生的叠加后信号对二排钢筋进行识别，参见图 3-3(a)。由于信号衰减和干扰的原因，第二排钢筋的反射点相位、振幅变化识别困难。因此，利用钢筋反射信号的相关性，可对反射信号中的第二排钢筋的位置进行矫正，参见图 3-3(b)。计算表明，双排钢筋

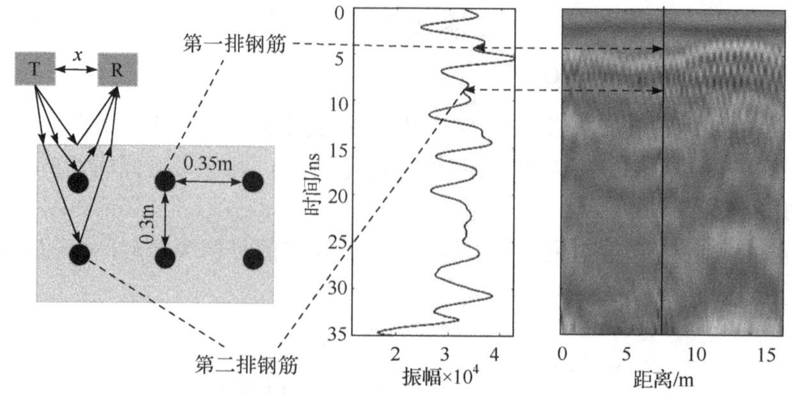

(a) GPR探测钢筋的原理图　(b) 3500道扫描图　(c) 2750～4500道扫描图

图 3-2　双排钢筋的 GPR 探测与识别的工作原理

走时平均值为 5.133 ns，则双排钢筋的平均距离为 0.308 m，设计距离为 0.3 m。在水平位置方向，钢筋的平均间距为 0.32 m，设计间距为 0.35 m。

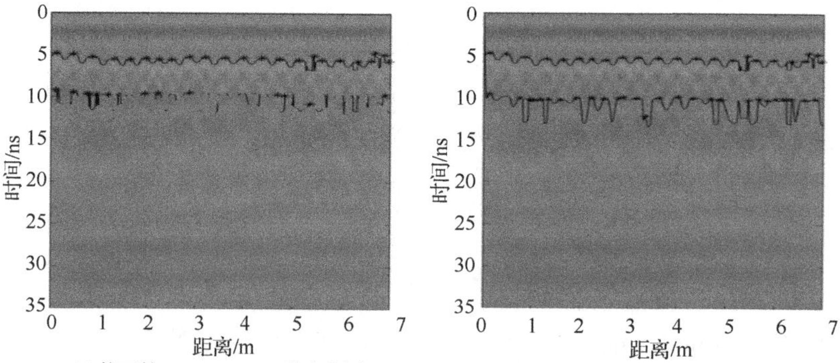

(a) 修正前11400～12100道定位图　(b) 相关修正后11400～12100道定位图

图 3-3　二维 GPR 回波图像的双排钢筋识别与定位

实现 GPR 信号中双排钢筋的识别和定位的算法伪代码如下。

算法：GPR 信号中双排钢筋的识别和定位

输入：探地雷达数据文件

输出：平均间隔距离

利用走时范围以及正负振幅绝对值变化筛选双曲线顶点信息

For A_scan [*i*][*j*] != A_scan_last

筛选符合双排钢筋顶点峰值点信息

End For

```
得到双曲线顶点 Peak point1 和 Peak point2
计算一排钢筋顶点与二排钢筋顶点的相关性
For i = 1 : length(Peak point1)
    计算相关性
    将 Peak point1[i]的第二列值和 Peak point2[i]中最佳匹配的第二列值添加到 comparisonResult[i]中
End For
计算坐标差值
平均间隔距离
```

3.2　时间序列分析

时间序列分析(time series analysis，TSA)在有限样本数据情况下建立数学模型，属小样本理论[1, 14, 17~23]。自回归(auto regressive，AR)模型被用于预测市场变化规律。滑动平均(moving average，MA)模型被用于分析大气规律。自回归滑动平均(auto regressive moving average，ARMA)模型被用于分解平稳序列。

3.2.1　平稳时间序列分析

时间序列是通过观测得到的依时间次序排列而又相互关联的数据序列，其数字特征主要包括均值、均方值、方差、自相关和自协方差等函数。

1) 平稳时间序列的线性模型

引入一步延迟算子 B，对零均值的平稳时间序列 X_t，定义

$$B\left(X_t\right)=X_{t-1},\ B^k\left(X_t\right)=B\left(B^{k-1}\left(X_t\right)\right)=X_{t-k} \tag{3-74}$$

对观察值间的相互依赖性与相关性进行量化处理，可利用系统的过去值预测将来值。

(1) 设$\{X_n，n=0，\pm1，\cdots\}$是零均值平稳时间序列，X_t为 AR(p)序列

$$X_t-\alpha_1X_{t-1}-\alpha_2X_{t-2}-\cdots-\alpha_pX_{t-p}=\left(1-\alpha_1B-\alpha_2B^2-\cdots-\alpha_pB^p\right)X_t=\alpha\left(B\right)X_t=\varepsilon_t \tag{3-75}$$

式中，$\{\varepsilon_t，t=0，\pm1，\cdots\}$是离散白噪声，当 $s>t$ 时，$E(\varepsilon_sX_t)=0$，称 X_t适合 AR 模型。常系数α_1，…，α_p为参数，$\alpha_p\neq0$，阶数为 p 的 AR 模型为 AR(p)。

(2) 设$\{X_t，t=0，\pm1，\cdots\}$是零均值平稳时间序列，X_t为 MA(q)序列

$$X_t=\beta\left(B\right)\varepsilon_t=\left(1-\beta_1B-\beta_2B^2-\cdots-\beta_qB^q\right)\varepsilon_t=\varepsilon_t-\beta_1\varepsilon_{t-1}-\beta_2\varepsilon_{t-2}-\cdots-\beta_q\varepsilon_{t-q} \tag{3-76}$$

式中，$\{\varepsilon_t, t=0, \pm1, \cdots\}$是离散白噪声，称$X_t$适合MA模型。常系数$\beta_1, \cdots, \beta_q$为参数，$\beta_q \neq 0$。阶数为$q$的MA模型为MA($q$)。

(3) 设$\{X_t, t=0, \pm1, \pm2, \cdots\}$是零均值平稳时间序列，若$X_t$满足

$$X_t-\alpha_1 X_{t-1}-\cdots-\alpha_p X_{t-p}=\varepsilon_t-\beta_1\varepsilon_{t-1}-\cdots-\beta_q\varepsilon_{t-q} \tag{3-77}$$

式中，$\{\varepsilon_t, t=0, \pm1, \cdots\}$是离散白噪声，当$s>t$时，$E(\varepsilon_s X_t)=0$，$X_t$为ARMA模型或混合模型。称常系数$\alpha_1, \cdots, \alpha_p, \beta_1, \cdots, \beta_q$为参数，$\alpha_q \neq 0$，$\beta_q \neq 0$。阶数为($p$，$q$)的ARMA模型为ARMA($p$，$q$)序列。ARMA($p$，$q$)模型满足

$$\alpha(B)X_t=\beta(B)\varepsilon_t \tag{3-78}$$

式中，$\alpha(B)$和$\beta(B)$为多项式延迟算子，B可取复数值，系数$\alpha_1, \cdots, \alpha_p, \beta_1, \cdots, \beta_q$是实数。假定$\alpha(B)$与$\beta(B)$无公共因子，AR($p$)和MA($q$)是ARMA($p$，$q$)的特例ARMA($p$，0)和ARMA(0，$q$)，参见表3-1。表中的拖尾表示序列尾部不全为0，即不截尾。

设$\alpha(u)=0$的根在单位圆$|u|=1$之外，则ARMA(p，q)、AR(p)和MA(q)序列的谱密度可分别表示为

$$\begin{cases} f(\lambda)=\left(\sigma^2/(2\pi)\right)\left|\beta\left(\mathrm{e}^{\mathrm{i}\lambda}\right)/\alpha\left(\mathrm{e}^{\mathrm{i}\lambda}\right)\right|^2 \\ f(\lambda)=\left(\sigma^2/(2\pi)\right)\left|\alpha\left(\mathrm{e}^{\mathrm{i}\lambda}\right)\right|^{-2} \\ f(\lambda)=\left(\sigma^2/(2\pi)\right)\left|\beta\left(\mathrm{e}^{\mathrm{i}\lambda}\right)\right|^2 \end{cases} \tag{3-79}$$

表3-1 ARMA与AR和MA的典型特征

类别	AR(p)序列	MA(q)序列	ARMA(p，q)序列
差分方程	$\alpha(B)x_t=\varepsilon_t$	$x_t=\beta(B)\varepsilon_t$	$\alpha(B)x_t=\beta(B)\varepsilon_t$
平稳性	$\alpha(u)=0$的根$\|u\|>1$	无条件	$\alpha(u)=0$的根$\|u\|>1$
可逆性	无条件	$\beta(u)=0$的根$\|u\|>1$	$\beta(u)=0$的根$\|u\|>1$
传递形式	$x_t=\alpha^{-1}(B)\varepsilon_t$	$x_t=\beta(B)\varepsilon_t$	$x_t=\alpha^{-1}(B)\beta(B)\varepsilon_t$
逆转形式	$\varepsilon_t=\alpha(B)x_t$	$\varepsilon_t=\beta^{-1}(B)x_t$	$\varepsilon_t=\beta^{-1}(B)\alpha(B)x_t$
自相关函数	拖尾	q阶截尾	拖尾
偏相关函数	p阶截尾	拖尾	拖尾

2) 偏相关函数

设$\{X_t, t=0, \pm1, \cdots\}$是一组零均值的平稳时间序列。不同线性模型下$X_t$的数字特征表现不同的特点，引入协方差函数和ACF两个数字特征

$$C_k = E(X_t X_{t+k}),\ \rho_k = C_k / C_0,\ k = 0, \pm 1, \pm 2, \cdots \tag{3-80}$$

考虑零均值平稳时间序列中的一段 X_t，X_{t+1}，…，X_{t+k-1}，X_{t+k}，其中 k 固定，可用 X_t，X_{t+1}，…，X_{t+k-1} 的线性组合来估计 X_{t+k}，即

$$\hat{X}_{t+k} = \sum_{j=1}^{k} \phi_{kj} X_{t+k-j} \tag{3-81}$$

该估计 $\hat{X}_{t+k}$ 的误差 $\hat{X}_{t+k} - X_{t+k}$ 是随机变量，其均值为

$$E\left(\hat{X}_{t+k} - X_{t+k}\right) = E\left(\hat{X}_{t+k}\right) - E\left(X_{t+k}\right) = 0 \tag{3-82}$$

其方差是待定系数 ϕ_{k1}，…，ϕ_{kk} 的函数 $Q(\phi_{k1}$，…，$\phi_{kk})$ 反映估计 $\hat{X}_{t+k}$ 的优劣

$$\operatorname{var}\left(\hat{X}_{t+k} - X_t\right) = E\left(\left(X_{t+k} - \sum_{j=1}^{\infty} \phi_{kj} X_{t+k-j}\right)^2\right) = Q(\phi_{k1}, \cdots,\ \phi_{kk}) \tag{3-83}$$

为使 Q 值最小，令 $\partial Q(f_{k1}, \ldots,\ f_{kk}) / \partial f_{ki} = 0$，$i=1$，…，$k$，则 Yule-Walker 方程为

$$\sum_{j=1}^{k} \phi_{kj} C_{j-i} = C_i,\ \sum_{j=1}^{k} \phi_{kj} \rho_{j-i} = \rho_i \tag{3-84}$$

X_t 与 $\hat{X}_{t+k}$ 的协方差为

$$\operatorname{cov}\left(X_t,\ \hat{X}_{t+k}\right) = \operatorname{cov}(X_t,\ \phi_{kk} X_t + c) = \phi_{kk} \operatorname{cov}(X_t,\ X_t) + \operatorname{cov}(X_t,\ c) = \phi_{kk} C_0 \tag{3-85}$$

式中，$\hat{X}_{t+k}$ 是 X_{t+k} 的一个较优估计。约定 X_{t+1}，…，X_{t+k-1} 的条件下，ϕ_{kk} 可衡量 X_t 与 X_{t+k} 间线性联系的紧密程度。当 k 较大时，可利用递推公式来计算偏相关函数 ϕ_{kk}

$$\begin{cases} \phi_{11} = \rho_1,\ \phi_{k+1,\ k+1} = \left(\rho_{k+1} - \sum\limits_{j=1}^{k} \rho_{k+1-j} \phi_{kj}\right) \Big/ \left(1 - \sum\limits_{j=1}^{k} \rho_j \phi_{kj}\right) \\ \phi_{k+1,\ j} = \phi_{kj} - \phi_{k+1,\ k+1} \phi_{k,\ k-(j-1)} \quad j = 1, \cdots,\ k \end{cases} \tag{3-86}$$

3.2.2　自回归模型拟合

根据平稳时间序列的量测数据，建立统计模型，基于实际数据对该模型进行假设检验，依据经验修正模型对时间序列的某些特定值与未来值进行可信的预测与控制。AR 模型拟合基于已知样本值 x_1，…，x_n 对 AR(p)模型进行估计。

1) AR(p)模型阶数 p 的估计

(1) Akaike 信息准则(AIC)。AIC 准则函数为

$$\operatorname{AIC}(k) = \ln \hat{\sigma}^2(k) + 2k/n,\ k = 0, 1, \cdots,\ P \tag{3-87}$$

式中，$\hat{\sigma}^2(k)$为取$p=k(0<k<P)$时σ^2的估计，当$p=0$时，$\hat{\sigma}^2=\hat{C}_0$，P为p的预估上界，其取值视实际情况由经验而定。p的AIC准则估计$\hat{p}$为

$$\mathrm{AIC}(\hat{p})=\min_{1\leqslant k\leqslant P}\mathrm{AIC}(k) \tag{3-88}$$

(2) Bayesian信息准则(BIC)。BIC准则函数为

$$\mathrm{BIC}(k)=\ln\hat{\sigma}^2(k)+(k\ln n)/n,\quad k=0,1,\cdots,\ P \tag{3-89}$$

则p的BIC准则估计$\hat{p}$为

$$\mathrm{BIC}(\hat{p})=\min_{1\leqslant k\leqslant P}\mathrm{BIC}(k) \tag{3-90}$$

2) AR(p)模型中参数α_1，…，α_p与α_2的估计

确定阶数p后，再确定AR(p)参数的估计。x_1，…，x_n来自中心化AR(p)模型

$$x_t=\alpha_1x_{t-1}+\cdots+\alpha_px_{t-p}+\varepsilon_t,\quad t=p+1,\ p+2,\cdots,\ n \tag{3-91}$$

ε_t为独立时间序列，且$E(\varepsilon_t)=0$，$E(\varepsilon_t^2)=\sigma^2$，$E(\varepsilon_t^4)<+\infty$，$\varepsilon_t$与$\{x_s,\ s<t\}$相互独立，$\boldsymbol{\alpha}=(\alpha_1,\ \cdots,\ \alpha_p)^{\mathrm{T}}$满足平稳条件：$\alpha(u)=0$的根在单位圆外。上式的数据矩阵形式为

$$\boldsymbol{y}=\boldsymbol{X\alpha}+\boldsymbol{\varepsilon} \tag{3-92}$$

式中，$\boldsymbol{y}=\begin{bmatrix}x_{p+1}\\x_{p+2}\\\vdots\\x_n\end{bmatrix}$，随机矩阵$\boldsymbol{X}=\begin{bmatrix}x_p & x_{p-1} & \cdots & x_1\\x_{p+1} & x_p & \cdots & x_2\\\vdots & \vdots & & \vdots\\x_{n-1} & x_{n-2} & \cdots & x_{n-p}\end{bmatrix}$，$\boldsymbol{\varepsilon}=\begin{bmatrix}\varepsilon_{p+1}\\\varepsilon_{p+2}\\\vdots\\\varepsilon_n\end{bmatrix}$。

(1) 最小二乘法。令$S(\boldsymbol{\alpha})=\sum\limits_{t=p+1}^{n}\varepsilon_t^2$，使$S(\hat{\boldsymbol{\alpha}})=\min(S(\boldsymbol{\alpha}))$，则称这样的$\hat{\boldsymbol{\alpha}}$为最小二乘法，由最小二乘法的运算方法可得$\boldsymbol{\alpha}$与$\sigma^2$的最小二乘估计为

$$\hat{\boldsymbol{\alpha}}=(\boldsymbol{X'X})^{-1}\boldsymbol{X'y},\quad \hat{\sigma}^2=S(\hat{\boldsymbol{\alpha}})/(n-p)=\frac{1}{n-p}\sum_{t=p+1}^{n}\varepsilon_t^2 \tag{3-93}$$

式中，残差$\hat{\varepsilon}_t=x_t-\hat{\alpha}_1x_{t-1}-\cdots-\hat{\alpha}_px_{t-p}$。

(2) Yule-Walker法。由x_1，…，x_n，计算样本自协方差函数$\hat{C}_0$，$\hat{C}_1$，…，$\hat{C}_k$，则$\{x_t\}$的自协方差函数满足Yule-Walker方程

$$\boldsymbol{\Gamma}_p\hat{\boldsymbol{\alpha}}=\hat{\boldsymbol{b}}_p \tag{3-94}$$

式中，$\boldsymbol{\Gamma}_p=\begin{bmatrix}\hat{C}_0 & \hat{C}_1 & \cdots & \hat{C}_{p-1}\\ \hat{C}_1 & \hat{C}_0 & \cdots & \hat{C}_{p-2}\\ \vdots & \vdots & & \vdots\\ \hat{C}_{p-1} & \hat{C}_{p-2} & \cdots & \hat{C}_0\end{bmatrix}$是可逆阵，$\hat{\boldsymbol{\alpha}}=\begin{bmatrix}\hat{\alpha}_1\\ \hat{\alpha}_2\\ \vdots\\ \hat{\alpha}_p\end{bmatrix}$，$\hat{\boldsymbol{b}}=\begin{bmatrix}\hat{C}_1\\ \hat{C}_2\\ \vdots\\ \hat{C}_p\end{bmatrix}$。则 $\boldsymbol{\alpha}$ 与 σ^2 的 Yule-Walker 估计为

$$\hat{\boldsymbol{\alpha}}=\boldsymbol{\Gamma}_p^{-1}\hat{\boldsymbol{b}}_p,\ \ \hat{\sigma}^2=\hat{C}_0-\hat{\boldsymbol{\alpha}}'\hat{\boldsymbol{b}}_p=\hat{C}_0-\hat{\boldsymbol{b}}_p'\boldsymbol{\Gamma}_p^{-1}\hat{\boldsymbol{b}}_p \tag{3-95}$$

AR(1)的参数估计，对 $x_t=\alpha_1x_{t-1}+\varepsilon_t$ 乘 x_t 与 x_{t-1} 取数学期望，得 $\hat{C}_0$ 与 $\hat{C}_1$ 的方程

$$\hat{C}_1=\hat{\alpha}_1\hat{C}_0,\ \ \hat{C}_0=\hat{\alpha}_1\hat{C}_1+\hat{\sigma}^2 \tag{3-96}$$

则模型参数 α_1 与方差 σ^2 的估计为

$$\hat{\alpha}_1=\hat{C}_1/\hat{C}_0=\hat{\rho}_1,\ \ \hat{\sigma}^2=\hat{C}_0-\hat{\alpha}_1\hat{C}_1=\hat{C}_0\left(1-\hat{\alpha}_1\hat{\rho}_1\right) \tag{3-97}$$

(3) 极大似然估计。若 $\{\varepsilon_t\}$ 为独立同正态分布序列，则 x_t 为正态 AR(p)序列 x_1，…，$x_p\sim N(0,\ \Gamma_n)$，其中 $\Gamma_n=(\gamma_{ij})$，$\gamma_{ij}=E(x_ix_j)$，$1\leqslant j,\ j\leqslant n$。由 x_1，…，x_p 的联合概率密度得对数似然函数为

$$\ln L\left(\alpha,\ \sigma^2\right)=\left(n/2\right)\ln\left(2\pi\right)-\ln\left|\Gamma_n\right|/2-x_n\Gamma_n^{-1}x_n/2 \tag{3-98}$$

再求 α、σ^2 使上式达到最大值 $\left(\hat{\alpha},\ \hat{\sigma}^2\right)$，即为 α、σ^2 的 MLE。

3) 拟合模型检验

根据统计假设检验的方法，拟合模型检验需要检验假设

$$H_0\text{：}\ x_t=\alpha_1x_{t-1}+\alpha_2x_{t-2}+\cdots+\alpha_px_{t-p}+\varepsilon_t,\ \ t=p+1,\ p+2,\cdots,\ n \tag{3-99}$$

式中，$\{\varepsilon_t\}$ 为独立时间序列，满足 $E(\varepsilon_t)=0$，$E\left(\varepsilon_t^2\right)=\sigma^2$，$E\left(\varepsilon_t^4\right)<+\infty$，与 $\{x_s,\ s<t\}$ 独立。检验残差列 $\{\hat{\varepsilon}_t\}$ 是否为独立序列。残差列为

$$\hat{\varepsilon}_k=x_t-\hat{\alpha}_1x_{t-1}-\cdots-\hat{\alpha}_px_{t-p},\ \ k=p+1,\ p+2,\cdots,\ n \tag{3-100}$$

$\{\varepsilon_t\}$ 的样本自协方差函数与 ACF 分别为

$$\hat{C}_k\left(\varepsilon\right)=\left(n-p\right)^{-1}\sum_{t=1}^{n-p-k}\hat{\varepsilon}_{t+p}\hat{\varepsilon}_{t+p+k},\ \ k=0,1,\cdots,\ n-p-1 \tag{3-101}$$

$$\hat{\rho}_k\left(\varepsilon\right)=\hat{C}_k\left(\varepsilon\right)/\hat{C}_0\left(\varepsilon\right),\ \ k=0,1,\cdots,\ n-p-1 \tag{3-102}$$

若 $\hat{\rho}_k\left(\varepsilon\right)$ 约有 68.3%或 93.4%的点落在坐标 $\hat{\rho}=\pm1/\sqrt{n-p-1}$ 或 $\hat{\rho}=\pm2/\sqrt{n-p-1}$ 内，则(ε_{p+1}，ε_{p+2}，…，ε_n)为独立序列样本值。

3.2.3　AR(p)序列预测

时间序列的预测根据时间序列$\{x_t\}$的历史数据 x_t，x_{t-1}，…，对未来时刻 $t+l$ 时的取值 $x_{t+l}(l=1, 2, \cdots)$进行估计，则$\{x_t\}$序列的未来 l 步预测为

$$\hat{x}_{t+l} = f_l\left(x_t,\ x_{t-1},\cdots\right) \tag{3-103}$$

求平稳序列预测值的常用方法是线性最小方差预测法。对平稳 AR(p)序列

$$x_t = \sum_{i=1}^{p} \alpha_i x_{t-i} + \varepsilon_t \tag{3-104}$$

式中，$\{\varepsilon_t\}$为白噪声，$E(\varepsilon_t)=0$，$E\left(\varepsilon_t^2\right)=\sigma^2>0$，$\forall s<t$，$E(x_s\varepsilon_t)=0$，若已知模型参数$\boldsymbol{\alpha}=\left[\hat{\alpha}_1 \ \cdots \ \hat{\alpha}_p\right]^{\mathrm{T}}$满足平稳条件，则模型有平稳解。

已知数据 x_n，x_{n-1}，…，x_1，则序列$\{x_t\}$的一步线性最小方差预测与预测方差为

$$\hat{x}_{n+1} = \sum_{i=1}^{p} \alpha_i x_{n+1-i},\quad \operatorname{var}\left(\hat{\varepsilon}_{n+1}\right) = E\left(\left|x_{n+1} - \hat{x}_{n+1}\right|^2\right) = \sigma^2 \tag{3-105}$$

若 $x_{n+1} = \sum_{i=1}^{p} \alpha_i x_{n+1-i} + \varepsilon_{n+1}$ 的预测值 $\hat{x}_{n+1} = \sum_{i=1}^{p} c_i x_{n+1-i}$ 为历史数据的线性组合，则由条件 $E(\varepsilon_t)=0$，$E\left(\varepsilon_t^2\right)=\sigma^2>0$，$\forall s<t$，$E(x_s\varepsilon_t)=0$，可得

$$\begin{aligned} E\left(\left|x_{n+1} - \hat{x}_{n+1}\right|^2\right) &= E\left(\left|\sum_{j=1}^{p}\left(\alpha_j - c_j\right)x_{n+1-j} - \sum_{j=p+1}^{+\infty} c_j x_{n+1-j}\right|^2\right) + E\left(\left|\varepsilon_{n+1}\right|^2\right) \\ &\quad + 2E\left(\left|\left(\sum_{j=1}^{p}\left(\alpha_j - c_j\right)x_{n+1-j} - \sum_{j=p+1}^{+\infty} c_j x_{n+1-j}\right)\varepsilon_{n+1}\right|\right) \end{aligned} \tag{3-106}$$

取 $c_j=\alpha_j(1\leqslant j\leqslant p)$，$c_j=0(j\geqslant p+1)$，则 $\hat{x}_{n+1} = \sum_{j=1}^{p} \alpha_j x_{n+1-j}$ 是最小方差线性预测。平稳 AR(p)序列的一步预测值只与最近的 p 个历史数据 x_n，…，x_{n+1-p} 有关。

3.3　谱　估　计

谱估计根据随机过程的有限观测值确定该过程的谱[1, 23~31]。ACF 的 $R_{zz}(k)$和 CCF 的 $R_{xy}(k)$之间的 z 变换为

$$P_{zz}(z)=\sum_{k=-\infty}^{\infty}R_{zz}(k)z^{-\mathrm{i}k},\quad P_{xy}(z)=\sum_{k=-\infty}^{\infty}R_{xy}(k)z^{-\mathrm{i}k} \tag{3-107}$$

在单位圆上计算时，$P_{zz}(f)=P_{zz}(\mathrm{e}^{\mathrm{i}2\pi f})$，$P_{xy}(f)=P_{xy}(\mathrm{e}^{\mathrm{i}2\pi f})$，Wiener-Khinchin 定理表明

$$P_{zz}(f)=\sum_{k=-\infty}^{\infty}R_{zz}(k)\mathrm{e}^{-\mathrm{i}2\pi fk},\quad P_{xy}(f)=\sum_{k=-\infty}^{\infty}R_{xy}(k)\mathrm{e}^{-\mathrm{i}2\pi fk} \tag{3-108}$$

式中，信号的功率谱(power spectral density，PSD)$P_{zz}(f)$是 ACF 的 Fourier 变换。ACF 描述 x_n 的功率沿频率的分布。CCF 的幅度和相位分别描述 x_n 的频率分量与 y_n 中相同频率的分量在振幅上关联程度的大小和相位的滞后或超前。频率区间 $-1/2\leqslant f\leqslant 1/2$ 是其基本周期。

离散白噪声的 ACF 和 PSD 分别为

$$R_{zz}(k)=\sigma_z^2\delta(k),\quad P_{zz}(k)=\sigma_z^2 \tag{3-109}$$

式中，$\delta(k)$是离散脉冲函数，各样本间不相关，各频率完全平坦。具有脉冲响应为 $h(n)$和广义平稳随机过程为输入的线性移不变(linear shift-invariant，LSI)系统，输入 x_n 和输出 $y_n=x_n*h(t)$的相关函数和 PSD 密度的关系成立，相关函数关系为

$$\begin{cases}R_{xy}(k)=h(k)*R_{zz}(k)=\sum\limits_{l=-\infty}^{\infty}h(l)R_{zz}(k-l)\\ R_{yx}(k)=h^*(-k)*R_{zz}(k)=\sum\limits_{l=-\infty}^{\infty}h^*(-l)R_{zz}(k-l)\\ R_{yy}(k)=h(k)*R_{yx}(k)=\sum\limits_{m=-\infty}^{\infty}h(k-m)\sum\limits_{l=-\infty}^{\infty}h^*(-l)R_{zz}(m-l)\end{cases} \tag{3-110}$$

若系统函数为 $H(z)=\sum\limits_{n=-\infty}^{\infty}h(n)z^{-n}$，则相应的 PSD 关系式可表示为

$$\begin{cases}P_{xy}(z)=H(z)P_{zz}(z)\\ P_{yx}(z)=H^*(1/z^*)P_{zz}(z)\\ P_{yy}(z)=H(z)*H^*(1/z^*)P_{zz}(z)\end{cases} \tag{3-111}$$

若 $h(n)$是实的，则 $H^*(1/z^*)=H(1/z)$。若随机过程 x_n 输入 LSI 系统，则输出过程 y_n 的平均功率为 $R_{yy}(0)$。式(3-109)表明，ACF 是 PSD 的逆 Fourier 变换

$$R_{yy}(0)=\int_{-1/2}^{1/2}P_{yy}(f)\mathrm{d}f \tag{3-112}$$

3.3.1 经典谱估计

在经典谱估计中，若允许方差增大，则估计器偏差可减小，反之亦然。但两种误差不可能同时减小。若分辨率满足要求且方差大小可接受，则实际 Fourier 法可行。

1) 周期图

若忽略期望运算并使用可用数据$\{x_0, \cdots, x_{N-1}\}$，则周期图谱估计器定义为

$$\hat{P}_{\mathrm{PER}}(f)=\frac{1}{N}\left|\sum_{n=0}^{N-1}x_n\mathrm{e}^{-\mathrm{i}2\pi fn}\right|^2=N\left|\sum_{n=0}^{N-1}h(n-k)x_k\right|^2_{f=f_0} \tag{3-113}$$

式中，$h(n)$是 LSI 滤波器的脉冲响应

$$h(n)=\begin{cases}N^{-1}\mathrm{e}^{-\mathrm{i}2\pi f_0 n}, & n=-(N-1),\cdots,-1,0\\ 0, & 其他\end{cases} \tag{3-114}$$

其中心频率$f=f_0$的带通滤波器的频率响应为

$$H(f)=\sum_{n=-(N-1)}^{0}h(n)\mathrm{e}^{-\mathrm{i}2\pi f_0 n}=\frac{\ln\left(N\pi\left(f-f_0\right)\right)}{N\sin\left(\pi\left(f-f_0\right)\right)}\mathrm{e}^{-\mathrm{i}f(N-1)\pi(f-f_0)} \tag{3-115}$$

因此，周期图估计在f_0处的功率由带通滤波器对数据滤波，然后对输出采样并计算其模平方而得。3dB 带宽近似为 $1/N$。功率乘 $1/N$ 得 PSD 估计值。

2) 平均周期图

假定区间 $0\leqslant n\leqslant L-1$ 有 K 组独立记录的同一随机过程数据$\{x_{0,n}, 0\leqslant n\leqslant L-1; \cdots; x_{k-1,n}, 0\leqslant n\leqslant L-1\}$，则平均周期图估计器定义为

$$\hat{P}_{\mathrm{AVPER}}(f)=K^{-1}\sum_{m=0}^{K-1}\hat{P}_{\mathrm{PER}}^{(m)}(f),\ \hat{P}_{\mathrm{PER}}^{(m)}(f)=L^{-1}\left|\sum_{m=0}^{L-1}x_{m,\ n}\mathrm{e}^{-\mathrm{i}2\pi fn}\right|^2 \tag{3-116}$$

式中，$\hat{P}_{\mathrm{PER}}^{(m)}(f)$是第 m 个数据组的周期图。对每一数据组的周期图是同分布的，平均周期图的均值与由上式根据单个数据组得出的周期图的均值相同

$$E\left(\hat{P}_{\mathrm{AVPER}}(f)\right)=\int_{-1/2}^{1/2}W_B(f-\xi)P_{xx}(\xi)\mathrm{d}\xi,\ W_B(f)=L^{-1}\left(\sin(\pi fL)/\sin(\pi f)\right)^2 \tag{3-117}$$

$$\mathrm{var}\left(\hat{P}_{\mathrm{AVPER}}(f)\right)=K^{-1}\mathrm{var}\left(\hat{P}_{\mathrm{PER}}^{(m)}(f)\right) \tag{3-118}$$

方差将减小到 $1/K$。实践中，常用长度为 N 的记录数作为谱估计。

对白噪声，平均周期图估计的偏差为零。若$P_{xx}(f)=\sigma_x^2$，则

$$E\left(\hat{P}_{\mathrm{AVPER}}(f)\right)=\int_{-1/2}^{1/2}W_B(f-\xi)P_{xx}(\xi)\mathrm{d}\xi=\sigma_x^2 w_B(0)=\sigma_x^2=P_{xx}(f) \tag{3-119}$$

假定谱估计器近似无偏，无偏假定要求 PSD 最窄的峰和谷的带宽大于谱窗 $W_B(f)$的主瓣带宽，置信区间为$\left[\hat{P}_{\text{AVPER}}(f)/\chi_{2K}^2(1-\alpha/2), \hat{P}_{\text{AVPER}}(f)/\chi_{2K}^2(\alpha/2)\right]$，其中，$\chi_{2K}^2(\alpha)$是$\chi_{2K}^2$的累积分布函数取$\alpha$百分点时的值，或$\Phi\left(\chi_{2K}^2(\alpha)\right)=\Pr\left\{\chi_{2K}^2 \leqslant \chi_{2K}^2(\alpha)\right\}=\alpha$。

3) BT 谱估计

基于 Wiener-Khinchin 定理的一种谱估计器给出的周期图为

$$\hat{P}_{\text{PER}}(f)=\sum_{k=-(N-1)}^{N-1}\hat{r}_{xx}(k)\mathrm{e}^{-\mathrm{i}2\pi fk} \tag{3-120}$$

式中，ACF 的估计值和均值分别为

$$\hat{r}_{xx}(k)=\begin{cases}\dfrac{1}{N}\displaystyle\sum_{n=0}^{N-1-k}x_n^* x_{n+k}, & k=0,1,\cdots,\ N-1\\ \hat{r}_{xx}^*(-k), & k=-(N-1),-(N-2),\cdots,-1\end{cases} \tag{3-121}$$

$$E\left(\hat{r}_{xx}(k)\right)=r_{xx}(k)\left(N-|k|\right)/N,\ \ |k|\leqslant N-1 \tag{3-122}$$

可对滞后较大的 ACF 估计值给予小的加权或利用 BT 谱估计器

$$\hat{P}_{\text{BT}}(f)=\sum_{k=-M}^{M}w(k)\hat{r}_{xx}(k)\mathrm{e}^{-\mathrm{i}2\pi fk}=\int_{-1/2}^{1/2}W(f-\xi)\hat{P}_{\text{PER}}(\xi)\mathrm{d}\xi \tag{3-123}$$

窗口选择要确保总能得到一个非负的谱估计值。

若周期图近似无偏估计器或真实 PSD 在长为 $1/N$ 的任一频率区间内是平滑的，则均值是真实 PSD 的一种模糊形式

$$E\left(\hat{P}_{\text{BT}}(f)\right)\approx\int_{-1/2}^{1/2}W(f-\xi)P_{xx}(\xi)\mathrm{d}\xi \tag{3-124}$$

式中，$W(f)$起谱窗的作用。对大多数滞后窗，BT 谱估计器能分辨大约 $1/M$ 周/样本或相当于谱窗主瓣带宽的谱的细节。通常，对动态范围大的谱或非平坦的谱都会产生严重的偏差，可用预白化来减小这个偏差。对不靠近 0，±1/2 的频率，方差为

$$\operatorname{var}\left(\hat{P}_{\text{BT}}(f)\right)\approx\left(P_{xx}^2/N\right)\sum_{k=-M}^{M}w^2(k) \tag{3-125}$$

上两式表明，需对偏差与方差折中选择，通常 M 的最大值取 $N/5$。

3.3.2　参数建模

谱估计的参数建模选择合适的模型、估计模型参数并将其代入 PSD 公式。实

践中，离散时间随机过程可用时间序列或有理传递函数模型来近似，输入驱动序列 u_n 和输出序列 x_n 可用 ARMA 模型的线性差分方程表示

$$x_n = -\sum_{k=1}^{p} \alpha_k x_{n-k} + \sum_{k=0}^{q} \beta_k u_{n-k} \tag{3-126}$$

式中,驱动噪声 u_n 是模型的固有部分,引起观测过程 x_n 的随机特性。对上式 ARMA 过程，输入 u_n 和输出 x_n 之间的系统函数，$H(z)$是有理函数

$$H(z)=\beta(z)/\alpha(z),\ \ \alpha(z)=\sum_{k=0}^{p}\alpha_k z^{-k},\ \ \beta(z)=\sum_{k=0}^{q}\beta_k z^{-k} \tag{3-127}$$

式中，α_k 为自回归系数，β_k 为滑动平均系数。

假定$\alpha(z)$所有零点均在平面单位圆内，$H(z)$是一个稳定的、因果的滤波器。假定驱动过程是均值为 0 和方差为σ^2 的白噪声序列，则噪声的 PSD 是σ^2，令$\alpha(f)=\alpha(e^{i2\pi f})$，$\beta(f)=\beta(e^{i2\pi f})$，则 ARMA 输出过程的 PSD 极-零点模型可表示为 ARMA(p，q)过程

$$P_{\mathrm{ARMA}}(f)=P_{zz}(f)=\sigma^2\left|\beta(f)/\alpha(f)\right|^2 \tag{3-128}$$

若除α_0=1 外所有的系数α_k 均为 0，则该过程是 q 阶 MA 过程

$$x_n = \sum_{k=0}^{q} \beta_k u_{n-k} \tag{3-129}$$

MA 过程的 PSD 为全零点模型，表示为 MA(q)过程

$$P_{\mathrm{MA}}(f)=\sigma^2\left|\beta(f)\right|^2 \tag{3-130}$$

若除β_0=1 外所有的系数β_k 均为 0，则该过程是 p 阶 AR 过程

$$x_n = -\sum_{k=1}^{p} \alpha_k x_{n-k} + u_n \tag{3-131}$$

式中，序列 x_n 是自身的线性回归与误差 u_n 之和。该模型表明，过程的现在值可用过去值的加权和加上噪声项表示。AR 过程的 PSD 为全极点模型，表示为 AR(p)过程

$$P_{\mathrm{AR}}(f)=\sigma^2\left|\alpha(f)\right|^{-2} \tag{3-132}$$

3.4 时 频 分 析

1822 年，Fourier 提出 Fourier 变换，揭示了时间函数与频率函数间的联系，

反映信号在整个时间范围内的所有频率成分(频谱)。对能量有限信号 $x(t)$，$\int_{-\infty}^{\infty}|x(t)|^2 \mathrm{d}t<\infty$，其 Fourier 变换 $\tilde{x}(\omega)$ 和反变换式定义为

$$\tilde{x}(\omega)=\int_{-\infty}^{\infty} x(t) \mathrm{e}^{-\mathrm{i} \omega t} \mathrm{d} t, \quad x(t)=(2 \pi)^{-1} \int_{-\infty}^{\infty} \tilde{x}(\omega) \mathrm{e}^{\mathrm{i} \omega t} \mathrm{d} \omega \tag{3-133}$$

式中，时刻 t 的信号值 $x(t)$是$(-\infty，+\infty)$频率分量共同贡献的结果。同样，频率分量的信号 $\tilde{x}(\omega)$ 也是$(-\infty，+\infty)$时间范围内 $x(t)$共同贡献的结果。

信号 $x(t)$能量按时间的密度函数为$|x(t)|^2$，Δt 内的部分能量为$|x(t)|^2\Delta t$，则信号总能量为

$$E=\int_{-\infty}^{\infty}|x(t)|^2 \mathrm{d} t \tag{3-134}$$

能量归一化，令 E=1。信号能量随时间的分布为按$|x(t)|^2$来定义信号能量分布，时间中心为$\langle t\rangle=t_0$，持续时间 $T=\Delta_x=\Delta t$，Δ_x 为信号的时窗半径，t_0 为时窗中心，即

$$t_0=\int_{-\infty}^{\infty} t|x(t)|^2 \mathrm{d} t, \quad \Delta_x^2=\int_{-\infty}^{\infty}\left(t-t_0\right)^2|x(t)|^2 \mathrm{d} t \tag{3-135}$$

频谱函数 $\tilde{x}(\omega)$ 的信号能量按频率的密度分布函数为 $|\tilde{x}(\omega)|^2$，即能量谱密度函数。在$\Delta\omega$内的部分能量为 $|\tilde{x}(\omega)|^2 \Delta \omega$，信号总能量可表示为

$$E=(2 \pi)^{-1} \int_{-\infty}^{\infty}|\tilde{x}(\omega)|^2 \mathrm{d} \omega \tag{3-136}$$

信号能量随频率分布为按 $|\tilde{x}(\omega)|^2$ 定义的信号能量分布，频率中心为$\langle\omega\rangle=\omega_0$，均方根宽带为 $B=\Delta_{\tilde{x}}=\Delta \omega$，$\Delta\omega$为信号的频窗半径，$\omega_0$ 为频窗中心，即

$$\omega_0=(2 \pi)^{-1} \int_{-\infty}^{\infty} \omega|\tilde{x}(\omega)|^2 \mathrm{d} \omega, \quad \Delta_{\tilde{x}}^2=(2 \pi)^{-1} \int_{-\infty}^{\infty}\left(\omega-\omega_0\right)^2|\tilde{x}(\omega)|^2 \mathrm{d} \omega \tag{3-137}$$

Heisenberg 不确定原理表明，只能近似表示信号在$(t，\omega)$处的能量密度，具有有限的时间和频率分辨率。当$|t|\to\infty$，$\sqrt{t} x(t) \rightarrow 0$，得

$$\Delta_x \Delta_{\tilde{x}} \geqslant 1/2 \tag{3-138}$$

当 $x(t)$是 Gaussian 函数 $x(t)=A \mathrm{e}^{-a t^2}$ 时，上式取等号。

对实际信号 $x(t)$，仅能得到一个有限时间段$[-T，T]$的信号，信号频谱近似为

$$\tilde{x}(\omega)=\int_{-\infty}^{\infty} x(t) \mathrm{e}^{-\mathrm{i} \omega t} \mathrm{d} t \approx \int_{-T}^{T} x(t) \mathrm{e}^{-\mathrm{i} \omega t} \mathrm{d} t=\tilde{x}'(\omega) \tag{3-139}$$

在实际计算中，只能得到 $x(t)$加时窗后的近似频谱 $\tilde{x}'(\omega)$。对非平稳信号，式(3-133)无法得到在不同时间段内信号频谱的变化情况，必须使用局部变换的方

法，可用时间和频率的联合函数来表示信号，即时频分析法[1, 28~34]，可分为两种类型。

(1) 线性时频分析法，由 Fourier 变换演化而来。若 $x(t)=ax_1(t)+bx_2(t)$，a、b 为常数，而 $P(t, \omega)$、$P_1(t, \omega)$、$P_2(t, \omega)$分别为 $x(t)$、$x_1(t)$、$x_2(t)$的线性时频表示，则

$$P(t, \omega)=aP_1(t, \omega)+bP_2(t, \omega) \tag{3-140}$$

线性时频表示主要有以下两种：①短时 Fourier 变换(short-time Fourier transform, STFT)，随窗函数在时间轴上的滑动而形成信号；②小波变换(wavelet transform)，一种窗函数的宽度可随频率变化的时频表示。

(2) 双线性时频表示，由能量谱或 PSD 演化而来。若 $x(t)=ax_1(t)+bx_2(t)$，$P(t, \omega)$、$P_1(t, \omega)$、$P_2(t, \omega)$分别为 $x(t)$、$x_1(t)$、$x_2(t)$的二次型时频表示，则有

$$P(t, \omega)=|a|^2 P_1(t, \omega)+|b|^2 P_2(t, \omega)+2\mathrm{Re}\left(abP_{12}(t, \omega)\right) \tag{3-141}$$

式中，$P_{12}(t, \omega)$为 $x_1(t)$、$x_2(t)$的互时频表示。主要有 Cohen 类双线性时频分布和仿射类双线性时频分布等，Wigner 分布是联结 Cohen 类分布与仿射类分布的纽带。

3.4.1　短时 Fourier 变换

1946 年，Gabor 提出 STFT，用一个随时间平移的窗函数$\gamma(\tau-t)$将原来的非平稳信号分为若干平稳或近似平稳段，然后逐段确定其频谱。若窗函数$\gamma(t)\in L^2(\mathbf{R})$，其频谱为 $\hat{\gamma}(\omega)=L^2(\mathbf{R})$，满足 $t\gamma(t)\in L^2(\mathbf{R})$，$\omega\hat{\gamma}(\omega)=L^2(\mathbf{R})$，则可定义函数 $x(t)$的短时 Fourier 变换 $\mathrm{STFT}_x(t, \omega)$为

$$\mathrm{STFT}_x(t, \omega)=\int_{-\infty}^{\infty} x(\tau)\gamma^*(\tau-t)\mathrm{e}^{-\mathrm{i}\omega\tau}\,\mathrm{d}\tau \tag{3-142}$$

式中，$\mathrm{STFT}_x(t, \omega)$是 $x(t)$的局部段 $x(\tau)\gamma^*(\tau-t)$的局部频谱，窗函数$\gamma(t)$的时窗半径Δ_γ越小，STFT 越能准确描述 $x(t)$在 t 时刻的频谱特性，STFT 的时间分辨率越高。

对给定窗函数$\gamma^*(t)$和 $\mathrm{STFT}_x(t, \omega)$，若存在另一窗函数 $g(t)$，满足条件

$$\int_{-\infty}^{\infty} g(t)\gamma^*(t)\mathrm{d}t=1 \tag{3-143}$$

式中，$\gamma(t)$为分析窗函数，$g(t)$为综合窗函数。逆 STFT 公式为

$$x(u)=\int_{-\infty}^{\infty}\int_{-\infty}^{\infty}\mathrm{STFT}_x(t, \omega)g(u-t)\mathrm{e}^{\mathrm{i}\omega u}\,\mathrm{d}t\,\mathrm{d}\omega \tag{3-144}$$

给定$\gamma(t)$，满足上式的 $g(t)$不唯一。当$\gamma(t)$满足归一化能量窗函数条件 $\int_{-\infty}^{\infty}|\gamma(t)|^2\,\mathrm{d}t=1$时，有 $g(t)=\gamma(t)$。上式变为

$$x(u)=\int_{-\infty}^{\infty}\int_{-\infty}^{\infty}\mathrm{STFT}_x(t,\ \omega)\gamma(u-t)\mathrm{e}^{\mathrm{i}\omega u}\,\mathrm{d}t\,\mathrm{d}\omega \tag{3-145}$$

另外，当$\gamma(t)$满足$\int_{-\infty}^{\infty}\gamma^*(t)\mathrm{d}t=1$时，有 $g(t)=1$。

STFT 还可用信号频谱及窗函数频谱表示为

$$\mathrm{STFT}_x(t,\ \omega)=\mathrm{e}^{-\mathrm{i}\omega t}\int_{-\infty}^{\infty}\hat{x}(\omega')*\hat{\gamma}^*(\omega'-\omega)\mathrm{e}^{\mathrm{i}\omega' t}\,\mathrm{d}\omega' \tag{3-146}$$

式中，$\hat{\gamma}^*(\omega)$为$\gamma^*(-t)$的 Fourier 变换。上式表明，STFT 是$\hat{x}(f')$在f附近的一段频谱所对应的时间函数，窗函数的频窗半径$\Delta_{\hat{\gamma}}$越小，STFT 的频率分辨率越高。选择适当窗函数，对 STFT 的时间、频率分辨率进行折中选取。

离散时间信号 $x(t)$的 STFT 为离散 STFT，定义为

$$\mathrm{STFT}_x(n,\ \omega)=\sum_{m=-\infty}^{\infty}x(m)\gamma(n-m)\mathrm{e}^{-\mathrm{i}\omega m} \tag{3-147}$$

式中，$\gamma(n)$为实窗函数。离散 STFT 可看做加窗序列 $x(m)\gamma(n-m)$的 Fourier 变换，则

$$\gamma(n-m)x(m)=(2\pi)^{-1}\int_{-\pi}^{\pi}\mathrm{STFT}_x(n,\ \omega)\mathrm{e}^{-\mathrm{i}\omega n}\,\mathrm{d}\omega \tag{3-148}$$

如果$\gamma(0)\neq0$，则当 $n=m$ 时，有

$$x(n)=\left(2\pi\gamma(0)\right)^{-1}\int_{-\pi}^{\pi}\mathrm{STFT}_x(n,\ \omega)\mathrm{e}^{-\mathrm{i}\omega n}\,\mathrm{d}\omega \tag{3-149}$$

已知 $\mathrm{STFT}_x(n,\ \omega)$在一个周期内时，只要$\gamma(0)\neq0$，就可从 $\mathrm{STFT}_x(n,\ \omega)$精确重构 $x(n)$。

3.4.2 小波分析

1984 年，Morlet 提出小波变换；1989 年，Mallat 提出多尺度分析，给出了二进小波变换的快速 Mallat 算法。小波分析是一种窗口大小固定、形状可变的时频局部化信号分析方法，在低频部分具有较高的频率分辨率和较低的时间分辨率，在高频部分具有较高的时间分辨率和较低的频率分辨率。小波分析广泛应用于信号处理、图像处理、标度分析及非线性科学等领域。其中，尺度函数ϕ和小波函数ψ在小波分析中产生一组可用于分解和重构信号的函数族：

① 小波变换把能量有限信号分解到 W_{-j}(j=1，2，…，J)和 V_{-j} 所构成的空间上。

② 小波变换的小波函数具有多样性。

③ 在小波分析中，尺度 a 的值越大其相对于 Fourier 变换中ω越小。

在构造该函数族中，ϕ为父小波，ψ为母小波。设$\psi(t)\in L^2(\mathbf{R})$，其 Fourier 变换为$\hat{\psi}(\omega)$，若满足容许条件$\hat{\psi}(\omega=0)=0$，即$\int\psi(t)=0$，称$\psi(t)$为基小波。

将母小波经伸缩和平移得到小波序列，参见图 3-4，即子小波

$$\psi_{a,\ b}(t)=|a|^{-1/2}\psi((t-b)/a),\quad a,\ b\in\mathbf{R},\ a\neq 0 \tag{3-150}$$

式中，a 为伸缩因子或尺度因子，基本小波做伸缩；b 为平移因子，基本小波做位移。

信号$f(t)$的连续小波变换式为

$$W_{\psi}f(a,\ b)=|a|^{-1/2}\int f(t)\psi^*((t-b)/a)\mathrm{d}t \tag{3-151}$$

取$a=a_0^m$，$b=nb_0a_0^m$，a_0，$b_0\in\mathbf{R}$，则信号$f(t)$的离散小波变换为

$$Wf_{m,\ n}=a_0^{-m/2}\int f(t)\psi^*\left(a_0^{-m/2}t-nb_0\right)\mathrm{d}t \tag{3-152}$$

式中，不同频率成分在不同时域的采样步长可调，高频(对应小的 m 值)采样步长大。小波变换能实现窗口大小固定、形状可变的时频局部化。

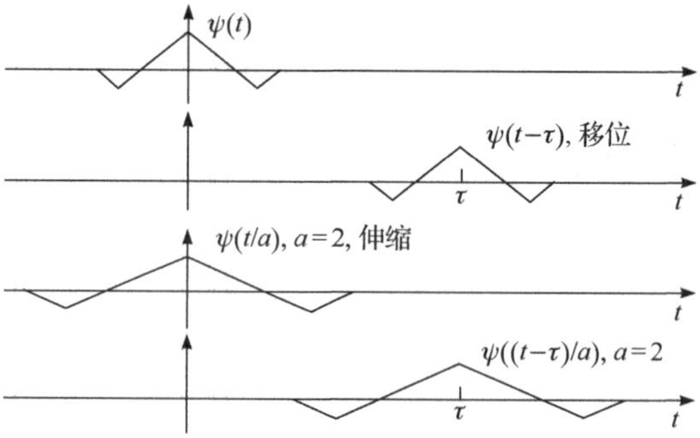

图 3-4　小波的位移与伸缩

1) 多分辨率分析

多分辨率分析(multi-resolutions analysis，MRA)为正交小波基和双正交小波基提供了一种构造方法，为正交小波变换的快速算法提供理论依据。

(1) 尺度函数与尺度空间。函数$\phi(t)\in L^2(\mathbf{R})$为尺度函数(scale function)，若其整数平移序列$\phi_k(t)=\phi(t-k)$满足

$$\langle\phi_k(t),\ \phi_{k'}(t)\rangle=\delta_{k,\ k'},\quad k,\ k'\in Z \tag{3-153}$$

定义由$\phi_k(t)$在$L^2(\mathbf{R})$空间张成的闭子空间为V_0，称为零尺度空间，则

$$V_0=\overline{\underset{k}{\operatorname{span}}\{\phi_k(t)\}},\quad k\in Z \tag{3-154}$$

对任意$f(t)\in V_0$，有

$$f(t)=\sum_k a_k\phi_k(t) \tag{3-155}$$

同小波函数相似，假设尺度函数$\phi(t)$在平移的同时又进行了尺度的伸缩，可得一个尺度和位移均可变化的函数集合

$$\phi_{j,\ k}(t)=2^{-j/2}\phi\left(2^{-j}t-k\right)=\phi_k\left(2^{-j}t\right) \tag{3-156}$$

则称每一固定尺度j上的平移序列$\phi_k(2^{-j}t)$所张成的空间V_j为尺度为j的尺度空间

$$V_j=\overline{\underset{k}{\text{span}}\left\{\phi_k\left(2^{-j}t\right)\right\}},\quad k\in Z \tag{3-157}$$

对任意$f(t)\in V_j$，有

$$f(t)=\sum_k a_k\phi_k\left(2^{-j}t\right)=2^{-j/2}\sum_k a_k\phi\left(2^{-j}t-k\right) \tag{3-158}$$

尺度函数$\phi(t)$在不同尺度下其平移序列张成尺度空间$\{V_j\}_{j\in Z}$。随着尺度j增大，函数$\phi_{j,\ k}(t)$的定义域变大，实际平移间隔$2^j\Delta\tau$也变大，其线性组合式不能表示函数(小于该尺度)的细微变化，其张成的尺度空间只包括大尺度的缓变信号。当尺度j减小时，函数$\phi_{j,\ k}(t)$的定义域变小，实际平移间隔$2^j\Delta\tau$也变小，其线性组合能表示函数更细微(小尺度范围)变化，其张成的尺度空间包含的函数增多(包括小尺度信号和大尺度缓变信号)，尺度空间变大，随着尺度的减小，其尺度空间增大。

(2) 多分辨率分析。MRA 在$L^2(\mathbf{R})$的某个子空间中建立基底，利用简单的伸缩和平移，把子空间的基底扩充到$L^2(\mathbf{R})$中，在各尺度上可由粗及精地观察目标。若$\{\phi(t-n)\}_{n\in Z}$是V_0的正交基，则根据伸缩规则性，$\{\phi_{j,\ n}(t)=2^{-j/2}\phi(2^{-j}t-n)\}_{n\in Z}$为子空间$V_j$的标准正交基。所有闭子空间$\{V_j\}_{n\in Z}$都是由同一尺度函数$\phi$伸缩后的平移序列张成的尺度空间，称$\phi(t)$为 MRA 的尺度函数。在 MRA 中，确立$\{\varphi(t-n)\}_{n\in Z}$为$V_0$中的标准正交基。$L^2(\mathbf{R})$空间可分解为无数个不同尺度的细节空间$W_j$的直和，在$W_j$中建立正交小波基，就能在$L^2(\mathbf{R})$中确立正交小波基，参见表 3-2。

函数集$\{\varphi_{jk}\}_{k\in Z}$是空间$V_j$的标准正交基。设$\{V_j\}_{j\in Z}$层是由尺度函数$\varphi$生成的 MRA，则对任意$j\in Z$函数集，$V_j$的标准正交基为

$$\left\{\varphi_{jk}(x)=2^{j/2}\varphi\left(2^j x-k\right)\right\}_{k\in Z} \tag{3-159}$$

MRA 的逼近空间中的任意函数平移后仍在此空间中，即

$$f(x)\in V_i \Leftrightarrow f\left(x+2^{-j}n\right)\in V_i,\quad n\in Z,\ j\in Z \tag{3-160}$$

设$\{V_j\}_{j\in Z}$是尺度函数φ生成的 MRA，则下述尺度方程成立

$$\varphi(x)=\sqrt{2}\sum_{k\in Z}h_k\varphi(2x-k) \tag{3-161}$$

式中

$$h_k=\sqrt{2}\int_{-\infty}^{+\infty}\varphi(x)\overline{\varphi(2x-k)}\mathrm{d}x \tag{3-162}$$

一个尺度函数确定一个 MRA，确定对应的小波函数。用 $\overline{\operatorname{span}\{\varphi_k(x)\}_{k\in Z}}$ 表示由函数集 $\{\varphi_k(x)\}_{k\in Z}$ 张成的线性子空间的闭包。

表 3-2　正交小波基的基本关系式

	正交尺度函数 $\varphi(t)$	正交小波函数 $\psi(t)$
双尺度方程	$\varphi(t)=\sum_{n\in Z}h_n\varphi_{-1,n}(t)$	$\psi(t)=\sum_{n\in Z}g_n\varphi_{-1,n}(t)$
频域递推关系	$\hat{\varphi}(2\omega)=H(\omega)\hat{\varphi}(\omega)$	$\hat{\psi}(2\omega)=G(\omega)\hat{\varphi}(\omega)$
滤波器性质	$H(0)=1$；$H(\pi)=0$(低通)	$G(0)=0$；$G(\pi)=1$(高通)
时域正交性	$\langle\varphi(t),\ \varphi(t-k)\rangle=\delta(k)$	$\langle\psi(t),\ \psi(t-k)\rangle=\delta(k)$
频域正交性	$\lvert H(\omega)\rvert^2+\lvert H(\omega+\pi)\rvert^2=1$	$\lvert G(\omega)\rvert^2+\lvert G(\omega+\pi)\rvert^2=1$
	$\sum_{k\in Z}\lvert\hat{\phi}(\omega+2k\pi)\rvert^2=1$	$\sum_{k\in Z}\lvert\hat{\psi}(\omega+2k\pi)\rvert^2=1$
偶平移正交性	$\langle h_{n-2k},\ h_{n-2l}\rangle=\delta(k-l)$	$\langle g_{n-2k},\ g_{n-2l}\rangle=\delta(k-l)$
双尺度序列	$g_n=(-1)^n h_{1-n}^*$	
滤波器	$G(\omega)=-\mathrm{e}^{-\mathrm{i}\omega}H^*(\omega+\pi)$	
时域正交性	$\langle\psi(t),\ \varphi(t-k)\rangle=0$	
频域正交性	$G(\omega)H^*(\omega)+G(\omega+\pi)H^*(\omega+\pi)=0$ $G(\omega)G^*(\omega+\pi)+H(\omega)H^*(\omega+\pi)=0$ $\sum_{k\in Z}\hat{\phi}(\omega+2k\pi)\hat{\psi}^*(\omega+2k\pi)=0$	
偶平移正交性	$\langle h_{n-2k},\ g_{n-2l}\rangle=0$	

2) Mallat 算法

表 3-2 表明，与正交尺度函数 $\varphi(t)$ 及正交小波函数 $\psi(t)$ 联系的低通滤波器 $H(\omega)$ 和高通滤波器 $G(\omega)$ 构成一对共轭镜像正交滤波器组。基于多分辨率理论的小波分解与重构的 Mallat 算法可避免尺度 a 值越大，对信息 $\psi(t)$ 的采样就越密的缺点。

(1) 信号分解。根据多分辨率理论，$P_j f(t)$ 为 $f(t)$ 在 V_j 中的投影，是 $f(t)$ 在分辨率 j 下的平滑逼近

$$P_j f(t)=\sum_n x_n^{(j)}\phi_{jn}(t) \tag{3-163}$$

式中，$x_n^{(j)}$为线性组合的权重；$\phi_{jn}(t)$为离散正交小波基。当j=0 时，有

$$P_0 f(t)=\sum_n x_n^{(0)}\phi_{0n}(t) \tag{3-164}$$

由于$x_k^{(1)}=\langle p_1 f(t),\ \phi_{1k}(t)\rangle=\langle p_0 f(t),\ \phi_{1k}(t)\rangle$，又因为$D_1f(t)$与$\phi_{1k}(t)$正交，所以$\langle D_0f(t),\ \phi_{1k}(t)\rangle=0$，有

$$x_k^{(1)}=\sum_n\langle\phi_{0n}(t),\ \phi_{1k}(t)\rangle x_n^{(0)}=\sum_n h_0(n-2k)x_n^{(0)} \tag{3-165}$$

$$d_k^{(1)}=\sum_n\langle\phi_{0n}(t),\ \varphi_{1k}(t)\rangle x_n^{(0)}=\sum_n h_1(n-2k)x_n^{(0)} \tag{3-166}$$

同理可得

$$x_k^{(2)}=\sum_n\langle\phi_{1n}(t),\ \phi_{2k}(t)\rangle x_n^{(1)}=\sum_n\langle\phi_{0n}(t),\ \phi_{1k}(t)\rangle x_n^{(1)} \tag{3-167}$$

$$d_k^{(2)}=\sum_n\langle\phi_{1n}(t),\ \varphi_{2k}(t)\rangle x_n^{(1)}=\sum_n\langle\phi_{0n}(t),\ \varphi_{1k}(t)\rangle x_n^{(1)} \tag{3-168}$$

式中，分解系数为

$$\langle\phi_{1n}(t),\ \phi_{2k}(t)\rangle=\langle\phi_{0n}(t),\ \phi_{1k}(t)\rangle=h_{0(n-2k)} \tag{3-169}$$

$$\langle\phi_{1n}(t),\ \varphi_{2k}(t)\rangle=\langle\phi_{0n}(t),\ \varphi_{1k}(t)\rangle=h_{1(n-2k)} \tag{3-170}$$

逐级引申，对$x_k^{(1)}$做由V_1到V_2、W_2的分解，得$x_k^{(2)}$和$x_k^{(3)}$，再对$x_k^{(2)}$做由V_2到V_3、W_3的分解，得$x_k^{(3)}$和$d_k^{(3)}$…对$x_k^{(j)}$做由V_j到V_{j+1}、W_{j+1}的分解，参见图 3-5，且滤波器的系数仍为$h_0(-k)=h'_0(k)$，$h_1(-k)=h'_1(k)$。

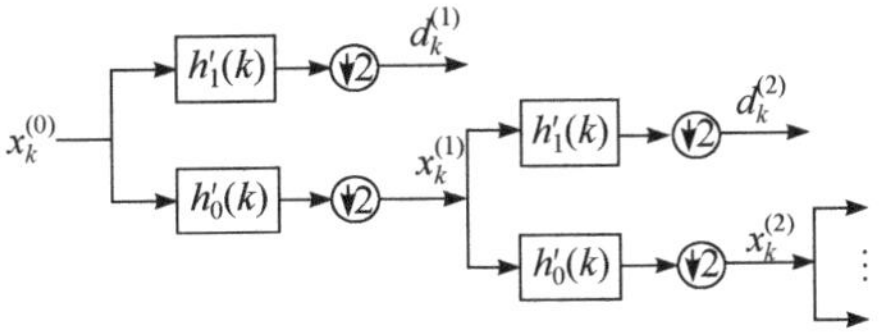

图 3-5　网络级联结构

(2) 信号重建。逆推重建过程，可知$V_j=V_{j+1}\oplus W_{j+1}$，则

$$P_{j-1}f(t)=P_jf(t)+D_jf(t)=\sum_k x_k^{(j)}\phi_{jk}(t)+\sum_k d_k^{(j)}\varphi_{jk}(t) \tag{3-171}$$

$$
\begin{aligned}
x_k^{(j-1)} &= \left\langle P_{j-1}f(t),\ \phi_{j-1,\ n}(t)\right\rangle = \sum_k h_{0(n-2k)}x_k^{(j)} + \sum_k h_{1(n-2k)}d_k^{(j)} \\
&= \sum_k g_0(n-2k)x_k^{(j)} + \sum_k g_1(n-2k)d_n^{(j)}
\end{aligned} \tag{3-172}
$$

式中

$$
\left\langle \phi_{jk}(t),\ \phi_{j-1,\ n}(t)\right\rangle = \left\langle \phi_{1k}(t),\ \phi_{0n}(t)\right\rangle = h_{0(n-2k)} \tag{3-173}
$$

$$
\left\langle \phi_{jk}(t),\ \varphi_{j-1,\ n}(t)\right\rangle = \left\langle \phi_{1k}(t),\ \varphi_{0n}(t)\right\rangle = h_{1(n-2k)} \tag{3-174}
$$

式(3-172)反映了相邻两级的反演关系。其中，$x_k^{(j)}$是第 j 级离散平滑信号，$d_n^{(j)}$是第 j 级离散细节信号，$x_n^{(j-1)}$是 $x_k^{(j)}$ 和 $d_n^{(j)}$ 重建得到的第 j–1 级离散平滑信号。这里

$$
g_0(k) = \left\langle \phi_{10}(t),\ \phi_{0k}(t)\right\rangle,\ g_1(k) = \left\langle \varphi_{10}(t),\ \phi_{0k}(t)\right\rangle \tag{3-175}
$$

式中，$g_0(k)$、$g_1(k)$和 $h_0(k)$、$h_1(k)$为重建系数。图 3-6 为信号重建的网络结构示意图。

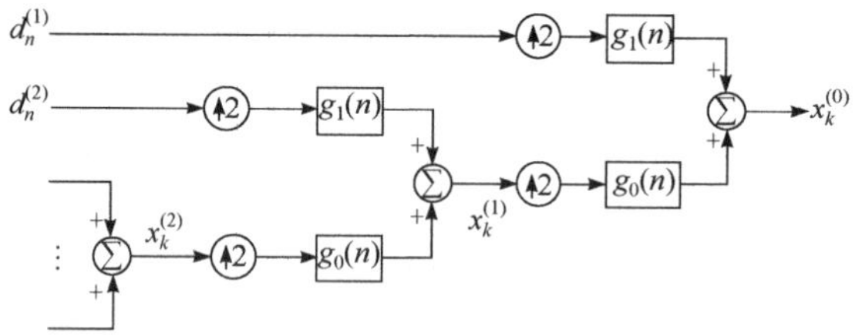

图 3-6　信号重建的网络结构

3.4.3　小波包

在正交小波分解过程中，低频系数向量继续分解成两部分，高频系数不再分解，系数 c_k 与 d_k(k=0, 1, 2, ⋯, N)对应的频域段如图 3-7(a)所示。1992 年，Coifman、Meyer 等人提出由位置、尺度和频率三个参数而确定的小波包(wavelet packet)。在小波包分解中，系数 c_k 与 d_k(k=0，1，2，⋯，N)对应的频域段如图 3-7(b)所示。小波包分析能根据被分析信号的特征，自适应地选择相应频带，使之与信号频谱相匹配，从而提高时频分辨率。

MRA 按不同尺度因子 j 把 Hilbert 空间 $L^2(\mathbf{R})$分解为所有的子空间 $W_j(j\in Z)$的正交和。其中，W_j 为小波函数 $\psi(t)$的闭包(小波子空间)。

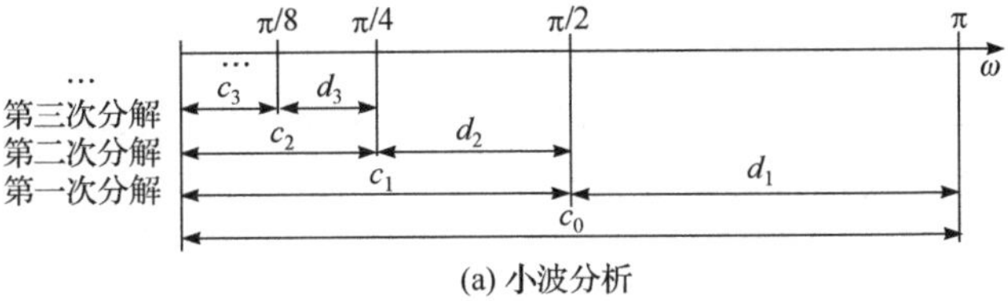

(a) 小波分析

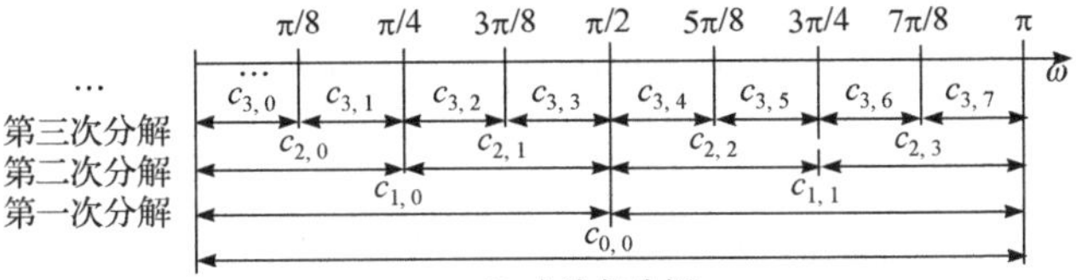

(b) 小波包分析

图 3-7　小波分析与小波包分析中系数对应的频域段

将尺度空间 V_j 和小波子空间 W_j 用一个新的子空间 U_j^n 统一起来表征，若令

$$U_j^0 = V_j,\ \ U_j^1 = W_j,\ \ j \in Z \tag{3-176}$$

则 Hilbert 空间的正交分解 $V_{j+1} = V_j \oplus W_j$ 可用 U_j^n 的分解统一为

$$U_{j+1}^0 = U_j^0 \oplus U_j^1,\ \ j \in Z \tag{3-177}$$

定义子空间 U_j^n 是函数 $U_n(t)$的闭包空间，令 $U_n(t)$满足以下双尺度方程

$$u_{2n}(t) = \sqrt{2}\sum_{k\in Z} h(k)u_n(2t-k),\ \ u_{2n+1}(t) = \sqrt{2}\sum_{k\in Z} g(k)u_n(2t-k) \tag{3-178}$$

式中，$g(k)=(-1)^k h(1-k)$，即两系数也具有正交关系。当 $n=0$ 时，有

$$u_0(t) = \sum_{k\in Z} h_k u_0(2t-k),\ \ u_1(t) = \sum_{k\in Z} g_k u_0(2t-k) \tag{3-179}$$

在 MRA 中，$\varphi(x)$和$\psi(x)$满足双尺度方程

$$\varphi(t) = \sum_{k\in Z} h_k \varphi_0(2t-k),\ \ \phi(t) = \sum_{k\in Z} g_k \phi(2t-k),\ \ \{h_k\}_{k\in Z}, \{g_k\}_{k\in Z} \in l^2 \tag{3-180}$$

式中，$u_0(t)$和 $u_1(t)$退化为尺度函数$\varphi(x)$和小波基函数$\psi(x)$。推广到 $n \in Z_+$(非负整数)的情况，可得上式的等价表示

$$\varphi(t) = \sum_{k\in Z_+} h_k \varphi_0(2t-k),\ \ \phi(t) = \sum_{k\in Z_+} g_k \phi(2t-k),\ \ \{h_k\}_{k\in Z_+}, \{g_k\}_{k\in Z_+} \in l^2 \tag{3-181}$$

式(3-177)构造的序列$\{u_n(t)\}$是基函数 $u_0(t)=\varphi(t)$确定的小波包。当 $n=0$ 时，即为式 (3-180)的情况。$\varphi(t)$由 h_k 唯一确定，所以$\{u_n(t)\}_{n\in Z}$为序列$\{h_k\}$的正交小波包。

1) 小波包的空间解

令$\{u_n(t)\}_{n\in Z}$是 h_k 的小波包族，$n=1$，2，…；$j=1$，2，…，对式(3-176)做迭代

分解

$$W_j = U_j^1 = U_{j+1}^2 \oplus U_{j+1}^3,\ \ U_{j+1}^2 = U_{j+2}^4 \oplus U_{j+2}^5 \oplus U_{j+2}^6 \oplus U_{j+2}^7 \tag{3-182}$$

小波子空间 W_j 的各种分解如下

$$\begin{cases} W_j = U_{j+1}^2 \oplus U_{j+1}^3 \\ W_j = U_{j+2}^4 \oplus U_{j+2}^5 \oplus U_{j+2}^6 \oplus U_{j+2}^7 \\ \cdots \\ W_j = U_{j+l}^{2^l} \oplus U_{j+l}^{2^l+1} \oplus \cdots \oplus U_{j+l}^{2^{l+1}-1} \\ \cdots \\ W_j = U_{j+l_j}^{2^{l_j}} \oplus U_{j+l_j}^{2^{j+l_j}+1} \oplus \cdots \oplus U_{j+l_j}^{2^{j+l_{j+1}}-1} \end{cases} \tag{3-183}$$

W_j 空间分解的子空间序列为 $U_{j+1}^{2^l+m}$，m=0，1，…，2^l-1，l=1，2，…。子空间序列 $U_{j+1}^{2^l+m}$ 的标准正交基为 $\left\{2^{-(j-1)/2}u_{2^l+m}\left(2^{j-1}t-k\right),\ k\in Z\right\}$。

当 l=0 和 m=0 时，子空间序列 $U_{j+1}^{2^l+m}$ 简化为 $W_j=U_j^1$，相应的正交基简化为 $2^{-j/2}u_1\left(2^{-j}t-k\right)=2^{-j/2}\psi\left(2^{-j}t-k\right)$，即标准正交小波族 $\{\psi_{j,k}(t)\}$。

若 n 是一个倍频程细化的参数，令 $n=2^l+m$，则有小波包 $\psi_{j,k,n}(t)=2^{-j/2}\psi_n\left(2^{-j}t-k\right)$，其中 $\psi_n(t)=2^{l/2}u_{2^l}+m\left(2^l t\right)$。

小波包 $\psi_{j,k,n}(t)$ 除离散尺度 j 和离散平移 k 两个参数外，还增加了一个频率参数 $n=2^l+m$，从而使小波包克服了小波时间分辨力高而频率分辨力低的缺陷，于是，参数 n 表示 $\psi_n(t)=2^{l/2}u_{2^l}+m\left(2^l t\right)$ 函数的零交叉数目，即波形的振荡次数。

2) 小波包的分解算法和重构算法

设 $g_j^n(x)\in U_j^n$，则 $g_j^n(x)$ 可表示为

$$g_j^n(x)=\sum_l d_l^{j,n}u_n\left(2^j t-l\right) \tag{3-184}$$

(1) 小波包分解算法。由 $\left\{d_l^{j+1,n}\right\}$ 求 $\left\{d_l^{j,2n}\right\}$ 与 $\left\{d_l^{j,2n+1}\right\}$，解得

$$d_l^{j,2n}=\sum_k a_{k-2l}d_k^{j+1,n},\ \ d_l^{j,2n+1}=\sum_{k\in Z} b_{k-2l}d_k^{j+1,n} \tag{3-185}$$

(2) 小波包重构算法。由 $\left\{d_l^{j,2n}\right\}$ 与 $\left\{d_l^{j,2n+1}\right\}$ 求 $\left\{d_l^{j+1,n}\right\}$，解得

$$\left\{d_l^{j+1,n}\right\}=\sum_{k\in Z} a_{k-2l}d_k^{j,2n}+\sum_{k\in Z} b_{k-2l}d_k^{j,2n+1} \tag{3-186}$$

3.4.4　提升小波

1995 年，Sweldens 提出在时域中采用提升方法构造第二代小波。1998 年，Daubechies 和 Sweldens 证明任意具有有限冲击响应(finite impulse response，FIR)滤波器的离散小波变换可通过多个提升步骤来解决，所有能用 Mallat 快速算法实现的离散小波变换都可用提升小波(lifting wavelet)方法实现。第二代小波在故障诊断领域得到广泛应用。时域中构造的双正交小波具有结构化设计和自适应构造方面的突出优点。可以从一些简单的小波函数，通过提升来改善小波函数的特性，从而构造出具有期望特性的小波，适合于不等间隔采样问题的小波构造。

设 $x(n)(n=0，1，2，\cdots，N-1)$为原离散信号序列，具体步骤如下：

步骤 1，分解：将原信号序列 $x(n)$分为两个互不相交子集。按其序号奇偶性将原信号序列 $x(n)$分为奇数序列 $x(2n+1)$和偶数序列 $x(2n)$，即

$$\left\{x(2n),\ x(2n+1)\right\}=\mathrm{Split}\left(x(n)\right) \tag{3-187}$$

步骤 2，预测：基于原始数据的相关性，用偶数序列 $x(2n)$预测奇数序列 $x(2n+1)$，用 $x(2n+1)$与预测值 $P(x(2n))$间的误差来表示细节信息 $d(n)$，即对偶提升

$$d(n)=x(2n+1)-P\left(x(2n)\right) \tag{3-188}$$

步骤 3，更新：为了使子序列 $x(2n)$维持原序列 $x(n)$的某些整体特性，要找出一个更好的子集数据 $c(n)$，使之保持原数据集的一些尺度特性(如均值和消失矩等)，即原始提升

$$c(n)=x(2n)+U\left(d(n)\right) \tag{3-189}$$

式中，$U(\cdot)$表示更新算子。

重复步骤 1～步骤 3 的运算，经一定次数的迭代，可得原始信号 $x(n)$的一个多级分解，参见图 3-8。计算顺序反转，可实现信号 $x(n)$的重构。

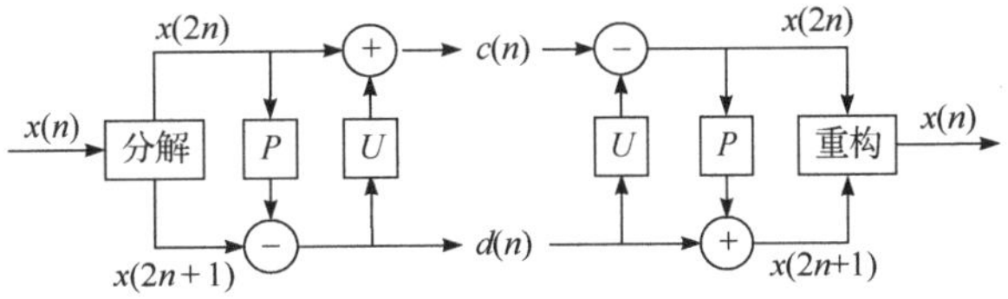

图 3-8　提升小波变换分解与重构原理

1) 离散小波的前向和逆向变换

离散小波变换包括分析滤波器组$\left\{\tilde{h},\ \tilde{g}\right\}$和综合滤波器组$\{h,\ g\}$，参见图 3-9。前向小波变换把信号 $x(n)$通过低通滤波器和高通滤波器进行滤波，向下采样，得到低频信号λ和高频信号γ。逆向小波变换对λ和γ向上采样，然后各自通过低通滤

波器 h 和高通滤波器 g，将滤波后的两个信号相加。

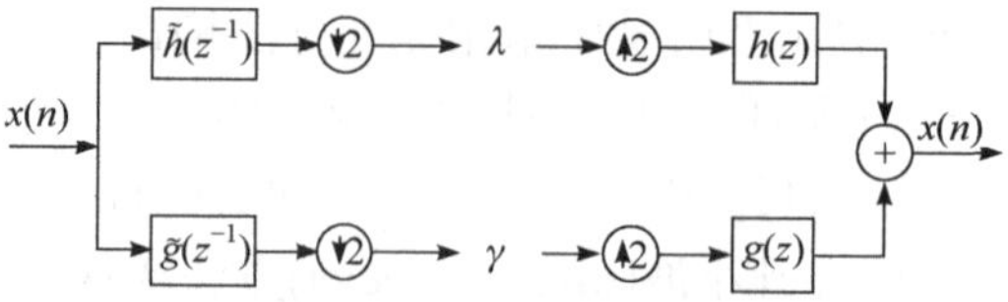

图 3-9　离散小波前向和逆向变换示意图

2) 离散小波的多项式表示法

设 FIR 滤波器 $h\left\{h_{k_c},\cdots, h_{k_b}\right\}$，其中 z 变换为一个 Laurent 多项式

$$h(z)=h_c\left(z^2\right)+z^{-1}h_o\left(z^2\right) \tag{3-190}$$

式中，h_c 代表偶数序号的系数，h_o 代表奇数序号的系数，且

$$h_c(z)=\sum_k h_{2k}z^{-k},\ h_o(z)=\sum_k h_{2k+1}z^{-k} \tag{3-191}$$

$$h_c\left(z^2\right)=\left(h(z)+h(-z)\right)/2,\ h_o\left(z^2\right)=\left(h(z)+h(-z)\right)/2 \tag{3-192}$$

对综合滤波器组$\{h, g\}$，定义矩阵 $\boldsymbol{P}(z)$为

$$\boldsymbol{P}(z)=\begin{pmatrix} h_c(z) & g_c(z) \\ h_0(z) & g_0(z) \end{pmatrix} \tag{3-193}$$

对分析滤波器组$\left\{\tilde{h}, \tilde{g}\right\}$，可定义 $\tilde{\boldsymbol{P}}(z)$，参见图 3-10。用多项矩阵表示关于小波的完全重构的条件为

$$\boldsymbol{P}(z)\tilde{\boldsymbol{P}}'\left(z^{-1}\right)=\boldsymbol{I} \tag{3-194}$$

矩阵 $\boldsymbol{P}(z)$、$\tilde{\boldsymbol{P}}(z)$的各元素是 z 的 Laurent 多项式，若满足 $\det\boldsymbol{P}(z)=1$，则$\{h, g\}$互补。

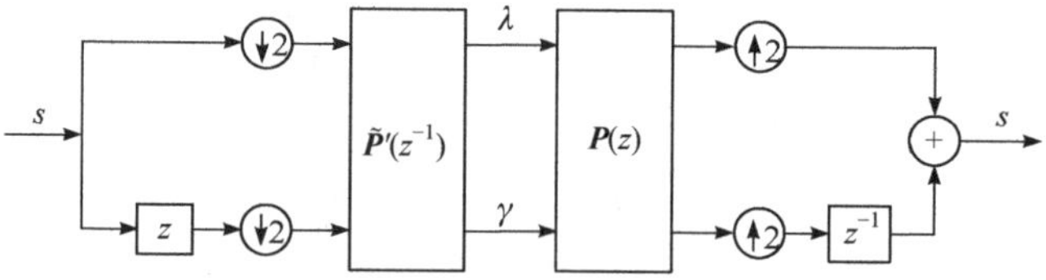

图 3-10　离散小波变换的多项式表示

3) 用提升方法构造传统小波

若$\{h, g\}$为互补的滤波器组，则与 h 和 g 互补的有限长滤波器 g^{new} 和 h^{new} 可

表示为

$$g^{\text{new}}(z)=g(z)+h(z)s(z^2),\ h^{\text{new}}(z)=h(z)+g(z)t(z^2) \tag{3-195}$$

式中，$s(z)=\sum_{k=k_c}^{k_b} s_k z^{-k}$ 和 $t(z)=\sum_{k=k_c}^{k_b} t_k z^{-k}$ 均为 Laurent 多项式。

若{h，g}为互补的滤波器组，则存在一组 Laurent 多项式 $s_i(z)$和 $t_i(z)$，$1\leqslant i\leqslant m$，以及一个非 0 的常数 k，使得 $\boldsymbol{P}(z)$满足

$$\boldsymbol{P}(z)=\prod_{i=1}^{m}\begin{pmatrix}1 & s_i(z)\\ 0 & 1\end{pmatrix}\begin{pmatrix}1 & 0\\ t_i(z) & 1\end{pmatrix}\begin{pmatrix}k & 0\\ 0 & 1/k\end{pmatrix} \tag{3-196}$$

用提升方法构造前向小波变换示意图如图 3-11 所示。

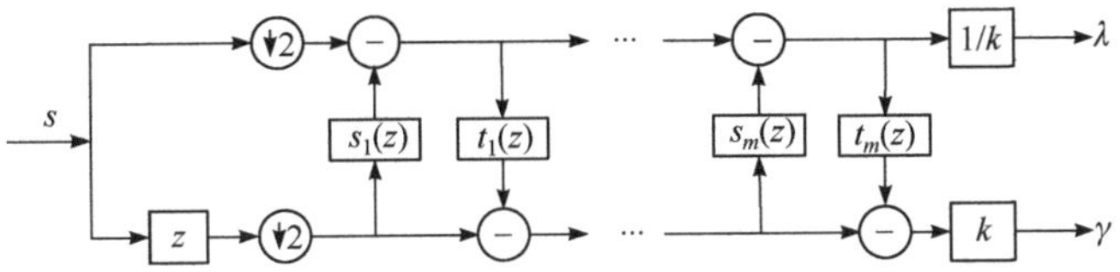

图 3-11　前向提升小波变换的示意图

用提升方法构造逆向小波变换示意图如图 3-12 所示。

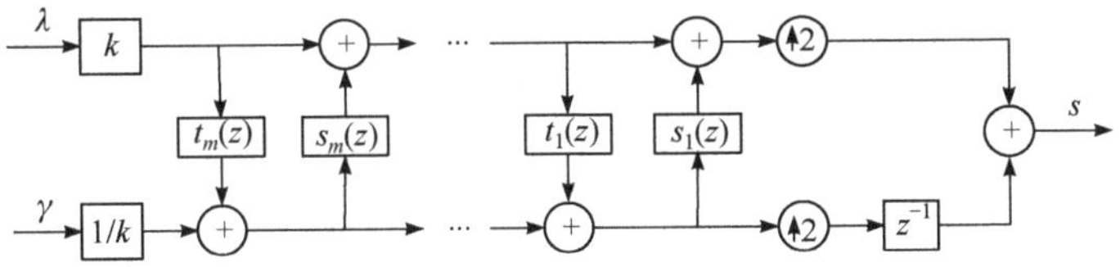

图 3-12　逆向提升小波变换的示意图

3.4.5　Wigner-Ville 分布

1932 年，Wigner 提出 Wigner 分布；1948 年，Ville 引入信号处理领域。Wigner-Ville 分布(Wigner-Ville distribution，WVD)的时间-带宽乘积已达不确定原理的下界，具有最好时频聚集性。核函数$\Phi(\tau,\ v)=1$，但不保证在整个时频平面全部取正值。

1) 连续时间信号的 WVD 分布

设连续时间复信号 $x(t)$，$t\in\mathbf{R}$，则该信号的 WVD 分布定义为

$$W_x(t,\ f)=\int_{-\infty}^{\infty} x(t+\tau/2)x^*(t-\tau/2)\mathrm{e}^{-\mathrm{i}2\pi\tau f}\,\mathrm{d}\tau \tag{3-197}$$

而两连续时间复信号 $x(t)$和 $y(t)$的互 WVD 为

$$W_{xy}(t,\ f)=\int_{-\infty}^{\infty}x(t+\tau/2)y^*(t-\tau/2)\mathrm{e}^{-\mathrm{i}2\pi\tau f}\,\mathrm{d}\tau \tag{3-198}$$

若用信号频谱表示还可得

$$W_{xy}(t,\ f)=\int_{-\infty}^{\infty}x^*(f+v/2)y(f-v/2)\mathrm{e}^{-\mathrm{i}2\pi tv}\,\mathrm{d}v \tag{3-199}$$

对非平稳随机信号，其 WVD 常称为 Wigner-Ville 谱

$$W_x(t,\ f)=\int_{-\infty}^{\infty}E\left(x(t+\tau/2)x^*(t-\tau/2)\right)\mathrm{e}^{-\mathrm{i}2\pi f\tau}\,\mathrm{d}\tau \tag{3-200}$$

(1) 正弦波和脉冲的 WVD 分别为

$$x_1(t)=\mathrm{e}^{\mathrm{i}2\pi f_0 t},\ W_{x_1}(t,\ f)=\delta(f-f_0) \tag{3-201}$$

$$x_2(t)=\delta(t-t_0),\ W_{x_2}(t,\ f)=\delta(t-t_0) \tag{3-202}$$

WVD 有很好的时频聚集性。正弦信号的分布完全集中于正弦波频率上，脉冲信号的分布完全集中在脉冲出现的时间上。

(2) 纯线性调频脉冲的分布为

$$x(t)=\mathrm{e}^{\mathrm{i}\left(2^{-1}\beta t^2+2\pi f_0 t\right)},\ W_x(t,\ f)=\delta\left(f-f_0-(2\pi)^{-1}\beta t\right) \tag{3-203}$$

其分布完全集中在瞬时频率 $f_i(t)=f_0+(2\pi)^{-1}\beta t$。

(3)具有 Gaussian 包络的线性调频脉冲的分布为

$$x(t)=(\alpha/\pi)^{1/4}\mathrm{e}^{-2^{-1}\alpha t^2+\mathrm{i}\left(2^{-1}\beta t^2+2\pi f_0 t\right)},\ W_x(t,\ f)=\pi^{-1}\mathrm{e}^{-\alpha t^2-\alpha^{-1}(2\pi f-\beta t-2\pi f_0)} \tag{3-204}$$

对较小的α，$x(t)$趋向于纯线性调频脉冲，其分布集中于瞬时频率；随着α的增大，其分布逐渐沿 Gaussian 包络散开。

2) 离散时间信号的 Wigner-Ville 分布

离散模糊函数的二维 Fourier 变换定义了适用于离散周期信号分析的离散时间、离散频率 WVD。设 $x(n)$为连续时间信号 $x(t)$按取样间隔不连续取样而得的离散时间信号，令 $t=nT_s$，$\tau=2kT_s$，由式(3-197)可得 $x(n)$的 WVD 为

$$W_x(n,\ \omega)=2\sum_{k=-\infty}^{\infty}x(n+k)x^*(n-k)\mathrm{e}^{-\mathrm{i}2k\omega} \tag{3-205}$$

式中，$\omega=2\pi fT_s$为数字频率。$W_x(n,\ \omega)$在频域上的重复周期为π，因而可能产生频域混叠现象。即使时域取样间隔 T_s 对 $x(n)$可保证$\hat{x}(\omega)$不产生频域混叠，$W_x(n,\ \omega)$仍可能存在频域混叠。克服频域混叠的两种途径如下：①使用 $T_s/2$ 的取样周期取样，使$\hat{x}(\omega)$的非零值限制在$\pm\pi/2$ 的范围内；②采用解析信号 $x(t)$，$x(t)$取样得 $x(n)$的频谱，按上式求 WVD 不会产生频域混叠。

(1) Wigner-Ville 分布的计算。

计算连续时间信号 $x(t)$的 WVD，将解析信号 $x(t)$按取样定理要求进行时域离散化，得取样序列 $x(n)$，再由式(3-205)计算 $W_x(n, \omega)$。使用解析信号，避免计算 $W_x(n, \omega)$时的频域混叠问题。在实际计算中必须进行加窗和重排处理，从而化为有限区间的因果计算。令加窗后的 WVD 为

$$W_x(n, \omega) = W_x(n, k\pi/N) = 2\sum_{l=-L+1}^{L-1} G(n, l)G^*(n, -l)\mathrm{e}^{-\mathrm{i}2\pi lk/N} \tag{3-206}$$

式中，$W_x(n, \omega)$的频域周期为π，令频域取样间隔$\omega=\pi/N$。为适应 FFT 计算，令 $N=2^M>(2L-1)$。为减少误差，在点 n 处，$x(n+l)x^*(n-l)$包含大部分有意义的信号值。令

$$G(n, l) = g(l)x(n+l) \tag{3-207}$$

式中，$g(l)$为时宽为 $2L-1$ 的窗函数，满足

$$g(l) = 0, \quad |l| \geqslant L \tag{3-208}$$

为了进行因果性计算，需对数据重排。将长度为 $2L-1$ 的数据 $G(n, l)G(n, -l)$按周期 N 进行周期延拓为 $\tilde{f}(n, l)=0$，其主值序列为

$$f(n, l) = \begin{cases} G(n, l)G^*(n, -l), & l = 0, 1, \cdots, N/2-1 \\ G(n, l-N)G^*(n, -l+N), & l = N/2, \cdots, N-1 \end{cases} \tag{3-209}$$

则使用 FFT 计算 $W_x(n, \omega)$的公式为

$$W_x(n, \omega) = 2\sum_{l=0}^{N-1} f(n, l)\mathrm{e}^{-\mathrm{i}2\pi lk/N} \tag{3-210}$$

为了减少误差，应使$(2l-1)$尽量接近 N。

(2) 基于 WVD 的信号重构。

已知离散频率点$\omega_m=2\pi m/N$ 上的离散 WVD，由式(3-205)，可得

$$W_x(n, \omega) = 2\sum_{k=-\infty}^{\infty} x(n+k)x^*(n-k)\mathrm{e}^{-\mathrm{i}4\pi km/N} \tag{3-211}$$

设窗函数为矩形窗，且窗的长度为 $N-2L+1$，则上式变为

$$W_x(n, \omega) = 2\sum_{k=-L}^{L} x(n+k)x^*(n-k)\mathrm{e}^{-\mathrm{i}4\pi km/N} \tag{3-212}$$

$$2^{-1}\sum_{m=-L}^{L} W_x(n, m)\mathrm{e}^{-\mathrm{i}4\pi km/N} = x(n+k)x^*(n-k) \tag{3-213}$$

令 $n=(n_1-n_2)/2$，$k=(n_1+n_2)/2$，则

$$x(n_1)x^*(n_2)=2^{-1}\sum_{m=-L}^{L}W_x((n_1+n_2)/2,\ m)\mathrm{e}^{-\mathrm{i}2\pi(n_1-n_2)m/N} \tag{3-214}$$

从上式可知，当 $n_1=n_2=n$ 时，有

$$2^{-1}\sum_{m=-L}^{L}W_x(n,\ k)=|x(n)|^2 \tag{3-215}$$

当 $n_1=2n$，$n_2=0$ 时，有

$$x(2n)x^*(0)=2^{-1}\sum_{m=-L}^{L}W_x(n,\ k)\mathrm{e}^{\mathrm{i}4\pi nm/N} \tag{3-216}$$

当 $n_1=2n-1$，$n_2=1$ 时，有

$$x(2n-1)x^*(1)=2^{-1}\sum_{m=-L}^{L}W_x(n,\ k)\mathrm{e}^{\mathrm{i}4\pi(n-1)m/N} \tag{3-217}$$

从而可准确重构所有的 $x(n)$。

3) 时变功率谱分析

非平稳随机信号 $x(t)$的时变功率谱 $S_{xx}(t,\ \omega)$等于其 Wigner-Ville 谱

$$S_{xx}(t,\ \omega)=W_y(t,\ \omega)=E\left(\int_{-\infty}^{\infty}x(t+\tau/2)x^*(t-\tau/2)\mathrm{e}^{-\mathrm{i}\omega\tau}\,\mathrm{d}\tau\right) \tag{3-218}$$

当 $x(t)$混有广义平稳零均值白噪声时，使用 WVD 估计其时变功率谱可从白噪声中检测有用信号。令 $e(t)$为广义平稳零均值白噪声，其方差为 σ_e^2，由于其 ACF 为

$$r_{ee}(t,\ \tau)=E\big(e(t+\tau/2)e^*(t-\tau/2)\big)=\sigma_e^2\delta(\tau) \tag{3-219}$$

所以广义平稳均值白噪声的 WVD 以常数覆盖整个时频平面

$$S_{ee}(t,\ \omega)=W_e(t,\ \omega)=\sigma_e^2(\text{常数}) \tag{3-220}$$

考虑测量信号 $y(t)=x(t)+e(t)$。$x(t)$为非平稳的有用解析信号，且与 $e(t)$不相关。计算 $y(t)$的 Wigner-Ville 谱，则有

$$W_y(t,\ \omega)=W_x(t,\ \omega)+W_e(t,\ \omega)+2\mathrm{Re}\big(E(W_{xe}(t,\ \omega))\big) \tag{3-221}$$

由于

$$E(W_{xe}(t,\ \omega))=\int_{-\infty}^{\infty}E\big(x(t+\tau/2)x^*(t-\tau/2)\big)\mathrm{e}^{-\mathrm{i}\omega\tau}\,\mathrm{d}\tau=0 \tag{3-222}$$

所以由式(3-220)和上式可得

$$S_{yy}(t,\ \omega)=S_{xx}(t,\ \omega)+\sigma_e^2 \tag{3-223}$$

因此，从 $S_{yy}(t,\ \omega)$中剔除常数项，即可得 $S_{xx}(t,\ \omega)$。

在式(3-221)的实际计算中，Wigner-Ville 谱假定 $x(t)$存在一个局部的平稳区域 Δt，满足各态遍历性，从而可用时间平均代替集平均，即 $S_{xx}(t,\ \omega)$的估计值为

$$\hat{S}_{xx}(t,\ \omega)=(\Delta t)^{-1}\int_{t-\lambda}^{t+\lambda}\int_{-\infty}^{\infty}h(\tau)x(\theta+\tau/2)x^{*}(\theta-\tau/2)\mathrm{e}^{-\mathrm{i}\omega\tau}\,\mathrm{d}\tau\,\mathrm{d}\theta \tag{3-224}$$

式中，窗函数 $h(\tau)$的引入变无限区间的积分运算为有限区间的积分运算。

使用 WVD 计算正弦解析信号的 PSD 可准确确定信号频率，分辨率也高，且不受信号相位的影响。但谱可能出现负值，旁瓣幅度变化较大。随机时变系统有三种特殊情况：

① 时域是宽平稳的，其 ACF 在时域仅取决于时间差$\Delta t=t-t'$；

② 频域是宽平稳的，其 ACF 在频域仅取决于频率差$\Delta\omega=\omega-\omega'$；

③ 时域与频域都是宽平稳的，其 ACF 在时域取决于Δt，在频域取决于$\Delta\omega$。

3.4.6　经验模式分解

1998 年，Huang 等人提出 Hilbert-Huang 变换(Hilbert-Huang transform，HHT)算法，HHT 是一种经验数据分析方法，其扩展是自适应性的，可描述非线性、非平稳过程数据[30, 31]。HHT 算法包括：①经验模式分解(empirical mode decomposition，EMD)或称经验模态分解，将复杂信号分解为一系列固有模态函数(intrinsic mode function，IMF)。EMD 提取数据序列均值，消除序列趋势项，将信号自适应分解成从高到低不同频率的 IMF，虽不改变原数据的物理特性，但存在模态混叠的缺点。②Hilbert 谱分析(Hilbert spectrum analysis，HAS)，首先对每一个 IMF 求 Hilbert 变换，得到相位函数，再进一步获得其瞬时频率，最后得出信号能量随时间和频率分布的 Hilbert 谱。

1) 经验模态分解

(1) 固有模态函数。

实际的非平稳和非线性信号无法直接求解瞬时频率，可分解为单分量信号，每个单分量信号只含一种振荡模式。EMD 分解得到的 IMF 分量满足通过解析信号求解瞬时频率的必要条件，但不一定会满足充分条件。一个 IMF 应满足以下条件：

① 整个数据范围内，极值点和过零点的数量相等或相差一个，类似于平稳过程中传统的稳定且满足 Gaussian 分布的窄带信号条件。

② 在时间区间内的任一点，信号局部最大和最小定义的上、下包络的均值为 0。把传统全局条件调整到局部情况。满足了这个条件，得到的瞬时频率才不会因为不对称波形的存在而引起不规则波动。这一点是得到正确瞬时频率的必要条件。

(2) 经验模式分解过程。

EMD 方法利用时间序列上下包络的平均值确定瞬时平衡位置，进而提取

IMF。这种方法基于如下假设：

① 信号至少有两个极点，即一个极大值和一个极小值。

② 信号特征时间尺度是由极值间的时间间隔来确定的。

③ 若数据无极值仅有拐点，可通过微分、分解、积分的方法获得 IMF。

可用 EMD 方法将信号的固有模态筛选出来。用波动上、下包络的平均值去确定瞬时平衡位置，进而提取出 IMF。上、下包络线是由三次样条函数对极大值点和极小值点进行拟合得到的。EMD 过程的基本过程如下：

步骤 1，找出信号 $x(t)$局部最大值点和局部最小值点，时间序列中的某个时刻的值满足同时大于(或小于)前一时刻的值和后一时刻的值。利用三次样条函数对这些点进行插值得到 $x(t)$的上包络 $u(t)$和下包络 $l(t)$，令 $m_1(t)=(u(t)+l(t))/2$，$m_1(t)$为上、下包络的均值，则

$$h_1(t)=x(t)-m_1(t) \tag{3-225}$$

完成一次迭代。利用三次样条函数插值产生新的极值点，并且对原有极值点也会加以放大和平移。此外，插值过程在数据的端点处也会产生较大的扰动。因此，第一次的迭代得到的 $h_1(t)$一般不会符合 IMF 的要求，需要进入下一步继续迭代运算。

步骤 2，找 $h_1(t)$的局部最大和最小值点，利用三次样条函数对其插值得到上、下包络 $u_{11}(t)$、$l_{11}(t)$，求出它们的均值曲线 $m_{11}(t)$，从而得到 $h_{11}(t)=h_1(t)-m_{11}(t)$。检查 $h_{11}(t)$是否符合 IMF 的条件，如果不符合，继续上述迭代过程，直到

$$h_{1k}(t)=h_{1(k-1)}(t)-m_{1k}(t) \tag{3-226}$$

符合 IMF 的条件。令 $c_1(t)$是第一次筛选出的第一个 IMF 分量

$$c_1(t)=h_{1k}(t) \tag{3-227}$$

筛选去除波形内叠加的其他模式的波形，并使波形的形状相对于 0 更对称。

求解 $h_{1k}(t)$的迭代过程，需要一个停止准则，Cauchy 类型的停止准则为

$$\mathrm{SD}_k=\sum_{t=0}^{T}\left|h_{1(k-1)}(t)-h_{1k}(t)\right|^2 h_{1(k-1)}^{-2}(t) \tag{3-228}$$

式中，T是数据长度。上式是两个连续迭代过程的归一化标准差，参考值是 0.2～0.3。当 SD_k小于该值，可停止迭代，得到 $c_1(t)$。停止准则决定通过几次迭代求得一个 IMF。

步骤 3，实际的非平稳或非线性信号可能包含多种振荡模式，需继续分离。令

$$r_1(t)=x(t)-c_1(t) \tag{3-229}$$

是原信号和第一个IMF分量之差，将其视为信号$x(t)$，重复步骤1和步骤2，得

$$r_2(t)=r_1(t)-c_2(t),\ \cdots,\ r_m(t)=r_{m-1}(t)-c_m(t) \tag{3-230}$$

式中，$c_2(t)$，…，$c_m(t)$是新筛选的IMF分量。分解过程直到$r_m(t)$成为一个单调函数,或只含一个极值点时停止。信号$x(t)$被分解成m个IMF分量和最后的残余$r_m(t)$之和

$$x(t)=\sum_{k=1}^{m}c_k(t)+r_m(t) \tag{3-231}$$

实际上，$r_m(t)$是一个简单的趋势函数，或一个常数。

2) 迭代的停止准则

Cauchy类型的停止准则建立在全局0～T上的总体误差(overall error)基础上，但Cauchy类型的停止准则和IMF的定义无关，不涉及包络的极值点数、过零点数和对称性等重要方面的内容，且SD_k小于给定的未知阈值，因此它不能保证所得的结果满足IMF的要求。

(1) 基于包络均值的停止准则为

$$\mathrm{SD}_k=m_{i,\ k}(t) \tag{3-232}$$

式中，下标i是待求的IMF的序号，k是迭代的次数。上式要求均值在0、T的时间范围内都小于给定的阈值，因此更容易使上、下包络对称。

(2) S数停止准则，定义为连续迭代的次数，$h_k(t)$的极值点的个数和过零点的个数相等或最多差一个。S数准则更接近IMF的定义，但迭代的每一步都要计算极值点数和过零点数，并且要预先给出一个数S=4～8。当S过大时，会出现过迭代，使迭代后得到的IMF缺乏物理意义。当S过小时，将会出现欠迭代，使得到的IMF还包含其他模式的波形。

(3) 固定迭代次数的停止准则，对白噪声做EMD分解时，EMD等效为一个二进滤波器组，迭代停止准则是10次。

3) 集总经验模式分解

EMD不稳定和IMF不唯一的主要原因是EMD算法本身是建立在信号局部极值的分布上的，因此，当信号含随机噪声和模式混合后，其极值的分布便发生变化，可采用在白噪声的EMD特征上的集总经验模式分解。

白噪声的EMD等效于一个二进滤波器组，其第一个IMF，即$c_1(t)$的频带在π/2～π之间，中心频率在3π/4。$c_2(t)$的频带在π/4～π/2之间，中心频率在3π/8，$c_3(t)$的频带在π/8～π/4之间，中心频率在3π/16，依此类推，此处的$c_i(t)$都是带通的。分形Gaussian噪声(fractional Gaussian noise，FGN)定义为分形Brownian运动的增量过程，其ACF可描述为

$$r(m)=\left(\sigma^2/2\right)\left(|m-1|^{2H}-2|m|^{2H}+|m+1|^{2H}\right) \tag{3-233}$$

式中，$0<H<1$ 称为分形指数，或 Hurst 指数。当 $H=1/2$ 时，FGN 退化为白噪声。

假定将要进行 HHT 的信号是 $x(t)$，集总经验模式分解的步骤如下：

步骤 1，对 $x(t)$加一定幅度，且第 i 次产生的白噪声$\omega_i(t)$，可得信号

$$x_k(t)=x(t)+w_k(t),\quad k=1,2,\cdots,\ L \tag{3-234}$$

式中，L 是白噪声产生的次数，也是实现集总平均的次数。$x_k(t)$是人为构成的 L 个记录，用以模仿对一个信号的 L 次观察。

步骤 2，对 $x_k(t)$做 EMD，得 IMF 分量 $c_{jk}(t)$，下标 j 表示 $x_k(t)$的第 j 个 IMF 分量。

步骤 3，做集总平均，得信号 $x(t)$各个 IMF 分量，即

$$c_j(t)=\frac{1}{L}\sum_{k=1}^{L}c_{jk}(t) \tag{3-235}$$

上面三个步骤完成了集总经验模式分解。因此，将信号加上一定幅度的白噪声，实际上是对信号的一个扰动，改变了信号的极值分布，这有利于对其极值的样条拟和及进一步的 EMD 分解。

4) 互补集总经验模式分解

互补集总经验模式分解的主要思路是：在对 $x(t)$做 EEMD 分解时，令集总平均的次数为 L，对 $x(t)$第 i 次施加噪声后，有

$$x_i^+(t)=x(t)+u_i(t),\quad i=1,2,\cdots,\ L \tag{3-236}$$

再令 $x(t)$减去 $u_i(t)$，得

$$x_i^-(t)=x(t)-u_i(t),\quad i=1,2,\cdots,\ L \tag{3-237}$$

对 $x_i^+(t)$ 和 $x_i^-(t)$ 分别做 EEMD，各得到一组 IMF，分别记为 $\mathrm{IMF}_i^+(t)$ 和 $\mathrm{IMF}_i^-(t)$，令

$$\mathrm{IMF}_i=\left(\mathrm{IMF}_i^+(t)+\mathrm{IMF}_i^-(t)\right)/2 \tag{3-238}$$

对 IMF，求集总平均

$$\mathrm{IMF}=L^{-1}\sum_{i=1}^{L}\mathrm{IMF}_i \tag{3-239}$$

则 IMF 是对 $x(t)$做 CEEMD 分解所得到的固态模式函数，一般有 $M=\log_2N-1$ 个分量。

将 $x(t)$分别减去它们重建的信号，根据 $x(t)$和由 EEMD 或 CEEMD 重建出信

号的差的幅度量级，可反映集总平均后残留的白噪声水平。

3.4.7 Hilbert 谱分析

对 HAS 的 IMF 分量 $c_i(t)$进行 Hilbert 变换(Hilbert transform) $\tilde{c}_i(t)$

$$\tilde{c}_i(t)=\pi^{-1}\int_{-\infty}^{+\infty}c_i(\tau)/(t-\tau)\mathrm{d}\tau=\pi^{-1}\int_{-\infty}^{+\infty}c_i(t-\tau)/\tau\,\mathrm{d}\tau=H(c_i(t)) \tag{3-240}$$

表 3-3 给出了典型信号的 Hilbert 变换。上式构成的解析信号(analytic signal)为

$$z_i(t)=c_i(t)+\mathrm{i}\hat{c}_i(t)=a_i(t)\mathrm{e}^{\mathrm{i}\varphi_i(t)} \tag{3-241}$$

式中

$$a_i(t)=\sqrt{c_i^2(t)+\tilde{c}_i^2(t)},\ \ \varphi_i(t)=\arctan(\tilde{c}_i(t)/c_i(t)) \tag{3-242}$$

将瞬时频率定义为解析信号相位导数的物理意义：瞬时频率乘上密度函数在整个时间范围内的积分是信号的平均频率。对式(3-241)中的 $z_i(t)$求 Fourier 变换，得

$$Z_i(f)=\int_{-\infty}^{+\infty}a_i(t)\mathrm{e}^{\mathrm{i}\varphi_i(t)}\mathrm{e}^{-\mathrm{i}2\pi ft}\,\mathrm{d}t=\int_{-\infty}^{+\infty}a(t)\mathrm{e}^{\mathrm{i}(\varphi_i(t)-2\pi ft)}\,\mathrm{d}t \tag{3-243}$$

平稳相位原理指出，上式的积分在频率 f_i 处有最大的值，瞬时频率为

$$f_i(t)=(2\pi)^{-1}\mathrm{d}\varphi_i(t)/\mathrm{d}t=(2\pi)^{-1}\mathrm{d}\arg(z_i(t))/\mathrm{d}t \tag{3-244}$$

非平稳信号能量主要集中于瞬时频率处，广泛用于信号识别、检测、估计和建模。

Hilbert 变换的脉冲响应及其传递函数为

$$h_H(t)=(\pi t)^{-1},\ H(\omega)=-\mathrm{i}\,\mathrm{sgn}(\omega)=\begin{cases}-\mathrm{i}, & \omega\geqslant 0\\ +\mathrm{i}, & \omega<0\end{cases} \tag{3-245}$$

Hilbert 反变换为

$$c_i(t)=H^{-1}(\tilde{c}_i(t))=\pi^{-1}\int_{-\infty}^{+\infty}c_i(t+\tau)/\tau\,\mathrm{d}\tau=h_1(t)*\tilde{c}_i(t) \tag{3-246}$$

式中，Hilbert 逆变换的脉冲响应为

$$h_1(t)=-(\pi t)^{-1} \tag{3-247}$$

因此，Hilbert 变换是一个正交滤波器

$$\tilde{c}_i(t)=c_i(t)*(\pi t)^{-1} \tag{3-248}$$

$c_i(t)$通过一个脉冲响应为 $h(t)=1/(\pi t)$的线性滤波器式(3-248)，即

$$\left|H(\omega)\right|=1,\ \ \varphi(\omega)=\begin{cases}-\pi/2, \omega\geqslant 0\\ +\pi/2, \omega<0\end{cases} \tag{3-249}$$

式中，正频分量移相为–90°，负频分量移相为+90°。

表 3-3 典型信号的 Hilbert 变换

典型信号	信号表示	Hilbert 变换
常数信号	A	0
正弦信号	$\sin(\omega t)$	$-\cos(\omega t)$
sinc 信号	$\sin(\omega t)/(\omega t)$	$(1-\cos(\omega t))/(\omega t)$
指数信号	$e^{i\omega t}$	$-i\ \mathrm{sgn}(\omega)e^{i\omega t}$
对称指数信号	$e^{-a\|t\|}$	$\frac{1}{\pi}\int_0^{\infty}\frac{2a}{a^2-\omega^2}\sin(\omega t)\mathrm{d}\omega$
方波脉冲信号	$p_a(\tau)=\begin{cases}1, \|t\|\leqslant a\\ 0, 其他\end{cases}$	$\pi^{-1}\ln\|(t+a)/(t-a)\|$
双极性脉冲信号	$p_a(t)\mathrm{sgn}(t)$	$-\pi^{-1}\ln\|1-a^2/t^2\|$
三角信号	$\mathrm{Tri}(t)=\begin{cases}1-\|t/a\|, \|t\|\leqslant a\\ 0, \quad \|t\|>a\end{cases}$	$-\frac{1}{\pi}\left(\ln\left\|\frac{t+a}{t-a}\right\|+\frac{t}{a}\left\|\frac{t^2}{t^2-a^2}\right\|\right)$
Cauchy 脉冲信号	$a/(a^2+t^2)$	$t/(a^2+t^2)$
Gaussian 脉冲信号	$e^{-\pi t^2}$	$\frac{1}{\pi}\int_0^{\infty}e^{-\omega^2/(4\pi)}\sin(\omega t)\mathrm{d}\omega$

1) Hilbert 谱分析

根据信号的 IMF 得其时变的幅度和瞬时频率后，有两种方法来表示信号的特征：①将得到的 m 个瞬时频率画在同一个时间-频率坐标平面，显示信号 $x(t)$的频率内容是如何随时间变化的。②将时变幅度和瞬时频率一起考虑，得到信号能量的时频分布，即 Hilbert 谱。

(1) 利用 Hilbert 变换，由式(3-242)得到$\varphi_i(t)$后，采用式(3-244)的差分方法得到瞬时频率$f_i(t)$。

(2) 对 IMF 分量 $c_i(t)=\cos(\varphi(t))$，且必须归一化，即$|c_i(t)|<1$，其正交分量是$\sqrt{1-c_i^2(t)}$，则相位函数为

$$\varphi_i(t)=\arctan\left(c_i(t)/\sqrt{1-c_i^2(t)}\right) \tag{3-250}$$

由 IMF 求解出瞬时幅度和瞬时频率，对 $c_i(t)$定义其幅度的时频分布为

$$H_i(t,\ f)=\begin{cases}a_i(t), & f=f_i(t)\\ 0, & f\neq f_i(t)\end{cases} \tag{3-251}$$

考虑所有 m 个 IMF 分量，则 $x(t)$的时频分布为

$$H(t,\ f)=\sum_{i=1}^{m}H_i(t,\ f) \tag{3-252}$$

同样，幅度取平方后，$H(t,\ f)$是 $x(t)$能量的时频分布。将上式的 $H(t,\ f)$相对时间积分，可得 Hilbert 谱的边际谱

$$h(f)=\int_0^T H(t,\ f)\mathrm{d}t \tag{3-253}$$

式中，$h(f)$表示信号的幅度或能量在频率 f 处的累加，即幅度或能量随频率分布。

边际谱提供了对每个频率总振幅的量测,表达了整个时间长度内累积的振幅。作为 Hilbert 边际谱的附加结果，可得 Hilbert 瞬时能量

$$\mathrm{IE}(t)=\int_f H^2(f,\ t)\mathrm{d}f \tag{3-254}$$

事实上，如果振幅的平方对时间积分，可得 Hilbert 能量谱

$$\mathrm{ES}(t)=\int_0^T H^2(f,\ t)\mathrm{d}t \tag{3-255}$$

Hilbert 能量谱提供对每个频率的能量的量测，表达了每个频率在整个时间长度内所累积的能量。设信号 $x(t)$的长度为 0～T，抽样频率是 f_s，则

(1) 时间轴上两点的间隔可取得很小，但不能小于抽样间隔 T_s，则时间轴的刻度可以是 0～N–1，N 是 $x(n)$的长度，即 N=T/T_s；

(2) 对频率轴，最大频率是 $f_s/2$，即 Nyquist 频率，对应圆周频率ω=π。假定选取频率轴的最大刻度是 M，则频率轴上的频率分辨率是 $f_s/(2M)$。瞬时频率靠差分实现，差分需要相位的多个数据点来实现，该数据点数最好包含一个振荡周期。则 M 为

$$M=f_s/(lT)=f_s/(lNT_s)=N/l \tag{3-256}$$

式中，l 为对应一个震荡或频率精度所需最小数，数据宽度为 lT_s。

2) 归一化 HHT

IMF 分量满足通过解析信号求解瞬时频率的必要条件，不能保证每一个 IMF 分量都满足 Bedrosian 定理。因此，对 IMF 分量做 Hilbert 变换得到解析信号，再求出的瞬时频率将存在误差。归一化 HHT 对一个已分解的 IMF 分量做进一步分解，即分解出包络和载波。具体步骤如下：

步骤 1，记 $x(t)$为一个分解出的 IMF 分量 $c_i(t)$。取 $x(t)$的绝对值，求出其局部

极值点，再用三次样条函数通过这些局部极值插值出包络 $e_1(t)$。

步骤 2，定义归一化的数据 $y_1(t)$为

$$y_1(t)=x(t)/e_1(t) \tag{3-257}$$

理论上，$y_1(t)$的局部极值点幅度都等于 1。实际上，某些点可能大于 1。

样条函数通过极值点来拟合出包络，在幅度变化较快的两个极值点之间，拟合出的包络可能在原数据点下方，使 $y_1(t)$的一些点大于 1。为了去除这种现象，可对 $y_1(t)$归一化

$$y_2(t)=y_1(t)/e_2(t),\ y_n(t)=y_{n-1}(t)/e_n(t) \tag{3-258}$$

一般 $n=3$ 次迭代后，$y_n(t)$的所有值都将小于或等于 1，从而实现了包络和载波的分离。最后，载波和包络分别为

$$F(t)=y_n(t)=\cos(\varphi(t)) \tag{3-259}$$

$$A(t)=x(t)/F(t)=e_1(t)e_2(t)\cdots e_n(t) \tag{3-260}$$

上述的包络和载波分解的结果为

$$x(t)=A(t)F(t)=A(t)\cos(\varphi(t)) \tag{3-261}$$

归一化过程是一种经验的或实验的过程，实现了包络和载波分离，使载波部分 $\cos(\varphi(t))$能准确反映相位，从而使其导数是真正的瞬时频率。信号的正交分量和相位函数分别为

$$\sin(\phi(t))=\sqrt{1-F^2(t)},\ \phi(t)=\arctan\left(F(t)/\sqrt{1-F^2(t)}\right) \tag{3-262}$$

3.4.8 GPR 信号振幅与相位特征的破碎带识别

破碎带通常是由地层的断裂、破裂或滑动形成的，其岩石结构疏松、强度低。当电磁波遇到与完整围岩介质不同的破碎带的接触面时，电磁波反射信号中的波形特征会发生变化，为探地雷达数据中的破碎带识别提供依据[35]。破碎带与完整围岩的岩性不同，二者的介电常数存在差异；破碎带的完整性是识别的关键特征，即破碎区域内部存在大量的空气裂隙，其变化规律可通过电磁波的反射波波信号反映，参见图 3-13。在实际应用中，反射系数可以近似表示为

$$R=\left(\sqrt{\varepsilon_1}-\sqrt{\varepsilon_2}\right)/\left(\sqrt{\varepsilon_1}+\sqrt{\varepsilon_2}\right) \tag{3-263}$$

式中，ε_1 和ε_2 分别为界面两侧介质的相对介电常数。上式可通过电磁波信号相位和振幅的变化对介质进行判断，判断依据为：①当界面的介电常数存在差异时，

反射波的振幅增大；②当电磁波由介电常数低的介质传入介电常数高的介质时，反射系数为负，反射波的相位与入射时相反；③当电磁波由介电常数高的介质传入介电常数低的介质时，反射系数为正，反射波的相位与入射时相同。

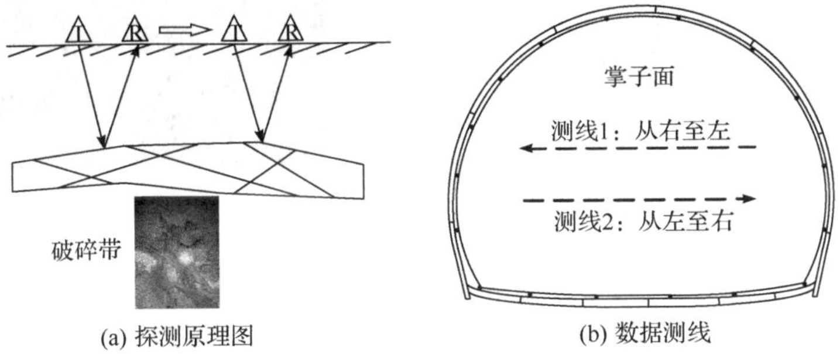

图 3-13　探地雷达检测破碎带原理

破碎带是地下结构中常见的地质体现象，且同相轴会显示出介质的边界，存在完整地质体周围表现为围岩性质发生突变，其特征是围岩较为破碎，岩性较差，参见图 3-14。电磁波在传播时会因传播距离增加而衰减，若振幅突然增大或者减小，则表示电磁波传播进破碎带中时电磁波的振幅会产生变化。振幅是电磁波能量强弱变化的体现，反射系数 R 与振幅 A 之间的表征关系为

$$|R| \propto A \tag{3-264}$$

介质交界面的介电常数差异越大，则波形的振幅值越大。破碎带信号的振幅与相位特征为电磁波在介质中传播时振幅会逐渐衰减，但在介电常数存在差异的位置会出现振幅增强的现象，图 3-14(a)为探地雷达数据的单道波形，可表现出振幅和相位的变化；从而根据破碎带的参数特征识别出破碎带区域，图 3-14(b)为该单道波形对应的二维图像位置。根据式(3-263)和式(3-264)，破碎带与完整岩体的介电常数存在差异，导致电磁波在传播至破碎带区域时的振幅增大。当电磁波在不同介电性质的介质中传播时，相位也会发生相应变化；或当介质的介电常数存在差异时，会引起反射系数的变化，引起信号的相位变化。当电磁波传播至破碎带时，由于破碎带与完整围岩的介电常数差异，电磁波与相对介电常数较小的介质进入相对介电常数较大的介质中，由式(3-264)计算得到反射系数为负，表现为反射波相位与初至波相位产生 180°的转动，即波形相位发生反相。通过电磁波传播至破碎带时的振幅和相位变化特征对雷达数据中的破碎带信号进行判别。

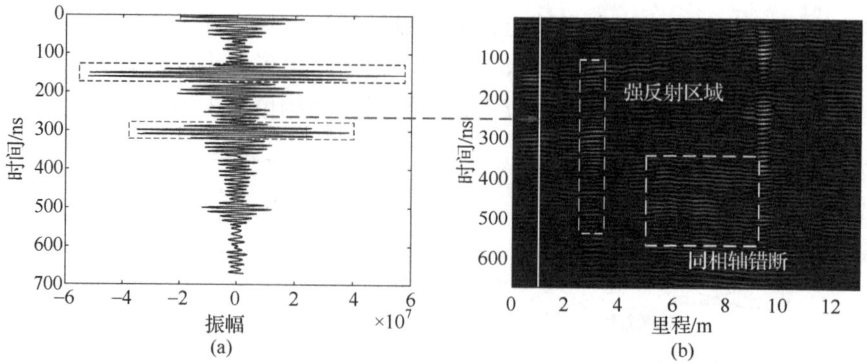

图 3-14　破碎带特征解译

实现破碎带振幅和相位的特征提取算法的伪代码如下。

算法：破碎带振幅和相位的特征提取

输入：采样道数 scansnum，正采样点走时 ppos{}，负采样点走时 npos{}，采样点正振幅 positivevalue{}，采样点负振幅 negativevalue{}

输出：破碎带特征点集合 break{}

```
Repeat
    For i = 1, 2, …, scansnum Do
        If negativevalue(i–1)< negativevalue(i)
            break{}记录 negativevalue{} and npos{}
        End If
    End For
    For i = 1, 2, …, scansnum Do
        If positivevalue (i–1) < positivevalue (i)
            break{}记录 positivevalue {} and npos{}
        End If
    End For
Until 查找完成整个采样点数组
```

图 3-15 中的深灰色部分代表破碎带识别结果，单道波形中显示出电磁波反射效果较差，同相轴连续性相对紊乱，局部错断、突增现象，局部振幅增强，表明该区域可能存在岩体破碎带。为保证判断结果可靠，使用破碎带识别算法，对采集数据中的单道波形进行特征提取，特征点满足电磁波进入破碎带时的特征参数

变化特性：相位变化，振幅增大以及高频成分显著。区域内部频繁出现同相轴错断的现象，其特征点分布不连续，识别结果杂乱，表明该区域内部裂隙较发育，岩体较破碎，稳定性较差，易导致隧道在施工时易出现坍塌、滑塌掉块。

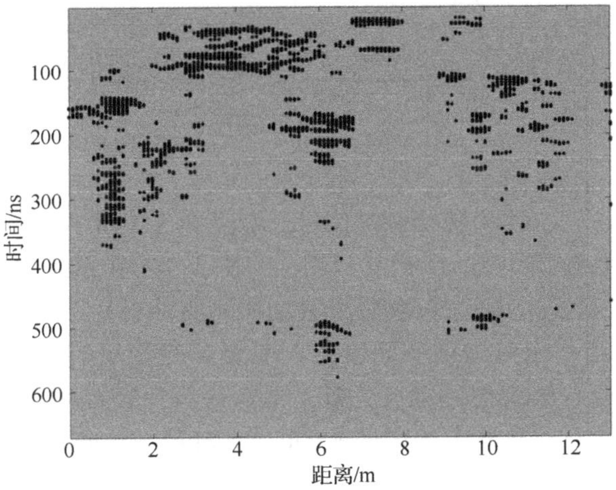

图 3-15　破碎带的识别

当电磁波在完整围岩和破碎带之间传播时，根据破碎带模型仿真数据显示结果，破碎带相较于其他介质表现为其内部介质的不均匀以及不密实，其内部存在空气裂隙，引起电磁波传播速度的变化，导致电磁波在传播至内部具有空气裂隙的破碎带时，破碎带比完整围岩有更高的主频率，由此对破碎带实现进一步的判别。实现破碎带的频率特征提取算法的伪代码如下。

算法：破碎带的频率特征提取

输入:备选破碎带区域 break{},未选定破碎带区域 unbreak{},采样道数 scansnum
输出：破碎带区域 finbreak{}

Repeat
　　For $i = 1, 2, \cdots$, scansnum **Do**
　　　　fft()时频转换 break{}, unbreak{};
　　　　If　fft(break{})与 fft(unbreak{})进行 Fmax 频率比较;
　　　　　　finbreak{}记录 break{};
　　　　End If
　　End For
Until 完成所有采样道筛选

3.4.9　基于 STFT 的ϕ-OTDR 多频分解相干衰落抑制算法

多频分解法从充分利用探测脉冲频谱成分的角度出发，通过 STFT 将单脉冲探测信号分解为等效多频脉冲探测信号，根据不同频率分解的信号起伏不同、衰落点分布各异的特点来抑制相干衰落[36]。在外差相干探测ϕ-OTDR 中，探测脉冲的瑞利散射光和本地光拍频后经光电探测转换为电中频信号，其复数形式可表示为

$$v(t)=f(t)*m(t) \tag{3-265}$$

式中，*为卷积运算，$m(t)$为脉冲调制信号，$f(t)$为外差相干探测ϕ-OTDR 系统的冲击响应。上式表明，探测信号 $v(t)$是外差相干探测ϕ-OTDR 系统 $f(t)$对调制脉冲 $m(t)$的响应，参见图 3-16(a)。通过频域分析可知探测脉冲有一个带宽反比于脉宽的频谱。为了充分利用整个频谱成分同时能在时域中对扰动信号定位及解调，利用 STFT 在时频域中对探测信号进行分析，多频分解原理如图 3-16(b)所示。假设 STFT 的窗函数 $g(t_w)$，这里 t_w 为窗函数的时间变量。滑动窗在时刻 t 截取的信号可表示为

$$\begin{aligned} v_w(t_w,\ t)&=v(t_w+t)g(t_w)=\left[v(t_w)*\delta(t_w+t)\right]g(t_w)\\ &=\left[f(t_w)*m(t_w)*\delta(t_w+t)\right]g(t_w)=\left[f(t_w)*m(t_w+t)\right]g(t_w) \end{aligned} \tag{3-266}$$

对截取信号 $v_w(t_w,\ t)$以 t_w 为变量进行 Fourier 变换可得频谱如下

$$\begin{aligned} V_e(f_w,\ t)&=\left[F(f_w)M(f_w)\mathrm{e}^{\mathrm{j}2\pi f_w t}\right]*G(f_w)\\ &=\int_{-\infty}^{\infty}\left[\int_{-\infty}^{+\infty}f(x)\mathrm{e}^{-\mathrm{j}2\pi rx}\,\mathrm{d}x\right]M(r)\mathrm{e}^{\mathrm{j}2\pi rt}G(f_w-r)\,\mathrm{d}r\\ &=\int_{-\infty}^{\infty}f(x)\left[\int_{-\infty}^{+\infty}M(r)G(f_w-r)\mathrm{e}^{\mathrm{j}2\pi r(t-x)}\,\mathrm{d}r\right]\mathrm{d}x\\ &=f(t)*\int_{-\infty}^{+\infty}M(r)G(f_w-r)\mathrm{e}^{\mathrm{j}2\pi rt}\,\mathrm{d}r=f(t)*m_e(f_w,\ t) \end{aligned} \tag{3-267}$$

式中，f_w 为在 STFT 中的频率变量，$M(f_w)$、$G(f_w)$和 $F(f_w)$分别是 $m(t_w)$、$g(t_w)$和 $f(t_w)$的 Fourier 变换。

对比式(3-265)和式(3-267)可知，系统 $f(t)$对常规调制脉冲 $m(t)$的响应信号 $v(t)$经 STFT 后可转换为系统 $f(t)$对等效调制脉冲 $m_e(f_e,\ t)$的响应信号 $V_e(f_w,\ t)$。对 $V_e(f_w,\ t)$中的频率变量 f_w 取不同的值可得到不同频率成分的分解信号，信号分解过程如图 3-16(b)所示。这些分解信号的幅度波动和衰落点位置分布都不相同，利用这些分解信号可有效抑制相干衰落。

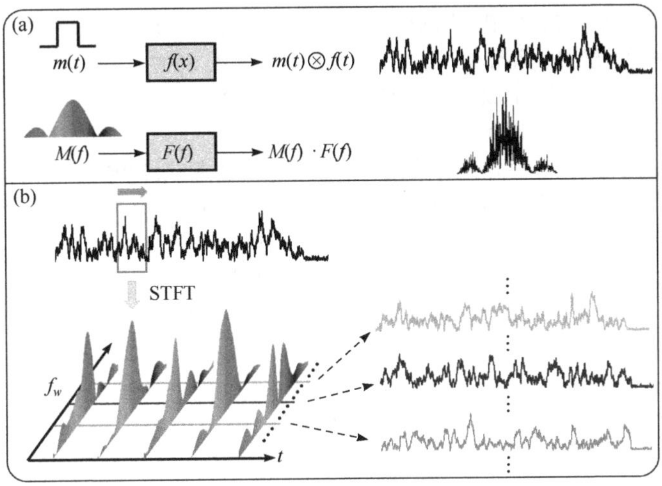

图 3-16　(a)外差相干ϕ-OTDR 系统对调制脉冲的时频域响应和(b)多频分解过程

实现ϕ-OTDR 多频分解相干衰落抑制算法的伪代码如下。

算法：ϕ-OTDR 多频分解相干衰落抑制算法

输入：外差相干探测ϕ-OTDR 的检测信号
输出：抑制相干衰落的检测信号

---

01 获取检测信号的复解析形式 $v(t)$
02 设置合适的滑动窗长对 $v(t)$实施短时傅里叶变换，获取等效调制脉冲 $m_e(f_e, t)$ 的响应信号 $V_e(f_w, t)$
03 沿着频率 f_W 提取若干频率下的等效探测信号
04 $V_e(f_{w1}, t)=V_e(f_w, t)|_{fw=fw1}$; $V_e(f_{w2}, t)=V_e(f_w, t)|_{fw=fw2}$; $V_e(f_{w3}, t)=V_e(f_w, t)|_{fw=fw3}$; ⋯
05 通过矢量旋转求和利用不同频率分解的信号起伏不同、衰落点分布各异的特点来抑制相干衰落
06 $V_e(t)=V_e(f_{w1}, t)\cdot e^{-j\varphi 1}+V_e(f_{w2}, t)\cdot e^{-j\varphi 2}+V_e(f_{w2}, t)\cdot e^{-j\varphi 3}+\cdots$

参考文献

[1] 曾周末，万柏坤．动态数据建模与处理．天津：天津大学出版社，2005.
[2] 张波，商豪．应用随机过程．4 版．北京：中国人民大学出版社，2016.
[3] 龚光鲁，钱敏平．应用过程教程及在算法和智能计算中的模型．北京：清华大学出版社，2004.
[4] 冯海林，薄立军．随机过程：技术与应用．西安：西安电子科技大学出版社，2012.

[5] 奚宏生. 随机过程引论. 合肥: 中国科学技术大学出版社, 2009.
[6] 陈木法, 毛永华. 随机过程导论. 北京: 高等教育出版社, 2007.
[7] 刘次华. 随机过程. 5 版. 武汉: 华中科技大学出版社, 2014.
[8] 林元烈. 应用随机过程. 北京: 清华大学出版社, 2002.
[9] 何迎晖, 钱伟民. 随机过程简明教程. 上海: 同济大学出版社, 2004.
[10] 李裕奇, 刘赪, 王沁. 随机过程. 4 版. 北京: 北京航空航天大学出版社, 2018.
[11] 韩东, 王桂兰, 等. 应用随机过程. 北京: 高等教育出版社, 2016.
[12] 胡奇英, 毛用才. 随机过程. 2 版. 西安: 西安电子科技大学出版社, 2017.
[13] 应坚刚, 金蒙伟. 随机过程基础. 2 版. 上海: 复旦大学出版社, 2017.
[14] 罗鹏飞, 张文明. 随机信号分析与处理. 北京: 清华大学出版社, 2012.
[15] Li C, Zhang Y, Wang L, et al, Recognition of rebar in ground-penetrating radar data for the second lining of a tunnel. Applied Sciences, 2023, 13(3203): 1-13.
[16] Li C, Li M, Zhao Y, et al, Layer recognition and thickness evaluation of tunnel lining in geological radar exploration. Journal of Applied Geophysics. 2011, 73(1): 45-48.
[17] 潘雄锋, 彭晓雪. 时间序列分析. 北京: 清华大学出版社, 2016.
[18] 白晓东. 应用时间序列分析. 北京: 清华大学出版社, 2017.
[19] 易丹辉. 时间序列分析: 方法与应用. 2 版. 北京: 中国人民大学出版社, 2018.
[20] 何书元. 应用时间序列分析. 北京: 北京大学出版社, 2003.
[21] 王燕. 应用时间序列分析. 4 版. 北京: 中国人民大学出版社, 2016.
[22] 张贤达. 时间序列分析: 高阶统计量方法. 北京: 清华大学出版社, 1996.
[23] 冀振元. 时间序列分析与现代谱估计. 哈尔滨: 哈尔滨工业大学出版社, 2016.
[24] 向新民. 谱方法的数值分析. 北京: 科学出版社, 2000.
[25] 肖先赐. 现代谱估计: 原理与应用. 哈尔滨: 哈尔滨工业大学出版社, 1991.
[26] 何平. 功率谱估计基础. 北京: 气象出版社, 2016.
[27] 郑治真, 张少芬. 瞬态谱估计理论及其应用. 北京: 地震出版社, 1993.
[28] 吴正国, 夏立, 尹为民. 现代信号处理技术: 高阶谱、时频分析与小波变换. 武汉: 武汉大学出版社, 2003.
[29] 张贤达. 现代信号处理. 3 版. 北京: 清华大学出版社, 2015.
[30] 卜雄洙, 吴健, 牛杰. 现代信号分析与处理. 北京: 清华大学出版社, 2018.
[31] 胡广书. 现代信号处理教程. 2 版. 北京: 清华大学出版社, 2015.
[32] 唐向宏, 李齐良. 时频分析与小波变换. 2 版. 北京: 科学出版社, 2016.
[33] 程正兴, 杨守志, 冯晓霞. 小波分析的理论、算法、进展和应用. 北京: 国防工业出版社, 2007.
[34] 范延滨, 潘振宽, 王正彦. 小波理论算法与滤波器组. 北京: 科学出版社, 2011.
[35] Li C, Wang H, Wang Y, et al, Recognition of tunnel fracture zones in seismic waves and ground-penetrating radar data. Applied Sciences, 2024, 24(1282): 1-15.
[36] Qian H, Luo B, He H, et al, Fading-free ϕ-OTDR with multi-frequency decomposition. IEEE Sensors Journal, 2022, 22(3): 2160-2166.

第 4 章　统计机器学习

1956 年，Dartmouth 会议讨论用机器来模仿人类学习以及其他方面的智能，拉开了 AI 发展的序幕。AI 学习是一个有特定目的的知识获取过程，内在行为是获取知识、积累经验直至发现规律；外部表现是改进性能、适应环境和系统自我完善。科学规律的发现通常是从其数量表现出发，通过统计分析发现线索，提出假设或学说，做进一步深入的理论研究，参见图 4-1。理论研究提出结论时，还需要在实践中加以验证。统计方法从事件的数量表现去推断事件规律，关注算法的渐近性。ML 侧重有限样本，结合计算机算力与人类智慧，发现被人类忽略的、有意义的模式或假设。概率成为 ML 的基础，ML 的主要目标是学习、处理和改进数学模型[1~7]。根据训练数据是否有标注，ML 可分为监督学习(supervised learning)、无监督学习(unsupervised learning)和半监督学习(semi-supervised learning)。

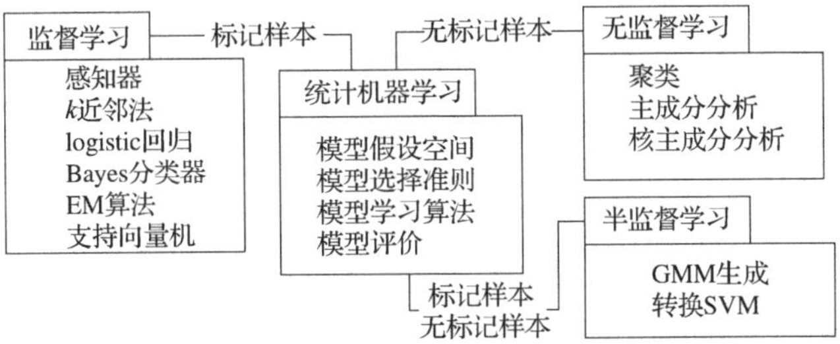

图 4-1　统计机器学习的数据关联

ML 使用算法来解析数据并从中学习，从而对真实世界中的事件做出决策和预测。ML 有 5 个主要发展脉络，参见图 4-2。

(1) 符号学派(symbolists)，侧重哲学、逻辑学和心理学，将学习视为逆向演绎。使用符号、规则和逻辑来表征知识，逻辑推理主要是基于规则的。解决问题的方法是使用预先存在的知识来填补空白，多以 If-Then 的方式解决问题。

(2) 联结学派(connectionists)，专注物理学和神经科学，研究大脑逆向工程。使用概率矩阵和加权神经元(neuron)来动态识别和归纳模式，如 NN。DL 基于学习数据表征，通过组合低层特征形成更抽象的高层表示属性或特征，以发现数据特征表示。深度学习在计算机视觉、自然语言处理和语音领域取得了重大成功。

(3) 进化学派(evolutionaries)，在遗传学和进化生物学基础上，生成变化，为特定目标获取最优结果，推动了机器人学和生物信息学的发展。

(4) Bayesian 学派，注重统计学、概率推理和 Bayesian 定理。获取事件发生的可能性来进行概率推理。从先验信念开始，基于收集一些数据更新先验，得到后验结果。再用更多的数据来处理后验，不断循环迭代，直至最终答案。

(5) 类推学派(analogizers)，关注心理学和数学优化来推断相似性判断。根据约束条件来优化函数。

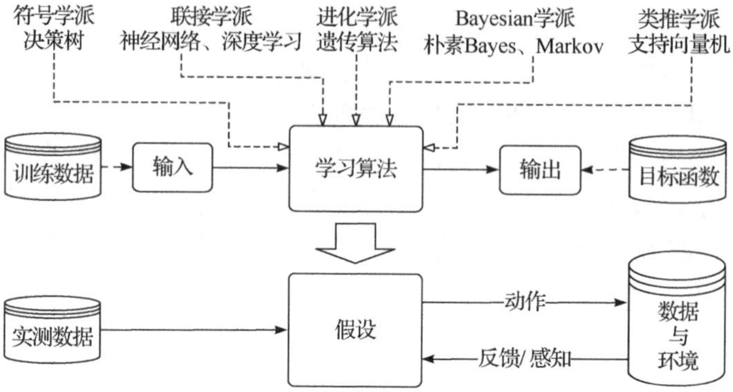

图 4-2　机器学习的类型

4.1　统计机器学习的基本概念

统计机器学习(statistical machine learning)以数理统计为数学基础，研究从经验数据中学习普适性规律、表现和潜在关系等。统计学习基于统计学、泛函分析等建立 ML 架构，通过找出预测性函数，解决潜在问题。对一些观察样本进行训练，尝试获得一些无法通过原理分析获得的隐藏规律，并进一步分析研究对象，从而更准确地预测未知数据[4~12]。统计机器学习的 8 个关键步骤如下：①问题分析，分析解决问题的目标、可行性和各类依赖项等。②数据分析，基于数据确定数据的价值，包括量级和分布等。③数据准备，准备数据集，比如训练集、测试集和验证集等。④特征提取，根据数据的价值和拟解决的问题，确定特征。⑤模型设计，根据输入和输出，确定选择的模型。⑥训练迭代，不断迭代直至收敛。⑦验证调优，验证模型的准确度，模型调优。⑧算法应用，利用学习的最优模型对新数据进行预测或分析。

ML 的对象是数据，从数据出发，提取数据特征，抽象数据模型，发现数据中的知识，实现对数据的分析与预测，参见图 4-3。根据输入数据和从这些数据中预期的答案，ML 学习出系统规则。这些规则可应用于新数据，能通过这些规则自主生成答案。对数据的预测可使计算机更加智能化，或使计算机的某些性能得到提高。通过构建概率统计模型，实现对数据的预测与分析，从而获取新知识，带来新发现。

ML 基于数据构建统计模型对数据进行预测与分析，包括模型假设空间、模型选择准则和模型学习算法等三要素，简称模型(model)、策略(strategy)与算法(algorithm)。

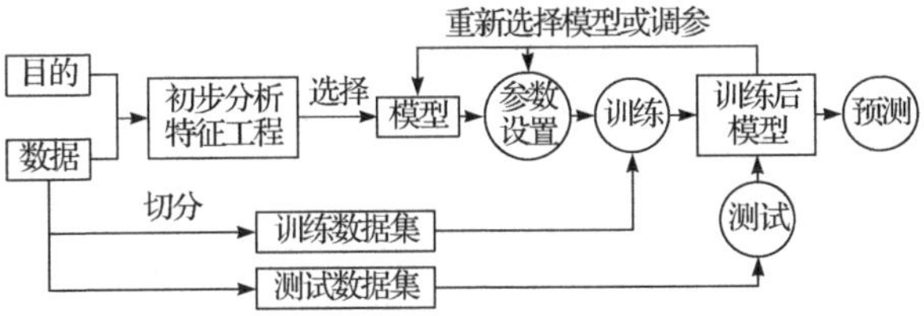

图 4-3　统计机器学习流程图

4.1.1　模型假设空间

模型通常利用后验概率或映射函数将数据从输入空间转化到输出空间。模型假设空间包含所有可能的条件概率分布或决策函数。在监督学习中，任务通过学习模型来预测输出，学习到的模型一般表示为决策函数 $Y=f(X)$或条件概率分布 $P(Y|X)$。ML 可分为以下两类模型：

(1) 生成式模型(generative model)，主要通过后验概率建模，从统计的角度表示数据的分布情况，找到每个类别的分布，再根据类别的分布情况确定样本的类别，能较好地反映同一类别数据的相似性。产生式模型统计数据分布情况，可通过增量学习不断迭代，无须每一次都用全量数据来训练模型。生成方法先由数据学习输入向量与输出向量的联合概率分布 $P(\boldsymbol{x},y)$，然后再求出条件概率分布 $P(y|\boldsymbol{x})$作为预测的模型，即生成模型

$$P\left(y|\boldsymbol{x}\right)=P\left(\boldsymbol{x},\ y\right)/P\left(\boldsymbol{x}\right) \tag{4-1}$$

式中，模型表示给定输入 $\boldsymbol{x}$ 产生输出 y 的生成关系。典型生成模型有 Gaussian 混合模型(Gaussian mixture model，GMM)和朴素 Bayesian 法等。生成方法可还原出联合概率分布 $P(\boldsymbol{x},\ y)$，以及用于存在隐变量的情况。当样本容量增加时，学到的模型可更快收敛于真实模型。

(2) 判别式模型(discriminative model)，直接面向判别问题建模，根据决策边界确定样本类别。判别式模型未能对同一类别的数据进行统计，不能反映数据本身的特征。判别方法由数据直接学习决策函数 $f(\boldsymbol{x})$或条件概率分布 $P(y|\boldsymbol{x})$作为预测

模型，将条件概率分布 $P(y|\boldsymbol{x})$转化为利用最大似然函数求解模型参数的最大化后验概率，对数据进行抽象、定义特征并使用特征，简化学习问题。典型判别模型包括 k 近邻法(k-nearest neighbor，k-NN)、logistic 回归(logistic regression)和 SVM 等。

生成式模型可通过转换得到判别式模型，但判别式模型不能转换为生成式模型。

4.1.2　模型选择准则

策略从假设空间挑选参数最优的模型准则。监督学习使训练集误差最小，参见图 4-4。模型复杂度增大，训练误差(training error)减小并趋于 0，测试误差(test error)先减小，达到最小值后又增大。选择复杂度适当的模型，使测试误差最小。

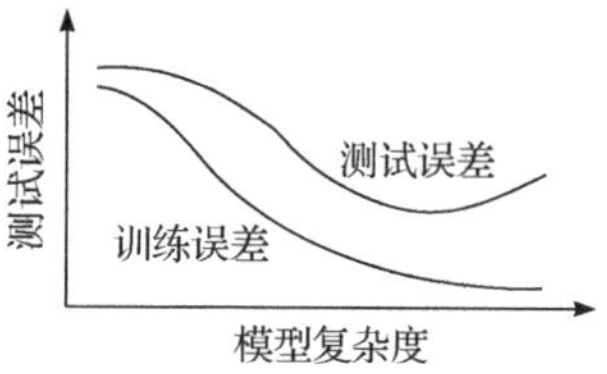

图 4-4　训练误差和测试误差与模型复杂度的关系

(1) 欠拟合(under-fitting)，训练模型在训练集上表现差，没有学到数据的规律。

(2) 过拟合(over-fitting)，在训练集上表现好，但在测试集上表现不好，推广泛化性能差。训练数据包含抽样误差，引起过拟合的主要原因如下：

① 模型复杂，拟合了训练样本集中的噪声，需选用更简单的模型。

② 训练样本太少或缺乏代表性，需增加样本数，或增加样本的多样性。

③ 训练样本噪声的干扰，导致模型拟合了噪声，从而使得分类(classification)曲线的形状非常复杂，导致在真实测试时会产生错误分类。

学习方法的泛化能力是指由该方法学习到的模型对未知数据的预测能力。泛化误差(generalization error)是所学模型的期望风险，可分解成偏差和方差。假设样本特征向量为 $\boldsymbol{x}$，标签值为 y，拟合的目标函数为 $f(\boldsymbol{x})$，算法拟合函数为 $\hat{f}(\boldsymbol{x})$，则模型总体误差可表示为偏差-方差分解公式

$$E\left(\left(y-\hat{f}(\boldsymbol{x})\right)^2\right)=\text{bias}^2\left(\hat{f}(\boldsymbol{x})\right)+\text{var}\left(\hat{f}(\boldsymbol{x})\right)+\sigma^2 \tag{4-2}$$

式中，噪声项 σ^2 表示当前任务上学习算法所能达到的期望泛化误差下界，反映学习问题的难度。偏差和方差分别为

$$\text{bias}\left(\hat{f}(\boldsymbol{x})\right)=R_{\text{exp}}\left(\hat{f}(\boldsymbol{x})\right)=E\left(\hat{f}(\boldsymbol{x})-f(\boldsymbol{x})\right) \tag{4-3}$$

$$\text{var}\left(\hat{f}(\boldsymbol{x})\right)=E\left(\hat{f}^2(\boldsymbol{x})-f^2(\boldsymbol{x})\right)-E^2\left(\hat{f}(\boldsymbol{x})\right) \tag{4-4}$$

偏差式(4-3)度量了学习算法的期望预测与真实结果的偏离程度，反映学习算法的

拟合能力，高偏差会导致欠拟合问题。方差式(4-4)度量了训练集变动所导致的学习性能的变化，反映数据扰动所造成的影响，高方差表示算法对训练样本集中的随机噪声进行建模，会导致过拟合问题。样本标签值由目标函数和随机噪声决定

$$y = f\left(\boldsymbol{x}\right) + \varepsilon \tag{4-5}$$

式中，ε为随机噪声，均值为0，方差为σ^2，$\mathrm{var}(y)=\delta^2$。偏差-方差表明，泛化性能是由学习算法能力、数据充分性和学习任务本身的难度共同决定的。但偏差与方差有冲突，参见图 4-5，假定能控制学习算法的训练程度，需在偏差和方差之间做折中。

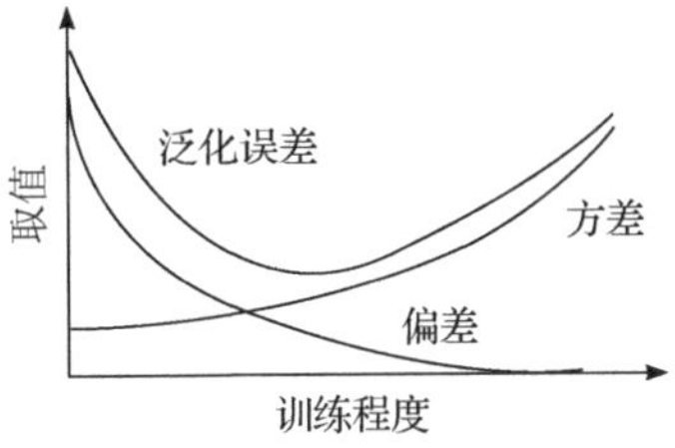

图 4-5　泛化误差与偏差、方差的关系示意图

模型分类或预测结果与实际情况的误差(损失函数)越小，模型越好。为降低模型复杂性，提高模型泛化能力，避免过拟合发生，通常加正则化项，参见表 4-1。正则化技术通过引入更多信息以解决不适定问题或防止过拟合问题发生，减小学习算法的测试误差(泛化误差)而非调整训练误差，是模型泛化的补充技术。ML 从假设空间中选取最优模型，其中，损失函数度量模型一次预测的好坏，风险函数度量平均意义下模型预测的好坏。

表 4-1　模型评价函数

概念		符号	作用
目标函数		J	度量模型拟合的最终目标
误差函数		ε	根据函数与目标的一致性为模型预测分配惩罚
损失/代价函数		L	模型预测值与真实输出值之间的差异
风险函数	期望风险	L'，R_{exp}	损失函数的期望
	经验风险	$\hat{L}$，R_{emp}	真实输出值在训练集上的平均损失
	结构风险	$J(f)$	经验风险与模型复杂度的结合，模型复杂度
正则化项		R	降低模型复杂度

1) 损失函数

若选取模型 f 作为决策函数，给定输入 x，由 $f(x)$给出相应输出，该输出预测值 $f(x)$与真实值 y 可能一致也可能不一致，可用一个损失函数或代价函数来度量预测错误的程度。损失函数 $L(y, f(x))$是 $f(x)$和 y 的非负实值函数，参见表 4-2。

表 4-2　机器学习中常用的损失函数

损失函数	函数表达式	描述
0-1 损失函数	$L(y, f(x))=\begin{cases}1, & y \neq f(x)\\ 0, & y=f(x)\end{cases}$	直接对应分类判断错误的个数，但它是一个非凸函数，感知器采用类似的损失函数
L_1 损失函数	$L_1(y, f(x))=\|y-f(x)\|$	目标值 y 与估计值 $f(x)$ 的绝对差值的总和最小化
L_2 损失函数	$L(y, f(x))=(y-f(x))^2$	目标值 y 与估计值 $f(x)$ 绝对差值的平方和最小化。L_1 损失函数比 L_2 损失函数的鲁棒性好，L_2 损失函数具备稳定解，L_1 损失函数不具备稳定解且可能存在多解
Smooth L_1 损失函数	$\text{smooth}_{L_1}=\begin{cases}0.5x^2, & \|x\|<1\\ \|x\|-0.5, & 其他\end{cases}$	L_1 损失函数在 0 点处导数不唯一，可能影响收敛。Smooth L_1 损失函数是在 0 点附近使用平方函数使它更加平滑
对数损失函数	$L(y, p(y\|x))=-\log p(y\|x)$	能非常好地表征概率分布，可用于计算属于每个类别的置信度、逻辑回归，但鲁棒性不强，对噪声较为敏感
指数损失函数	$L(y, f(x))=\mathrm{e}^{-yf(x)}$	对离散点、噪声非常敏感，可用于 AdaBoost 算法
Hinge 损失函数	$L(y, f(x))=\max(0,1-yf(x))$	Hinge 损失函数分类正确，则损失为 0，否则为 $1-yf(x)$。鲁棒相对较高，对异常点、噪声不敏感，可用于 SVM
感知损失函数	$L(y, f(x))=\max(0,-f(x))$	只要样本的判定类别正确，感知损失函数就满意。模型的泛化能力没有 Hinge 损失函数强

2) 风险函数

模型的输入、输出(x, y)是随机变量，风险函数(risk function)或期望损失(expected loss)定义为理论模型$f(x)$关于联合分布$P(x, y)$的平均意义下的损失

$$R_{\exp}(f)=E_p(L(y, f(x)))=\int_{X\times Y} L(y, f(x))P(x, y)\mathrm{d}x\mathrm{d}y \tag{4-6}$$

由于联合分布$P(x, y)$未知，$R_{\exp}(f)$不能直接计算。期望风险最小学习模型要用到未知的联合分布，所以监督学习就成为一个病态问题。

给定一个训练数据集$D=\{(x_1, y_1), \cdots, (x_N, y_N)\}$，模型$f(x)$关于训练数据集的平均损失称为经验风险或经验损失

$$R_{\text{emp}}(f)=\frac{1}{N}\sum_{l=1}^{N} L(y_i, f(x_i)) \tag{4-7}$$

期望风险$R_{\exp}(f)$是模型关于联合分布的期望损失，经验风险$R_{\text{emp}}(f)$是模型关于训练样本集的平均损失。当样本容量$N\to\infty$时，$R_{\text{emp}}(f)\to R_{\exp}(f)$。但现实训练样本数目有限，需对经验风险进行矫正，即监督学习的两个基本策略：经验风险最

小化(empirical risk minimization，ERM)和结构风险最小化(structural risk minimization，SRM)。

(1) 假设空间 F、损失函数和训练数据集确定时，ERM 模型为

$$R_{\mathrm{ERM}} = \min_{f \in F} \frac{1}{N} \sum_{i=1}^{N} L\left(y_i,\ f\left(x_i\right)\right) \tag{4-8}$$

当样本容量足够大时，ERM 能保证好的学习效果，在现实中被广泛采用。当模型是条件概率分布，损失函数是对数损失函数时，ERM 等价于 MLE。

(2) 假设空间、损失函数和训练数据集确定时，SRM 模型为

$$R_{\mathrm{SRM}}(f) = \min_{f \in F} \frac{1}{N} \sum_{i=1}^{N} L\left(y_i,\ f\left(x_i\right)\right) + \lambda J(f) \tag{4-9}$$

式中，$J(f)$为模型复杂度，表示对复杂模型的惩罚。$\lambda \geqslant 0$ 是系数，权衡经验风险和模型复杂度。结构风险小的模型往往对训练数据以及未知的测试数据都有较好的预测。当模型由条件概率分布、损失函数是对数损失函数、模型复杂度由模型先验概率表示时，SRM 等价于 Bayesian 估计的最大后验概率估计(maximum a posterior estimation，MAP)。

4.1.3　模型学习算法

ML 基于训练数据集，根据学习策略，从假设空间中选择最优模型。ML 问题归结为最优化问题[13~20]，包括定义目标函数，确定如何对目标函数进行求解。17 世纪，Newton 和 Leibniz 在创建的微积分中，提出求解多自变量的实值函数的最大值和最小值方法；1733 年，Euler 的《变分原理》提出变分法。1788 年，Lagrange 的《分析力学》使力学成为数学分析的分支，把变分原理和最小作用原理具体化，而且用纯分析方法进行推理，成为 Lagrange 方法。1801 年，Gauss 发明最小二乘法(least squares，LS)计算谷神星轨道；1805 年，Legendre 提出最小二乘估计；1809 年，Gauss 推证误差概率定律。LS 基于误差平方和最小化的参数估计，广泛应用于科学实验、科学计算、数据拟合和方程组求解等。大多数 ML 算法利用最优化方法(optimization methods)来确定模型参数。最优化问题的求解可分为两种：①求函数的极值，其优化变量是整数或实数；②寻找某一函数，使泛函的值最大化或最小化，比如变分法。模型的输入输出是某种映射函数，作为初始模型的映射函数包含一组待定未知参数，可使用目标函数进行优化计算获得参数值。最优化问题可表达为求函数极小值

$$\begin{aligned} &\min f(\boldsymbol{x}),\ \text{s.t.} \\ &c_i(\boldsymbol{x}) = 0,\ i \in E = \{1, \cdots,\ l\};\ c_i(\boldsymbol{x}) \geqslant 0,\ i \in I = \{l+1, \cdots,\ l+m\} \end{aligned} \tag{4-10}$$

式中，决策变量 $\boldsymbol{x}=[x_1, \cdots, x_n]\in\mathbf{R}^n$；目标函数 f：$\mathbf{R}^n\to\mathbf{R}^1$；约束函数 c_i：$\mathbf{R}^n\to\mathbf{R}^1$ 为连续函数，通常要求连续可微，当 $i=1, \cdots, l$ 时，$c_i(\boldsymbol{x})$为等式约束；当 $i=l+1, \cdots, l+m$ 时，$c_i(\boldsymbol{x})$为不等式约束。若上式问题无约束条件，则为无约束最优化问题。

1939 年，Karush 考虑约束优化的最优性条件。1951 年，Kuhn 和 Tucker 给出 KKT 定理。Lagrange 函数定义为

$$L(\boldsymbol{x}, \lambda, \nu)=f(\boldsymbol{x})+\sum_{i=1}^{l}\lambda_i c_i(\boldsymbol{x})+\sum_{j=l+1}^{l+m}\mu_j c_j(\boldsymbol{x}) \tag{4-11}$$

式中，λ和μ为 Lagrange 乘子。最优解 x^*满足如下 KKT 条件

$$\nabla_x L(\boldsymbol{x}^*)=0,\ \mu_j\geqslant 0,\ \mu_j c_j(\boldsymbol{x}^*)=0,\ c_i(\boldsymbol{x}^*)=0,\ c_j(\boldsymbol{x}^*)\geqslant 0 \tag{4-12}$$

式中，$\mu_j c_j(\boldsymbol{x}^*)=0$ 为 KKT 的对偶互补条件，若$\mu_j>0$，则 $c_j(\boldsymbol{x}^*)=0$。KKT 条件是取得极值的必要条件而不是充分条件。

(1) 岭回归(ridge regression)算法是在平方误差的基础上增加 L_2 正则项

$$L=\sum_{i=1}^{m}\left(y^{(i)}-\sum_{j=0}^{n}W_j x_j^{(i)}\right)^2+\lambda\sum_{j=0}^{n}W_j^2 \tag{4-13}$$

式中，$\lambda>0$。通过确定λ的值使得在方差和偏差之间达到平衡：随着λ增大，模型方差减小而偏差增大。令 $\boldsymbol{I}$ 是单位矩阵，对 $\boldsymbol{W}$ 求导并令其为 0，则 $\boldsymbol{W}$ 的值为

$$\hat{\boldsymbol{W}}=\left(\boldsymbol{X}^{\mathrm{T}}\boldsymbol{X}+\lambda\boldsymbol{I}\right)^{-1}\boldsymbol{X}^{\mathrm{T}}\boldsymbol{Y} \tag{4-14}$$

(2) 最小绝对收缩和选择算子(least absolute shrinkage and selection operator, LASSO)算法采用 L_1 正则，在平方误差的基础上增加 L_1 正则

$$L=\sum_{i=1}^{m}\left(y^{(i)}-\sum_{j=0}^{n}W_j x_j^{(i)}\right)^2+\lambda\sum_{j=0}^{n}\left|W_j\right| \tag{4-15}$$

式中，$\lambda>0$。通过确定λ的值在方差和偏差之间达到平衡：随着λ增大，模型方差减小而偏差增大。LASSO 的损失函数在 $W_j=0$ 处是不可导的。

(3) ElasticNet 算法将 LASSO 回归和岭回归组合成一个具有两种惩罚因素的单一模型，既有 LASSO 回归的稀疏，又具有岭回归提供的正则化能力，损失函数为

$$L=\sum_{i=1}^{m}\left(y^{(i)}-\sum_{j=0}^{n}W_j x_j^{(i)}\right)^2+\alpha\beta\sum_{j=0}^{n}\left|W_j\right|+2^{-1}\alpha(1-\beta)\sum_{j=0}^{n}W_j^2 \tag{4-16}$$

由于 L_1 和 L_2 范数的平衡作用，ElasticNet 避免了相关特征的选择性排除。

(4) Huber 回归基于 Huber 损失(对单个样本)

$$L=\begin{cases}2^{-1}\left\|\boldsymbol{r}(\boldsymbol{x})\right\|_2^2, & \left|\boldsymbol{r}(\boldsymbol{x})\right|\leqslant t_H\\ t_H\left|\boldsymbol{r}(\boldsymbol{x})\right|-2^{-1}t_H, & \text{其他}\end{cases} \tag{4-17}$$

式中，t_H 基于目标和预测之间的距离阈值，使损失函数从平方误差切换到绝对误差。对异常值，损失从二次转变为线性。对全局函数贡献减少，即使存在异常值，超平面也将保持更接近大多数点。必须正确选择参数 t_H，非常小(或非常大)的值将使损失函数几乎总是偏好一个度量(二次或线性)，包括由于这两项共存的影响。

对偶将一个最优化问题转化为另外一个更容易求解的等价问题，当原问题为

$$p^*=\min_{\boldsymbol{x}}\max_{\boldsymbol{\lambda},\ \boldsymbol{v},\ \lambda_i\geqslant 0}L(\boldsymbol{x},\ \boldsymbol{\lambda},\ \boldsymbol{v})=\min_{\boldsymbol{x}}\theta_P(\boldsymbol{x}) \tag{4-18}$$

式中，最优解为 p^*；第一个等式右边的含义是先固定变量 $\boldsymbol{x}$，让 Lagrange 函数对乘子变量 $\boldsymbol{\lambda}$ 和 $\boldsymbol{v}$ 求最大值；消掉变量 $\boldsymbol{\lambda}$ 和 $\boldsymbol{v}$ 之后，再对变量 $\boldsymbol{x}$ 求最小值。

对偶问题先固定 Lagrange 乘子 $\boldsymbol{\lambda}$ 和 $\boldsymbol{v}$，调整 $\boldsymbol{x}$ 让 Lagrange 函数对 $\boldsymbol{x}$ 求极小值；然后再调整 $\boldsymbol{\lambda}$ 和 $\boldsymbol{v}$ 对函数求极大值。定义对偶问题及其最优解 d^* 为

$$d^*=\max_{\boldsymbol{\lambda},\ \boldsymbol{v},\ \lambda_i\geqslant 0}\min_{\boldsymbol{x}}L(\boldsymbol{x},\ \boldsymbol{\lambda},\ \boldsymbol{v})=\max_{\boldsymbol{\lambda},\ \boldsymbol{v},\ \lambda_i\geqslant 0}\theta_D(\boldsymbol{\lambda},\ \boldsymbol{x}) \tag{4-19}$$

若原问题和对偶问题有最优解，则对偶问题的最优值不大于原问题的最优值

$$d^*=\max_{\boldsymbol{\lambda},\ \boldsymbol{v},\ \lambda_i\geqslant 0}\min_{\boldsymbol{x}}L(\boldsymbol{x},\ \boldsymbol{\lambda},\ \boldsymbol{v})\leqslant\min_{\boldsymbol{x}}\max_{\boldsymbol{\lambda},\ \boldsymbol{v},\ \lambda_i\geqslant 0}L(\boldsymbol{x},\ \boldsymbol{\lambda},\ \boldsymbol{v})=p^* \tag{4-20}$$

原问题最优值和对偶问题最优值的差 p^*-d^* 为对偶间隙。若原问题和对偶问题有相同的最优解，可把求解原问题转化为求解对偶问题。Slater 条件是强对偶成立的充分条件：一个凸优化问题如果存在一个候选 $\boldsymbol{x}$ 使得所有不等式约束都是严格满足，即 $g_i(\boldsymbol{x})<0$，则存在 $\boldsymbol{x}^*$、$\boldsymbol{\lambda}^*$ 和 $\boldsymbol{v}^*$ 使得它们分别为原问题和对偶问题的最优解，且

$$p^*=d^*=L(\boldsymbol{x}^*,\ \boldsymbol{\lambda}^*,\ \boldsymbol{v}^*) \tag{4-21}$$

针对目标函数(通常是损失函数)，需要关注以下两个问题：

① 目标函数设计的合理性。目标函数代表模型目标，设计时应与目标强相关，甚至直接体现模型目标，但是需要有合理的梯度，可被求解。

② 准确率是对目标函数的间接性度量，精准有效的目标函数可以明显地提升准确率，但在关注准确率之前，应更重视目标函数的设计。

因此，损失函数一定要符合业务的要求，并且结构风险应尽可能小。

1) 模型拟合

模型拟合是找到一个函数 f，使之逼近输入到期望输出 $f(x)$ 的期望映射。一个

给定的输入 x 可以有一个相关的目标 y，即真实输出值，它直接或间接指定了期望输出 $f(x)$。具有可用目标 y 的一个典型例子就是有监督学习。通常，损失函数 L 写成期望风险 L'的形式

$$L' = E_{(x,\ y)\sim P}\left(\varepsilon\left(f_w(x),\ y\right) + R(\cdots)\right) \tag{4-22}$$

式中，误差函数ε依赖于目标 y，根据函数与目标的一致性为模型预测分配惩罚。正则化项 R 根据除目标以外的其他标准(如权重)为模型分配惩罚。

数据样本的概率分布 $P(x, y)$未知，无法直接实现期望风险最小化。可从已知分布集合中采样得到训练集 T，通过经验风险 $\hat{L}$ 最小化来近似期望风险 L'最小化

$$\arg\min_{w} \frac{1}{\mathrm{card}(T)} \sum_{(x_i,\ y_i)\in D} \varepsilon\left(f_w(x),\ y\right) + R(\cdots) \tag{4-23}$$

2) 泛化误差上界

通过比较学习方法的泛化误差上界来比较优劣。当样本容量增加时，泛化上界趋于 0。假设空间容量越大，模型就越难学，泛化误差上界就越大。对二类分类，已知训练数据集 $D=\{(\boldsymbol{x}_1, y_1), \cdots, (\boldsymbol{x}_N, y_N)\}$是联合概率分布 $P(\boldsymbol{x}, y)$独立同分布产生的，$\boldsymbol{x}\in\mathbf{R}^n$，$y\in\{-1, +1\}$。假设空间是函数的有限集 $F=\{f_1, \cdots, f_d\}$，d 是函数个数。设 f 是从 F 中选取的函数。关于 f 的期望风险和经验风险为

$$R(f) = E\left(L\left(y,\ f(\boldsymbol{x})\right)\right),\quad \hat{R}(f) = N^{-1}\sum_{i=1}^{N} L\left(y_i,\ f(\boldsymbol{x}_i)\right) \tag{4-24}$$

ERM 函数为

$$f_N = \arg\min_{f\in F} \hat{R}(f) \tag{4-25}$$

f_N的泛化能力为

$$R(f_N) = E\left(L\left(y,\ f_N(\boldsymbol{x})\right)\right) \tag{4-26}$$

对任意一个函数 $f\in F$，以下不等式

$$R(f) \leqslant \hat{R}(f) + \varepsilon(d,\ N,\ \delta) \tag{4-27}$$

以概率 $1-\delta$成立。$R(f)$是泛化误差。右端为泛化误差上界，$\hat{R}(f)$ 是训练误差，训练误差越小，泛化误差也越小。$\varepsilon(d, N, \delta)$是 N 的单调递减函数，当 $N\to\infty$时趋于 0。假设空间 F 包含的函数越多，其值越大。其中，$\varepsilon(d, N, \delta)$定义为

$$\varepsilon(d,\ N,\ \delta) = \sqrt{(\log d - \log\delta)/(2N)} \tag{4-28}$$

3) 常用损失函数

(1) 交叉熵(cross entropy)损失函数

$$L=-\left(y\log\hat{y}+(1-y)\log(1-\hat{y})\right) \tag{4-29}$$

式中，y 是预测的输出值，$\hat{y}$ 是期望的输出。交叉熵损失函数能很敏感地反映分类效果的差异，实现精确量化，常结合 sigmoid 或 softmax 函数。

(2) Focal 损失函数，针对数据分布不平衡导致训练困难问题，在交叉熵损失函数的基础上引入调节权重因子的超参γ，使模型更关注难的分类。如二分类的 Focal 损失函数

$$L=-y(1-p)^{\gamma}\log p-(1-y)p^{\gamma}\log(1-p) \tag{4-30}$$

式中，p 是 y 为正样本时的预测概率。当$\gamma>0$ 且为正样本时，$(1-p)^{\gamma}$会更小，此时损失函数的值会变得更小，通过γ可减少易分类样本的损失，使模型更关注难的样本。

(3) Dice 损失函数源于二分类领域中的 Dice 系数，衡量两个样本的重叠部分。该指标范围从 0 到 1，其中 1 表示完整的重叠，即

$$\text{Dice}=2\text{card}(A\cap B)/\left(\text{card}(A)+\text{card}(B)\right) \tag{4-31}$$

式中，card(·)表示集合中的元素个数。Dice 系数是一种集合相似度度量函数，两个集合越相似，则 Dice 系数越大。将此衡量相似度的方法衍生到损失函数，得

$$\text{DiceLoss}=1-2\text{card}(A\cap B)/\left(\text{card}(A)+\text{card}(B)\right) \tag{4-32}$$

两个集合越相似，损失函数的值越小。若两个集合完全相同，则损失函数的值为 0。

(4) 对比损失(contrastive loss)函数可表示为

$$L\left(y,\ d_{X_1,\ X_2}\right)=2^{-1}y\left(d_{X_1,\ X_2}\right)^2+2^{-1}(1-y)\left(\max\left(0,\ m-d_{X_1,\ X_2}\right)\right)^2 \tag{4-33}$$

式中，$y=\{0,1\}$为输出，$d_{X_1,\ X_2}$ 为输入 X_1 和 X_2 的 Euclidean 距离(Euclidean distance)，m 为设定的距离阈值。

当样本相似时，$y=1$，对比损失函数为

$$L_1=2^{-1}y\left(d_{X_1,\ X_2}\right)^2 \tag{4-34}$$

Euclidean 距离越大，损失越大，模型越不好。反之，越符合样本相似情况。

当非同一个样本时，$y=0$，对比损失函数为

$$L_0=2^{-1}(1-y)\left(\max\left(0,\ m-d_{X_1,\ X_2}\right)\right)^2 \tag{4-35}$$

两者的 Euclidean 距离越小，损失值越大。反之，则损失值越小。当超过距离阈值

m 时，则意味着损失值为 0。因此，对比损失函数只考虑了大小范围为 m 的值。

对比损失函数很好地协调了对比过程中的相似和不相似的约束，使模型训练能够按照指定的优化方向进行，达到对图像或文本的对比区分。

4.1.4 模型评价

ML 的目的是使学到的模型不仅对已知数据，而且对未知数据都能有很好的预测能力。通常将学习方法对未知数据的预测能力称为泛化能力。不同的学习方法会给出不同的模型，当损失函数给定时，可采用基于损失函数的模型的训练误差和模型的测试误差。

1) 训练误差与测试误差

假设学习到的模型是 $y=\hat{f}(x)$，训练误差是模型关于训练数据集的平均损失

$$R_{\mathrm{emp}}\left(\hat{f}\right)=\frac{1}{N}\sum_{i=1}^{N}L\left(y_i,\ \hat{f}\left(x_i\right)\right) \tag{4-36}$$

式中，N 是训练样本容量。

测试误差反映了学习方法对未知的测试数据集的预测能力

$$e_{\mathrm{test}}=\frac{1}{N'}\sum_{i=1}^{N'}L\left(y_i,\ \hat{f}\left(x_i\right)\right) \tag{4-37}$$

式中，N'是测试样本容量。

当损失函数是 0-1 损失时，测试数据集的误差率和准确率分别为

$$e_{\mathrm{test}}=\frac{1}{N'}\sum_{i=1}^{N'}I\left(y_i\neq\hat{f}\left(x_i\right)\right),\quad r_{\mathrm{test}}=\frac{1}{N'}\sum_{i=1}^{N'}I\left(y_i=\hat{f}\left(x_i\right)\right),\quad r_{\mathrm{test}}+e_{\mathrm{test}}=1 \tag{4-38}$$

式中，$I(\cdot)$是指示函数，为真时为 1，否则为 0。测试误差小的方法具有更好的预测能力。

2) 评估方法

通过实验测试对学习器的泛化误差进行评估并做出选择。使用测试集来测试学习器对新样本的判别能力，以测试集上的测试误差作为泛化误差的近似。假设测试样本是从样本真实分布中独立同分布采样而得，但测试集应尽可能与训练集互斥。

(1) 留出(hold-out)法，将数据集 D 划分为两个互斥的集，在训练集 S 训练模型时，用测试集 T 评估其测试误差，作为对泛化误差的估计。通常，将 2/3~4/5 的样本用于训练，剩余样本用于测试。在给定训练/测试集的样本比例后，仍存在多种划分方式对初始数据集 D 进行分割。一般采用若干次随机划分、重复实验评估后取平均值作为留出法的评估结果。

(2) 交叉验证法，把给定的数据进行切分，将切分的数据集组合为训练集与测试集，在此基础上反复地进行训练、测试以及模型选择。

① 简单交叉验证，首先随机将数据分为训练集(如 70%)和测试集(如 30%)两个部分。然后用训练集在各种条件下(不同的参数个数)训练模型，得到不同模型。在测试集上评价各个模型的测试误差，选出测试误差最小的模型。

② k-折交叉验证，初始数据随机分成 k 个互不相交的子集或折 D_1，…，D_k，每个折的大小大致相等。训练和检验进行 k 次，第一次迭代，子集 D_2，…，D_k 为训练集，得第一个模型，在 D_1 上检验。以此类推，每个样本用于训练的次数为 $k-1$，用于检验一次。对于分类，准确率估计是 k 次迭代正确分类的元组总数除以初始数据中的元组总数。一般使用具有相对较低的偏倚和方差的 10-折交叉验证估计准确率。

③ 统计显著性检验选择模型，对 10-折交叉验证的第 i 轮，使用相同的交叉验证划分得 M_1 和 M_2 的错误率 $\mathrm{err}(M_1)_i$ 和 $\mathrm{err}(M_2)_i$，以及平均错误率 $\overline{\mathrm{err}}(M_1)$ 或 $\overline{\mathrm{err}}(M_2)$。两个模型差的方差为 $\mathrm{var}(M_1-M_2)$。t-检验计算 k 个样本具有 $k-1$ 自由度的 t-统计量为

$$t=\left(\overline{\mathrm{err}}\left(M_1\right)-\overline{\mathrm{err}}\left(M_2\right)\right)\Big/\sqrt{\mathrm{var}\left(M_1-M_2\right)/k} \tag{4-39}$$

式中

$$\mathrm{var}\left(M_1-M_2\right)=\frac{1}{k}\sum_{i=1}^{k}\left(\mathrm{err}\left(M_1\right)_i-\mathrm{err}\left(M_2\right)_i-\left(\overline{\mathrm{err}}\left(M_1\right)-\overline{\mathrm{err}}\left(M_2\right)\right)\right)^2 \tag{4-40}$$

计算 t 并选择显著水平 5%。从 t-分布表查找对应于 $k-1$ 个自由度(如 9)的 t 分布值。由于 t-分布是对称的，找 z=sig/2=0.025 的表值。若 $t>z$ 或 $t<-z$，则 t 值落在拒斥域，在分布的尾部，即可拒绝 M_1 和 M_2 的均值相同的原假设，并断言两个模型之间存在统计显著的差别。否则，不能拒绝原假设，M_1 和 M_2 之间的差可能是随机的。

如果有两个检验集而不是单个检验集，即 M_1 和 M_2 分别用于 M_1 和 M_2 的交叉验证样本数，则使用 t-检验的非逐对版本，其中两个模型的均值之间的方差估计为

$$\mathrm{var}\left(M_1-M_2\right)=\sqrt{\mathrm{var}\left(M_1\right)/k_1+\mathrm{var}\left(M_2\right)/k_2} \tag{4-41}$$

式中，自由度取两个模型的最小自由度。

④ 留一交叉验证，k 折交叉验证的特殊情形 $S=N$，往往在数据缺乏的情况下使用，其中，N 是给定数据集的容量。

(3) 自助法(bootstrap method)，给定包含 m 个样本的数据集 D，进行采样产生数据集 D'：每次随机从 D 中挑选一个样本，将其放入 D'，再将该样本放回初始数据集 D。重复执行 m 次后，可得包含 m 个样本的数据集 D'。D 中有一部分样本会在 D'中多次出现，而样本在 m 次采样中始终不被采到的概率是$(1-1/m)^m$，取极限得

$$\lim_{m\to\infty}(1-1/m)^m = 1/\mathrm{e} \approx 0.368 \tag{4-42}$$

通过自助采样，初始数据集 D 中约有 36.8%的样本未出现在采样数据集 D'中。可将 D'用做训练集，$D \backslash D'$用做测试集，该测试结果为包外估计。

自助法适用于数据集较小且难以有效划分训练/测试集。此外，自助法能从初始数据集中产生多个不同的训练集。但自助法产生的数据集改变了初始数据集分布，会引入估计偏差。在初始数据量足够时，留出法和交叉验证法更常用。

3) 评估方法

性能度量反映任务需求。在预测任务时，给定样例集 $D=\{(\boldsymbol{x}_1, y_1), \cdots, (\boldsymbol{x}_m, y_m)\}$，其中 y_i 是示例 $\boldsymbol{x}_i$ 的真实标记，学习器的性能可用学习器预测结果 $f(\boldsymbol{x})$与真实标记 y 的比较进行度量。

(1) 评估分类器性能的度量。

对二分类问题，样例按真实类别与学习器预测类别的组合划分，参见表 4-3，在评估度量指标中，当数据类分布均衡时，准确率效果最好，召回率、特异率、精度、F 和 F_β适合类不平衡问题。类元组被识别为真正例/真阳性(true positive，TP)、真反例/真阴性(true negative，TN)、假正例/假阳性(false positive，FP)、假反例/假阴性(false negative，FN)四类。

表 4-3　二分类问题的评估度量指标

度量	公式
准确率、识别率	accuracy=(TP+TN)/(P+N)
错误率、误分类率	errorrate=(FP+FN)/(P+N)
敏感率、真正例率、召回率	TPR=recall=sensitivity=TP/(TP+FN)
假反例率	FPR=FP/(FP+TN)
特异率、真反例率	specificity=TN/(TN+FP)
精度	precision=TP/(TP+FP)
查准率	P=TP/(TP+FP)
查全率	R=TP/(TP+FN)

续表

度量	公式
F、F_1、F 分数 精度和召回率的调和均值	F=2×precision×recall/(precision+recall)
F_β(对查准率/查全率的不同偏好)，其中β>0	F_β=(1+β^2)×precision×recall/(β^2×precision+recall)
不平衡数据集的 Matthew 相关系数	$\text{MCC}=\dfrac{\text{TP}\times\text{TN}-\text{FP}\times\text{FN}}{\sqrt{(\text{TP}+\text{FP})(\text{TP}+\text{FN})(\text{TN}+\text{FP})(\text{TN}+\text{FN})}}$ 若分母中的任何括号为 0，则整个分母为 1

根据学习器的预测结果，按正例的可能性对样例进行排序，按此顺序逐个把样本作为正例进行预测，则每次可计算出当前的查全率、查准率。以查准率为纵轴、查全率为横轴画图，得查准率-查全率(precision-recall，P-R)曲线，参见图 4-6。平衡点(break-even point，BEP)是查准率=查全率时的取值，学习器 C 的 BEP 是 0.64，基于 BEP 的比较，可认为学习器 A 优于 B。若一个学习器的 P-R 曲线被另一个学习器的曲线完全包住，则可断言后者的性能优于前者，如学习器 A 的性能优于学习器 C。若两个学习器的 P-R 曲线发生交叉，可比较 P-R 曲线下面积的大小，它在一定程度上表征了学习器在查准率和查全率上取得相对双高的比例，或综合考虑查准率、查全率的性能度量。

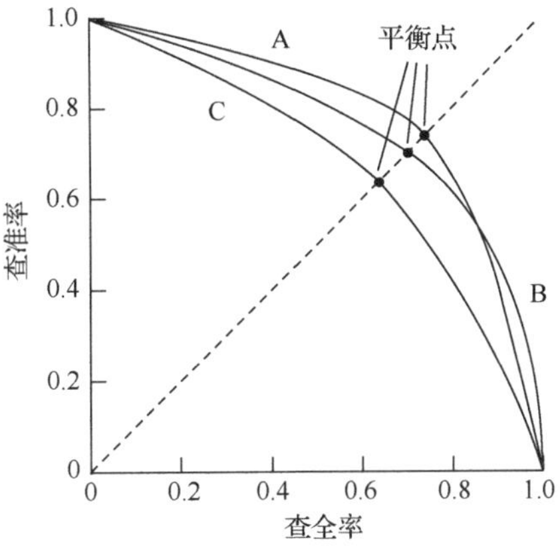

图 4-6　P-R 曲线与平衡点示意图

在 n 个二分类混淆矩阵上分别计算查准率和查全率(P_1，R_1)，…，(P_n，R_n)，再计算平均值，则宏查准率 macro_P、宏查全率 macro_R 和宏 F1 macro_F1 分别为

$$\begin{cases} \text{macro\_P} = n^{-1}\sum_{i=1}^{n} P_i \\ \text{macro\_R} = n^{-1}\sum_{i=1}^{n} R_i \\ \text{macro\_F1} = 2\times\text{macro\_P}\times\text{macro\_R}/(\text{macro\_P}+\text{macro\_R}) \end{cases} \tag{4-43}$$

还可先将各混淆矩阵的对应元素平均，得 $\overline{\text{TP}}$ 、 $\overline{\text{NP}}$ 、 $\overline{\text{TN}}$ 、 $\overline{\text{FN}}$ ，再基于这些平均值计算出微查准率 micro_P、微查全率 micro_R 和微 F1 micro_Fl 分别为

$$\begin{cases} \text{micro\_P} = \overline{\text{TP}}/(\overline{\text{TP}}+\overline{\text{FP}}) \\ \text{micro\_R} = \overline{\text{TP}}/(\overline{\text{TP}}+\overline{\text{FN}}) \\ \text{micro\_F1} = 2\times\text{micro\_P}\times\text{micro\_R}/(\text{micro\_P}+\text{micro\_R}) \end{cases} \tag{4-44}$$

(2) ROC 曲线与 AUC。

对二分类问题，调整分类器的灵敏度可得不同分类结果。在受试者工作特征(receiver operating characteristic，ROC)曲线中，参见图 4-7(a)，横轴为 FPR，纵轴为 TPR，参见表 4-3。当 FPR 增加时 TPR 会增加。好的分类器应保证 FPR 低而 TPR 高，理想 ROC 曲线应接近直线 y=1，让曲线下面的面积尽可能大。若一个学习器的 ROC 曲线被另一个学习器的曲线完全包住，则后者的性能优于前者。若两个学习器的 ROC 曲线发生交叉，可比较 ROC 曲线下的面积(area under ROC curve，AUC)，参见图 4-7(b)，则 AUC 可估算为

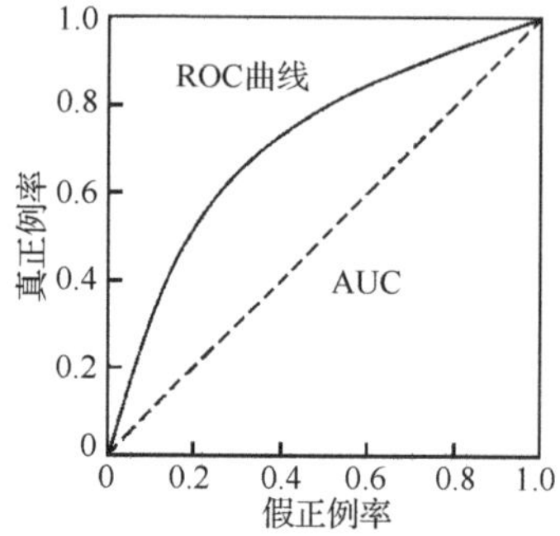

(a) ROC曲线与AUC

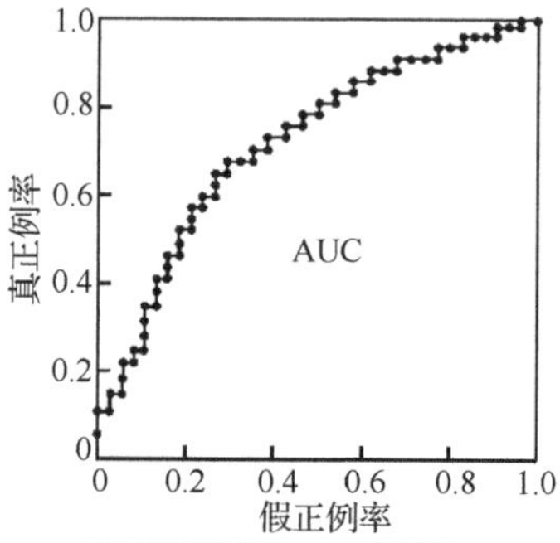

(b) 有限样本的ROC曲线与AUC

图 4-7　ROC 曲线与 AUG 示意图

$$\text{AUC} = 2^{-1}\sum_{i=1}^{m-1}(x_{i+1}-x_i)(y_i+y_{i+1}) \tag{4-45}$$

给定 m^+个正例和 m^-个反例，令 D^+和 D^-分别表示正、反例集合，则排序损失为

$$L_{\text{rank}}=\left(m^{+}m^{-}\right)^{-1}\sum_{x^{+}\in D^{+}}\sum_{x^{-}\in D^{-}}\left(II\left(f\left(\boldsymbol{x}^{+}\right)<f\left(\boldsymbol{x}^{-}\right)\right)+2^{-1}II\left(f\left(\boldsymbol{x}^{+}\right)=f\left(\boldsymbol{x}^{-}\right)\right)\right)\tag{4-46}$$

式中，$II(\cdot)$定义为若正例的预测值小于反例，则记一个罚分，若相等，则记 0.5 个罚分。L_{rank}对应的是 ROC 曲线之上的面积：若一个正例在 ROC 曲线上对应标记点的坐标为(x, y)，则 x 恰是排序在其之前的反例所占的比例，即假正例率，则

$$\text{AUC}=1-l_{\text{rank}}\tag{4-47}$$

(3) 代价敏感错误率与代价曲线。

为权衡不同类型错误造成的不同损失，可为错误赋予非均等代价。对二分类，可根据任务的领域知识设定一个代价矩阵，参见表 4-4，cos_{ij} 表示将第 i 类样本预测为第 j 类样本的代价。一般地，$\text{cost}_{ii}=0$。若将第 0 类判别为第 1 类所造成的损失更大，则 $\text{cost}_{01}>\text{cost}_{10}$。损失程度相差越大，$\text{cost}_{01}$ 与 cost_{10} 值的差别越大。

表 4-4　二分类代价矩阵

真实类别	预测类别	
	第 0 类	第 1 类
第 0 类	0	cost_{01}
第 1 类	cost_{10}	0

在非均等代价下，使总体代价最小化。若将表 4-4 中的第 0 类作为正类、第 1 类作为反类，令 D^{+}与 D^{-}分别代表样例集 D 的正例子集和反例子集，则代价敏感错误率为

$$E(f, D,\text{cost})=m^{-1}\left(\sum_{x_i\in D^{+}}I\left(f\left(\boldsymbol{x}_i\right)\neq y_i\right)\times\text{cost}_{01}\sum_{x_i\in D^{-}}I\left(f\left(\boldsymbol{x}_i\right)\neq y_i\right)\times\text{cost}_{10}\right)\tag{4-48}$$

在非均等代价下，可用代价曲线直接反映出学习器的期望总体代价，参见图 4-8。代价曲线图的横轴是取值为[0，1]的正例概率代价为

$$P(+)\text{cost}=p\times\text{cost}_{01}\big/\left(p\times\text{cost}_{01}+(1-p)\times\text{cost}_{10}\right)\tag{4-49}$$

式中，p 是样例为正例的概率。纵轴是取值为[0，1]的归一化代价

$$\text{cost}_{\text{norm}}=\left(\text{FNR}\times p\times\text{cost}_{01}+\text{FPR}\times(1-p)\times\text{cost}_{10}\right)\big/\left(p\times\text{cost}_{01}+(1-p)\times\text{cost}_{10}\right)\tag{4-50}$$

ROC 曲线上每一点对应代价平面的一条线段，设 ROC 曲线上点坐标为(TPR，FPR)，则可相应计算 FNR，然后在代价平面绘制一条从(0，FPR)到(1，FNR)的线段，线段下的面积表示该条件下的期望总体代价。如此将 ROC 曲线上的每个点转化为代价平面上的一条线段，然后取所有线段的下界，围成的面积即为在所有

条件下学习器的期望总体代价。

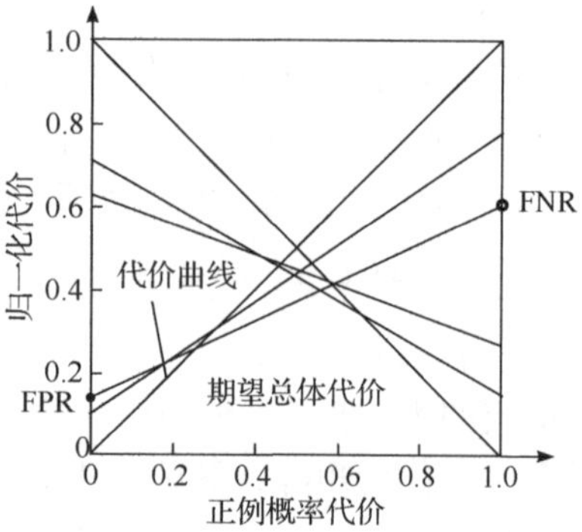

图 4-8　代价曲线与期望总体代价

4.2 监 督 学 习

监督学习包括学习系统训练和预测系统预测两个过程[5~13, 21~35]，参见图 4-9。监督学习用标注数据对算法进行训练，训练好的算法对未知数据进行预测。在训练阶段，根据原始数据进行特征提取得到数据特征，可使用 ML 算法分析数据间的关系，得到输入数据的模型。在预测阶段，抽取数据特征，使用训练出的模型对特征向量进行预测，得到数据所属分类标签。验证模型使用验证集数据对模型进行反向验证，确保模型的正确性和精度。数据集可按传统划分策略(70%、15%和 15%)或大数据划分策略(95%、2.5%和 2.5%)分配给训练集、测试集和验证集。

监督学习就是学习出一个模型，应用该模型对给定的输入预测相应的输出。模型的形式为决策函数 $y=f(\boldsymbol{x})$或条件概率分布 $P(y|\boldsymbol{x})$。已知变量推测未知变量的分布，代表性的概率子框架是生成模型与判别模型。对目标函数的形式化要求，可分为：

① 参数模型，设 K 维参数向量 $\boldsymbol{\theta}=(\theta_1, \cdots, \theta_K)$，在给定该参数向量的条件下，特征预测独立于观测数据，$P(x|\boldsymbol{\theta}, D)=P(x|\boldsymbol{\theta})$。参数模型有固定个数的参数，对数据分布有严格假设，如 GMM。由于 x 与观测数据 D 无关，因此模型的复杂性是有界的。数据训练完成后，可直接对未知数据进行预测和学习。

② 非参数模型，适用于有许多数据但缺乏先验知识。非参数模型直接分析样本，需在学习过程中对参数进行调整，通常不断增加参数规模，如 k 近邻法。

在学习过程中，学习算法通过训练数据集中的样本(x_i, y_i)带来信息学习模型。对输入 x_i，模型 $y=f(x)$产生输出 $f(x_i)$，训练数据集中对应的输出是 y_i。若该模型有很好的预测能力，训练样本输出 y_i 和模型输出 $f(x_i)$之间的差应足够小。学习系统通过不断尝试，选取最好的模型，以便对训练数据集有足够好的预测，同时对未知测试数据集的预测有尽可能好的推广。

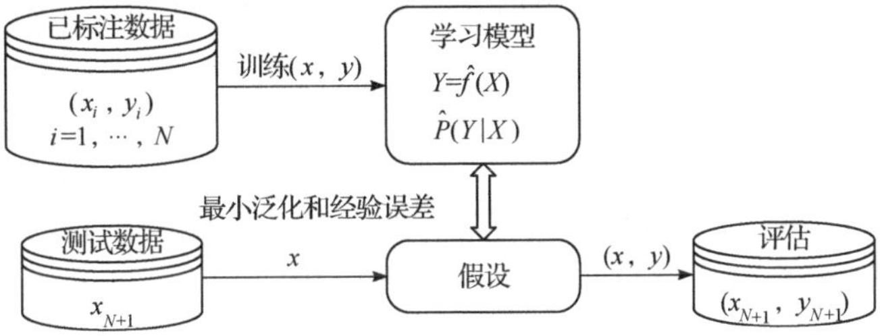

图 4-9　监督学习的一般方法

4.2.1　感知器

感知器对应输入空间(特征空间)中将实例划分为正负两类的分离超平面，属判别模型，是 NN 和 SVM 的基础。感知器学习首先求出将训练数据进行线性划分的分离超平面，然后导入基于误分类的损失函数，最后利用梯度下降(gradient descent)法对损失函数进行极小化，求得感知器模型。若输入空间是 $X \subseteq \mathbf{R}^n$，输出空间是 $Y=\{+1, -1\}$。输入 $\boldsymbol{x} \in X$ 表示实例的特征向量，对应于输入空间的点，输出 $y \in Y$ 表示实例的类别。感知器的输入输出函数为

$$f(\boldsymbol{x}) = \mathrm{sgn}(\boldsymbol{w} \cdot \boldsymbol{x} + b) \tag{4-51}$$

式中，$\boldsymbol{w} \in \mathbf{R}^n$ 为感知器模型的权值或权值向量，$b \in \mathbf{R}$ 为偏置。感知器是一种线性分类模型，假设空间是定义在特征空间中的所有线性分类模型或线性分类器 $\{f \mid f(\boldsymbol{x})=\boldsymbol{w}\cdot\boldsymbol{x}+b\}$，则通过学习得到感知器模型，对新输入实例给出其对应的输出类别。

假设训练数据集是线性可分的，则感知器学习得到一个能将训练集 $D=\{(\boldsymbol{x}_1, y_1), \cdots, (\boldsymbol{x}_N, y_N)\}$的正、负实例点正确分开的分离超平面。损失函数是误分类点到超平面 S 的总距离

$$L(\boldsymbol{w}, b) = -\sum_{\boldsymbol{x}_i \in M} y_i(\boldsymbol{w} \cdot \boldsymbol{x}_0 + b) \tag{4-52}$$

式中，M 为误分类点的集合。该损失函数是感知器学习的经验风险函数。损失函数 $L(\boldsymbol{w}, b)$非负。若无误分类点，该值为 0。误分类点越少，误分类点离超平面越近，损失函数值越小。给定训练数据集 T，损失函数 $L(\boldsymbol{w}, b)$是 $\boldsymbol{w}$、b 的连续可导函数。感知器学习策略是假设空间选取使损失函数式(4-52)最小的模型参数 $\boldsymbol{w}$、b。

感知器问题转化为求解损失函数式(4-52)的最优化问题。对线性可分数据集，感知器学习算法原始形式收敛，有限次迭代可得一个将训练数据集正确划分的分

离超平面及感知器模型。感知器学习算法存在多解，与初值选择和迭代过程中误分类点的选择顺序有关。为得到唯一的超平面，需对分离超平面增加约束条件，即线性 SVM。当训练集线性不可分时，感知器学习算法不收敛，迭代结果会发生震荡。

4.2.2　*k* 近邻法

k-NN 是一种基于分类与回归的方法，输入为实例的特征向量，对应特征空间的点，输出为实例的类别，可取多类。*k*-NN 模型的特征空间一般是 n 维实数向量空间 $\mathbf{R}^n$，通常使用 Euclidean、L_p 等距离。分类时，对新实例，根据其 k 个最近邻的训练实例的类别，通过多数表决等方式进行预测。

给定训练数据集 $D=\{(\boldsymbol{x}_1,\ y_1),\ \cdots,\ (\boldsymbol{x}_N,\ y_N)\}$，$\boldsymbol{x}_i\in X\subseteq\mathbf{R}^n$ 为实例的特征向量，$y_i\in Y=\{c_1,\ \cdots,\ c_K\}$为实例的类别，$i=1,\ \cdots,\ N$，实例特征向量为 $\boldsymbol{x}$，输出实例 $\boldsymbol{x}$ 所属的类 y。根据给定距离度量，在训练集 D 中找出与 $\boldsymbol{x}$ 最近邻的 k 个点，涵盖 k 个点的 $\boldsymbol{x}$ 的邻域 $N_k(\boldsymbol{x})$，在 $N_k(\boldsymbol{x})$中根据分类决策规则(如多数表决)决定 $\boldsymbol{x}$ 的类别 y

$$y=\arg\max_{c_j}\sum_{\boldsymbol{x}_i\in N_k(\boldsymbol{x})}I\left(y_i=c_i\right),\quad i=1,\cdots,N;\quad j=1,\cdots,K \tag{4-53}$$

当 k=1 时，为最近邻算法。对于输入的实例点(特征向量)$\boldsymbol{x}$，最近邻法将训练数据集中于与 $\boldsymbol{x}$ 最近邻点的类作为 $\boldsymbol{x}$ 的类。*k*-NN 是无显式学习过程。

4.2.3　logistic 回归

logistic 回归模型是广义线性模型的一种，属线性分类模型。对线性可分问题，找到一个超平面，能将两个不同的类区分开，即

$$Wx+b=0 \tag{4-54}$$

式中，W 为权重，b 为偏置。常用 sigmoid 函数的值域为(0，1)，作为阈值函数将样本映射到不同类别

$$f(x)=\left(1+\mathrm{e}^{-x}\right)^{-1},\ f'(x)=\mathrm{e}^{-x}\left(1+\mathrm{e}^{-x}\right)^{-2}=f(x)\left(1-f(x)\right) \tag{4-55}$$

对 logistic 回归算法，其属于类别 y 的概率为

$$p\left(y|x,\ W,\ b\right)=\sigma\left(Wx+b\right)^{y}\left(1-\sigma\left(Wx+b\right)\right)^{1-y} \tag{4-56}$$

式中，参数 W 和 b 可使用 MLE 进行估计。若训练数据集有 m 个训练样本$\{(x_1,\ y_1),\ \cdots,\ (x_m,\ y_m)\}$，则其损失函数 $l_{W,b}$ 为似然函数 $L_{W,b}$ 的对数形式

$$l_{W,\ b}=-\frac{1}{m}\ln L_{W,\ b}=-\frac{1}{m}\sum_{i=1}^{m}\left(y_i\ln h_{W,\ b}(x_i)+(1-y_i)\ln\left(1-h_{W,\ b}(x_i)\right)\right) \tag{4-57}$$

$$h_{W,\ b}(x_i)=\sigma(Wx_i+b) \tag{4-58}$$

则求解的问题为

$$\min_{W,\ b} l_{W,\ b} \tag{4-59}$$

可采用基于梯度的方法求解损失函数 $l_{W,\ b}$ 和更新公式

$$\nabla_{W_j}\left(l_{W,\ b}\right)=-\frac{1}{m}\sum_{i=1}^{m}\left(y_i-h_{W,\ b}(x_i)\right)x_{i,\ j} \tag{4-60}$$

$$W_j=W_j+\alpha\nabla_{W_j}\left(l_{W,\ b}\right) \tag{4-61}$$

式中，$x_{i,\ j}$ 是样本 x_i 的第 j 个分量，取 $W_0=b$，且将偏置项的变量 x_0 设置为 1。选择合适的步长 α 对于梯度下降法的收敛效果显得尤为重要。

4.2.4　Bayes 分类器

引入先验知识导致学习过程产生偏差对学习算法成功非常重要。Bayes 分类器(Bayes classifier)是一种概率模型，是各种分类器中分类错误概率最小，或在预先给定代价的情况下平均风险最小的分类器。通过某对象的先验概率，利用 Bayesian 公式计算出其后验概率，即该对象属于某一类的概率，选择具有最大后验概率的类作为该对象所属的类。Bayes 分类器广泛应用于数据的预测建模。若输出变量 y 为具有 K 个类别的分类型变量，K 个类别值为 y_1，…，y_K，x 为输入变量，式(2-9)可表示为如下 Bayes 分类器

$$P(y=y_i\mid x)=P(y=y_i)P(x|y=y_i)\Big/\sum_{i=1}^{K}P(y=y_i)P(x\mid y=y_i) \tag{4-62}$$

式中，$P(y=y_i)$为先验概率，$P(x|y=y_i)$为数据似然，$P(y=y_i|x)$为后验概率。上式采用效用函数最大的决策，则输出变量的预测类别为后验概率最大的类别(MAP 原则)

$$\arg\max_{y_i} P(y=y_i\mid x)=P(y=y_i)P(x|y=y_i)\Big/\sum_{i=1}^{K}P(y=y_i)P(x\mid y=y_i) \tag{4-63}$$

则先验概率 $P(y=y_i)$和数据似然 $P(x|y=y_i)$均可通过 MLE 而得

$$P(y=y_i)=\hat{P}(y=y_i)=N_{y_i}/N \tag{4-64}$$

$$P\left(x=x_j^m\middle|y=y_i\right)=\hat{P}\left(x=x_j^m\middle|y=y_i\right)=N_{y_i}x_j^m/N_{y_i} \tag{4-65}$$

式中，N 为训练集的样本量，N_{y_i} 为输出变量 $y=y_i$ 的样本量，$N_{y_i}x_j^m$ 为输出变量

$y=y_i$ 且输入变量 $x=x_j^m$ (x 为 m 个类别的输入变量)的样本量。

1) Bayesian 决策

Bayesian 决策(Bayesian decision)基于已知的相关概率和误判损失来选择最优类别标记。假设有 N 种可能的类别标记 $Y=\{c_1, \cdots, c_N\}$，λ_{ij} 是将真实标记为 c_j 的样本误分类为 c_i 所产生的损失。基于后验概率 $P(c_i|x)$可得将样本 x 分类为 c_i 所产生的期望损失(条件风险)

$$R(c_i|x)=\sum_{j=1}^{N}\lambda_{ij}P(c_j|x) \tag{4-66}$$

判定准则 h：$X\to Y$ 以最小化总体风险

$$R(h)=E_x\big(R(h(x)|x)\big) \tag{4-67}$$

对每个样本 x，若 h 能最小化条件风险 $R(h(x)|x)$，则总体风险 $R(h)$也被最小化。Bayesian 判定准则：为最小化总体风险，只需在每个样本上选择能使条件风险 $R(c|x)$最小的类标记

$$h^*(x)=\arg\min_{c\in Y}R(c|x) \tag{4-68}$$

式中，h^*为 Bayesian 最优分类器，总体风险 $R(h^*)$为 Bayesian 风险。$1-R(h^*)$是分类器所能达到的最好性能，即通过 ML 产生的模型精度的理论上限。

若目标是最小化分类错误率，则误判损失λ_{ij} 可写为

$$\lambda_{ij}=\begin{cases}0, & i=j\\ 1, & \text{其他}\end{cases} \tag{4-69}$$

此时条件风险为

$$R(c|x)=1-P(c|x) \tag{4-70}$$

因此，最小化分类错误率的 Bayesian 最优分类器为

$$h^*(x)=\arg\min_{c\in Y}P(c|x) \tag{4-71}$$

对每个样本 x，选择能使后验概率 $P(c|x)$到最大的类别标记。

2) 朴素 Bayes 分类器

朴素 Bayes 分类器(naive Bayes classifier)采用属性条件独立性假设，对已知类别，每个属性独立对分类结果产生影响。由式(4-62)，得

$$P(c|x)=P(c)P(x|c)/P(x)=\big(P(c)/P(x)\big)\prod_{i=1}^{d}P(x_i|c) \tag{4-72}$$

式中，d 为属性数目，x_i 为 x 在第 i 个属性上的取值。对所有类别，$P(x)$相同，基

于上式的朴素 Bayes 分类器的判定准则为

$$h_{nb}(x)=\arg\min_{c\in Y}P(c)\prod_{i=1}^{d}P(x_i|c) \tag{4-73}$$

令 D_c 由训练集 D 中第 c 类样本组成，若独立同分布样本充足，则类先验概率估计为

$$P(c)=\mathrm{card}(D_c)/\mathrm{card}(D) \tag{4-74}$$

对离散属性而言，令 $D_{c,\ x_i}$ 表示 D_c 中在第 i 个属性上取值为 x_i 的样本组成的集，则条件概率 $P(x_i|c)$可估计为

$$P(x_i|c)=\mathrm{card}\left(D_{c,\ x_i}\right)/\mathrm{card}(D_c) \tag{4-75}$$

令 N 表示训练集 D 中可能的类别数，N_i 表示第 i 个属性可能的取值数，在估计概率值时，式(4-74)和上式常用 Laplacian 修正为

$$\hat{P}(c)=(\mathrm{card}(D_c)+1)/(\mathrm{card}(D)+N) \tag{4-76}$$

$$\hat{P}(x_i|c)=\left(\mathrm{card}\left(D_{c,\ x_i}\right)+1\right)/\left(\mathrm{card}(D_c)+N_i\right) \tag{4-77}$$

Laplacian 修正避免了因训练集样本不充分而导致概率估值为零的问题，在训练集变大时，修正过程所引入的先验影响也会逐渐变得可忽略，使估值渐趋于实际概率值。

(1) 朴素 Bayes 法的学习与分类。

设 $P(x,\ y)$是 x 和 y 的联合概率分布，训练数据集 $D=\{(x_1,\ y_1),\ \cdots,\ (x_N,\ y_N)\}$ 由 $P(x,\ y)$独立同分布产生。朴素 Bayes 法通过训练数据集学习先验概率分布及条件概率分布分别为

$$P(Y=c_k),\ \ k=1,\cdots,\ K \tag{4-78}$$

$$P(X=x|Y=c_k)=P(X_1=x_1,\cdots,\ X_n=x_n|Y=c_k),\ \ k=1,\cdots,\ K \tag{4-79}$$

条件概率分布 $P(X=x|Y=c_k)$有指数级数量的参数，其估计实际是不可行的。朴素 Bayes 法对条件概率分布进行了条件独立性假设

$$P(X=x|Y=c_k)=\prod_{j=1}^{n}P(X_j=x_j|Y=c_k) \tag{4-80}$$

朴素 Bayes 法属于生成模型。对给定输入 x，由学习模型计算后验概率分布 $P(Y=c_k|X=x)$，将后验概率最大的类作为 x 的类输出，后验概率根据 Bayes 定理计算

$$P(Y=c_k|X=x)=P(X=x|Y=c_k)P(Y=c_k)\Big/\sum_{k}P(X=x|Y=c_k)P(Y=c_k) \tag{4-81}$$

将式(4-80)代入上式，则朴素 Bayes 分类器可表示为

$$y=f(x)=\arg\max_{c_k}P(Y=c_k)\prod_{j=1}^{n}P\left(X^{(j)}=x^{(j)}\middle|Y=c_k\right) \tag{4-82}$$

式中，分母对所有 c_k 都是相同的。

朴素 Bayesian 法将实例分到后验概率最大类，等价期望风险最小化。选择 0-1 损失函数

$$L(Y,\ f(X))=\begin{cases}1, & Y\neq f(X)\\ 0, & Y=f(X)\end{cases} \tag{4-83}$$

式中，$f(X)$是分类决策函数。这时，期望风险函数为

$$R_{\exp}(f)=E(L(Y,\ f(X)))=E_X\left(\sum_{k=1}^{K}\left(L(c_k,\ f(X))P(c_k|X)\right)\right) \tag{4-84}$$

为了使期望风险最小化，只需对 $X=x$ 逐个极小化，由此得

$$f(x)=\arg\max_{y\in Y}P(y=c_k|X=x)=\arg\max_{c_k}P(c_k|X=x) \tag{4-85}$$

(2) 朴素 Bayes 法的参数估计。

在朴素 Bayes 法中，先验概率 $P(Y=c_k)$和条件概率 $P(X^{(j)}=a_{jl}|Y=c_k)$的 MLE 分别为

$$P(Y=c_k)=N^{-1}\sum_{i=1}^{N}I(y_i=c_k) \tag{4-86}$$

$$P\left(X^{(j)}=a_{jl}\middle|Y=c_k\right)=\sum_{i=1}^{N}I\left(x_i^{(j)}=a_{jl},\ y_i=c_k\right)\Big/\sum_{i=1}^{N}I(y_i=c_k) \tag{4-87}$$

式中，$j=1$，…，n，$l=1$，…，S_j，$k=1$，…，K，$x_i^{(j)}$是第 i 个样本的第 j 个特征，a_{jl} 是第 j 个特征的第 l 个值。由上面两式计算先验概率 $P(Y=c_k)$和条件概率 $P(X^{(j)}=x^{(j)}|Y=c_k)$。对给定的实例 $x=\left(x^{(1)},\cdots,\ x^{(n)}\right)^{\mathrm{T}}$，则实例 x 的类为

$$y=\arg\max_{c_k}P(Y=c_k)\prod_{j=1}^{n}P\left(X^{(j)}=x^{(j)}\middle|Y=c_k\right) \tag{4-88}$$

(3) Bayes 估计。

MLE 会出现所要估计的概率值为 0 的情况，从而影响后验概率的计算结果，使分类产生偏差。具体地，条件概率的 Bayes 估计为

$$P_\lambda\left(X^{(j)}=a_{jl}\middle|Y=c_k\right)=\left(\sum_{i=1}^{N}I\left(x_i^{(j)}=a_{jl},\ y_i=c_k\right)+\lambda\right)\Big/\left(\sum_{i=1}^{N}I(y_i=c_k)+S_j\lambda\right) \tag{4-89}$$

式中，$\lambda \geqslant 0$。当$\lambda=0$ 时，上式就是 MLE。当$\lambda=1$ 时，上式就是 Laplacian 平滑。对 $l=1$，…，S，$k=1$，…，K，有

$$P_{\lambda}\left(X^{(j)}=a_{jl}\middle|Y=c_k\right)>0,\ \ \sum_{l=1}^{S_j}P\left(X^{(j)}=a_{jl}\middle|Y=c_k\right)=1 \tag{4-90}$$

这表明式(4-89)是一种概率分布。同样，先验概率的 Bayes 估计是

$$P_{\lambda}\left(Y=c_k\right)=\left(N+K\lambda\right)^{-1}\left(\sum_{i=1}^{N}I\left(y_i=c_k\right)+\lambda\right) \tag{4-91}$$

3) 正态 Bayes 分类器

正态 Bayes 分类器的特征向量满足 n 维正态分布，则类条件 PDF 为

$$P\left(\boldsymbol{x}\middle|c\right)=\left(2\pi\right)^{-n/2}\left|\boldsymbol{\Sigma}\right|^{-1/2}\mathrm{e}^{-(1/2)(\boldsymbol{x}-\boldsymbol{\mu})^{\mathrm{T}}\boldsymbol{\Sigma}^{-1}(\boldsymbol{x}-\boldsymbol{\mu})} \tag{4-92}$$

式中，$\boldsymbol{\mu}$ 为均值向量，$\boldsymbol{\Sigma}$ 为协方差矩阵。对上式取对数，有

$$\ln P\left(\boldsymbol{x}\middle|c\right)=-\left(n/2\right)\ln\left(2\pi\right)-\left(1/2\right)\ln\left|\boldsymbol{\Sigma}\right|-\left(1/2\right)\left(\left(\boldsymbol{x}-\boldsymbol{\mu}\right)^{\mathrm{T}}\boldsymbol{\Sigma}^{-1}\left(\boldsymbol{x}-\boldsymbol{\mu}\right)\right) \tag{4-93}$$

若协方差矩阵为对角矩阵$\sigma^2\boldsymbol{I}$，即 $\ln\left|\boldsymbol{\Sigma}\right|=2n\ln\sigma$，$\boldsymbol{\Sigma}^{-1}=\sigma^{-2}\boldsymbol{I}$，则上式可表示为

$$\ln P\left(\boldsymbol{x}\middle|c\right)=-\left(n/2\right)\ln\left(2\pi\right)-n\ln\sigma-\left(1/2\right)\sigma^{-2}\left(\left(\boldsymbol{x}-\boldsymbol{\mu}\right)^{\mathrm{T}}\left(\boldsymbol{x}-\boldsymbol{\mu}\right)\right) \tag{4-94}$$

在预测时需寻找具有最大条件概率的类，即 MAP，根据 Bayes 公式有

$$\begin{aligned}\arg\max_{C}\ln P\left(c\middle|\boldsymbol{x}\right)&=\arg\max_{C}\ln\left(P\left(c\right)P\left(\boldsymbol{x}\middle|c\right)/P\left(\boldsymbol{x}\right)\right)\\&=\arg\max_{C}\ln P\left(\boldsymbol{x}\middle|c\right)=\arg\min_{C}\left(\boldsymbol{x}-\boldsymbol{\mu}\right)^{\mathrm{T}}\boldsymbol{\Sigma}^{-1}\left(\boldsymbol{x}-\boldsymbol{\mu}\right)\end{aligned} \tag{4-95}$$

式中，假设每个类的概率 $P(c)$相等，$P(\boldsymbol{x})$对于所有类都是相等的。

4.2.5　EM 算法

期望最大化(expectation maximization，EM)算法是含隐变量的概率模型参数的 MLE 或极大后验概率估计法。EM 算法解决属性缺失问题，是应用最广泛的隐变量估计方法。EM 算法的每次迭代由两步组成：E 步求期望，M 步求极大。在监督学习中，训练数据学习条件概率分布 $P(y|x)$或决策函数 $y=f(x)$作为模型，用于分类、回归等，训练数据中的每个样本点由输入和输出对组成。在非监督学习中，生成模型由联合概率分布 $P(x,\ y)$表示，其中 x 为观测数据，y 为未观测数据。

若观测数据 $y=\{y_1,\ \cdots,\ y_n\}$，未观测数据 $z=\{z_1,\ \cdots,\ z_n\}$，则观测数据似然函数为

$$P\left(y\middle|\theta\right)=\sum_{z}P\left(z\middle|\theta\right)P\left(y\middle|z,\ \theta\right)=\prod_{j=1}^{n}\left(\pi p^{y_j}\left(\pi-p\right)^{1-y_j}+\left(1-\pi\right)p^{y_j}\left(1-q\right)^{1-y_j}\right) \tag{4-96}$$

考虑求模型参数θ=(π，p，q)的 MLE，即

$$\hat{\theta}=\arg\max_{\theta}\log P\left(y|\theta\right) \tag{4-97}$$

选取参数的初值 θ_0=(π_0，p_0，q_0)，第 i 次迭代参数的估计值为 θ_i=(π_i，p_i，q_i)，EM 算法的第 i+1 次迭代为：若 y 为观测随机变量(不完全数据)数据，z 为隐随机变量数据，y 和 z 合在一起称为完全数据。假设给定观测数据 y，其概率分布是 $P(y|\theta)$，其中 θ是需要估计的模型参数。不完全数据 y 的对数似然函数为 $L(\theta)$=log$P(y|\theta)$，完全数据的对数似然函数是 log$P(y，z|\theta)$。EM 算法通过迭代求 $L(B)$=log$P(y|\theta)$的 MLE。

步骤 1，选择参数的初值θ_0(EM 算法是初值敏感的)，开始迭代。

步骤 2，E 步：θ_i为第 i 次迭代参数θ的估计值，在第 i+1 次迭代的 E 步，计算

$$Q\left(\theta,\ \theta_i\right)=E_Z\left(\log P\left(y,\ z|\theta\right)\Big|y,\ \theta_i\right)=\sum_{z}\log P\left(y,\ z|\theta_i\right)P\left(z|y,\ \theta_i\right) \tag{4-98}$$

式中，$P(z|y，\theta_i)$是在给定观测数据 y 和当前的参数估计θ_i下隐变量数据 z 的条件概率分布。

步骤 3，M 步：求使 $Q(\theta，\theta_i)$极大化的θ，确定第 i+1 次迭代的参数的估计值 θ_{i+1}

$$\theta_{i+1}=\arg\max_{\theta}Q\left(\theta,\ \theta_i\right) \tag{4-99}$$

每次迭代使似然函数增大或达到局部极值。

步骤 4，重复步骤 2 和步骤 3，直到收敛。

停止迭代的条件：一般是对较小的正数ε_1、ε_2，满足

$$\left\|\theta_{i+1}-\theta_i\right\|<\varepsilon_1,\ \left\|Q\left(\theta_{i+1},\ \theta_i\right)-Q\left(\theta_i,\ \theta_i\right)\right\|<\varepsilon_2 \tag{4-100}$$

式(4-98)中的 Q 函数(Q function)$Q(\theta，\theta_i)$是 EM 算法的核心。在给定观测数据 y 和当前参数$\theta^{(i)}$下，完全数据的对数似然函数 log$P(y，z|\theta)$对未观测数据 z 的条件概率分布 $P(z|y，\theta_i)$的期望被称为 Q 函数

$$Q\left(\theta,\ \theta_i\right)=E_Z\left(\log P\left(y,\ z|\theta\right)\Big|y,\ \theta_i\right) \tag{4-101}$$

式中，z 是未观测数据，y 是观测数据。$Q(\theta，\theta_i)$的第 1 个变元表示要极大化的参数，第 2 个变元表示参数的当前估计值。每次迭代实际在求 Q 函数及其极大值。

4.2.6 支持向量机

支持向量机(support vector machine，SVM)以 VC 维理论为基础，利用最大间隔算法近似实现 SRM 的通用 ML，参见图 4-10。SVM 是基于支持向量构造分类判别函数的学习机器，通过定义不同的内积函数，实现多项式逼近、Bayes 分类

器、多层感知器等学习算法，实现由样本空间到高维空间的非线性映射。SVM 的学习算法是求解凸二次规划的最优化算法。

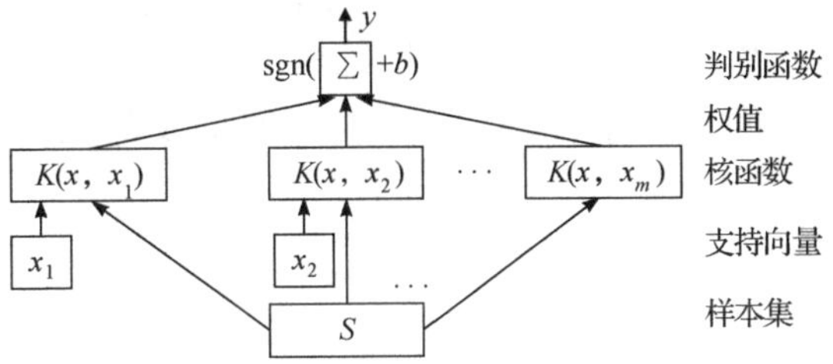

图 4-10　监督学习的一般方法

1) 线性可分支持向量机与硬间隔最大化

SVM 能正确分类每一个样本,使每一类样本中距离超平面最近的样本到超平面的距离尽可能远，参见图 4-11。假设训练样本集有 l 个样本，特征向量 $\boldsymbol{x}_i$ 是 n 维向量，类别标签 y_i 取值{+1，−1}，对应正样本和负样本。SVM 为这些样本寻找一个最优分类超平面

$$\boldsymbol{w}^{\mathrm{T}}\boldsymbol{x}_i + b = 0 \tag{4-102}$$

距离超平面最近的这几个训练样本点使上式中约束条件的等号成立,即支持向量。

根据点到平面的距离公式，每个样本离分类超平面的距离为

$$d = \left|\boldsymbol{w}^{\mathrm{T}}\boldsymbol{x}_i + b\right| / \|\boldsymbol{w}\|_2 \tag{4-103}$$

分类超平面与两类样本的间隔定义为这两个支持向量到超平面的距离之和

$$d(\boldsymbol{w},\ b) = \min_{\boldsymbol{x}_i,\ y_i=-1} d(\boldsymbol{w},\ b;\ \boldsymbol{x}_i) + \min_{\boldsymbol{x}_i,\ y_i=1} d(\boldsymbol{w},\ b;\ \boldsymbol{x}_i) = 2/\|\boldsymbol{w}\| \tag{4-104}$$

SVM 的目标是使这个间隔最大化

$$\min \boldsymbol{w}^{\mathrm{T}}\boldsymbol{w}/2,\ \ \text{s.t.}\ \ y_i\left(\boldsymbol{w}^{\mathrm{T}}\boldsymbol{x}_i + b\right) \geqslant 1 \tag{4-105}$$

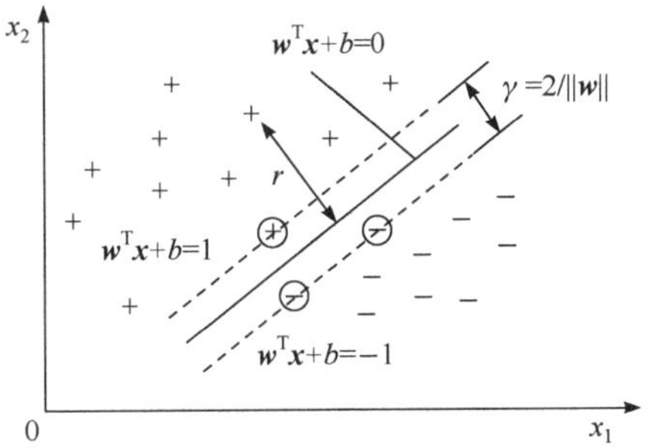

图 4-11　支持向量与间隔

(1) 线性可分支持向量机。

对一个二类分类问题，假设输入空间为 Euclidean 空间或离散集合，特征空间为 Euclidean 空间或 Hilbert 空间。线性可分 SVM 利用间隔最大化求最优分离超平面，这时，解是唯一的。给定线性可分训练数据集，通过间隔最大化或等价求解相应的凸二次规划问题，学习得到的分离超平面及其相应的线性可分 SVM 分别为

$$\boldsymbol{w}^* \cdot \boldsymbol{x} + b^* = 0,\ f(\boldsymbol{x}) = \operatorname{sgn}\left(\boldsymbol{w}^* \cdot \boldsymbol{x} + b^*\right) \tag{4-106}$$

训练数据集线性可分，线性可分 SVM 对应将两类数据正确划分且间隔最大的直线。

(2) 间隔最大化。

SVM 学习是求解能正确划分训练数据集且几何间隔最大的分离超平面，间隔最大化又称为硬间隔最大化。最大间隔分离超平面问题可表示为以下约束最优化问题

$$\max_{\boldsymbol{w},\ b} \hat{\gamma}/\|\boldsymbol{w}\|,\ \text{s.t.}\ \ y_i\left(\boldsymbol{w} \cdot \boldsymbol{x}_i + b\right) \geqslant \hat{\gamma},\ i = 1,\cdots,\ N \tag{4-107}$$

式中，函数间隔 $\hat{\gamma}$ 取值并不影响最优化问题的解。取 $\hat{\gamma}=1$ 代入上述最优化问题，最大化$\|\boldsymbol{w}\|^{-1}$ 和最小化$\|\boldsymbol{w}\|^2/2$ 是等价的，可得以下线性可分 SVM 学习的最优化问题

$$\min_{\boldsymbol{w},\ b} \|\boldsymbol{w}\|^2/2,\ \text{s.t.}\ \ y_i\left(\boldsymbol{w} \cdot \boldsymbol{x}_i + b\right) - 1 \geqslant 0,\ i = 1,\cdots,\ N \tag{4-108}$$

求出上述约束最优化问题的解 $\boldsymbol{w}^*$、b^*，可得最大间隔分离超平面 $\boldsymbol{w}^*\cdot\boldsymbol{x}+b^*=0$ 及分类决策函数 $f(\boldsymbol{x})=\operatorname{sgn}(\boldsymbol{w}^*\cdot\boldsymbol{x}+b^*)$，即线性可分 SVM 模型。线性可分时，训练数据集的样本点中与分离超平面距离最近的样本点的实例为支持向量，即使上式的约束条件式等号成立的点

$$y_i\left(\boldsymbol{w} \cdot \boldsymbol{x} + b\right) - 1 = 0 \tag{4-109}$$

对 $y_i=+1$ 和 $y_i=-1$ 的正例点和反例点，支持向量所在超平面如图 4-11 所示，有

$$H_1\colon\ \boldsymbol{w} \cdot \boldsymbol{x} + b = 1 \tag{4-110}$$

$$H_2\colon\ \boldsymbol{w} \cdot \boldsymbol{x} + b = -1 \tag{4-111}$$

式中，H_1 和 H_2 上的点就是支持向量。$H_1//H_2$，且没有实例点落在它们中间。H_1 与 H_2 之间的距离称为间隔 $2/\|\boldsymbol{w}\|$。H_1 和 H_2 称为间隔边界，分离超平面与它们平行且位于它们中间。

在决定分离超平面时只有支持向量起作用，所以将这种分类模型称为 SVM。支持向量的个数一般很少，所以 SVM 由很少的重要训练样本确定。

(3) 学习的对偶算法。

将线性可分 SVM 的最优化问题(4-108)作为原始最优化问题，对其中每一个不等式约束引入 Lagrange 乘子，$\alpha_i \geqslant 0$，$i=1$，…，N，定义 Lagrange 函数为

$$L(\boldsymbol{w},\ b,\ \boldsymbol{\alpha})=\|\boldsymbol{w}\|^2/2-\sum_{i=1}^{N}\alpha_i y_i(\boldsymbol{w}\cdot\boldsymbol{x}_i+b)+\sum_{i=1}^{N}\alpha_i \tag{4-112}$$

式中，$\boldsymbol{\alpha}=(\alpha_1, \cdots, \alpha_N)^{\mathrm{T}}$ 为 Lagrange 乘子向量。

将 Lagrange 函数 $L(\boldsymbol{w}, b, \boldsymbol{\alpha})$分别对 $\boldsymbol{w}$、b 求偏导数并令其等于 0，得

$$\boldsymbol{w}=\sum_{i=1}^{N}\alpha_i y_i \boldsymbol{x}_i,\ \ \sum_{i=1}^{N}\alpha_i y_i=0 \tag{4-113}$$

将上式代入 Lagrange 函数(4-112)，并利用上式，得

$$\min_{\boldsymbol{w},\ b} L(\boldsymbol{w},\ b,\ \boldsymbol{\alpha})=-\frac{1}{2}\sum_{i=1}^{N}\sum_{j=1}^{N}\alpha_i\alpha_j y_i y_j(\boldsymbol{x}_i\cdot\boldsymbol{x}_j)+\sum_{i=1}^{N}\alpha_i \tag{4-114}$$

根据 Lagrange 对偶性，原始问题可转化为与之等价的对偶最优化问题

$$\min_{\boldsymbol{\alpha}}\frac{1}{2}\sum_{i=1}^{N}\sum_{j=1}^{N}\alpha_i\alpha_j y_i y_j(\boldsymbol{x}_i\cdot\boldsymbol{x}_j)-\sum_{i=1}^{N}\alpha_i,\ \ \text{s.t.}\ \ \sum_{i=1}^{N}\alpha_i y_i=0;\ \ \alpha_i\geqslant 0;\ \ i=1,\cdots,\ N \tag{4-115}$$

对线性可分训练数据集，若 $\boldsymbol{\alpha}^*=\left(\alpha_1^*,\cdots,\ \alpha_N^*\right)^{\mathrm{T}}$ 是上式对偶最优化问题对 $\boldsymbol{\alpha}$ 的解，存在 $\alpha_j^*>0$，则原始最优化问题(4-112)的解 $\boldsymbol{w}^*$、b^*和分离超平面可分别表示为

$$\boldsymbol{w}^*=\sum_{i=1}^{N}\alpha_i^* y_i\boldsymbol{x}_i,\ \ b^*=y_j-\sum_{i=1}^{N}\alpha_i^* y_i(\boldsymbol{x}_i\cdot\boldsymbol{x}_j),\ \ \sum_{i=1}^{N}\alpha_i^* y_i(\boldsymbol{x}_i\cdot\boldsymbol{x}_j)+b^*=0 \tag{4-116}$$

则分类决策函数可表示成线性可分 SVM 的对偶形式

$$f(\boldsymbol{x})=\operatorname{sgn}\left(\sum_{i=1}^{N}\alpha_i^* y_i(\boldsymbol{x}_i\cdot\boldsymbol{x}_j)+b^*\right) \tag{4-117}$$

线性可分 SVM 对偶学习算法为给定线性可分训练数据集，首先求对偶问题(4-115)的解 $\boldsymbol{\alpha}^*$，再利用式(4-116)求原始问题的解 $\boldsymbol{w}^*$、b^*，得分离超平面及分类决策函数。其中，$\boldsymbol{w}^*$和 b^*只依赖于训练数据中对应于 $\alpha_i^*>0$ 的样本点($\boldsymbol{x}_i$，y_i)，实例点 $\boldsymbol{x}_i$ 为支持向量，有

$$y_i(\boldsymbol{w}^*\cdot\boldsymbol{x}_i+b^*)-1=0,\ \ \boldsymbol{w}^*\cdot\boldsymbol{x}_i+b^*=\pm 1 \tag{4-118}$$

式中，$\boldsymbol{x}_i$ 在间隔边界上。由 KKT 互补条件可知

$$\alpha_i^*\left(y_i(\boldsymbol{w}^*\cdot\boldsymbol{x}_i+b^*)-1\right)=0,\ \ i=1,\cdots,\ N \tag{4-119}$$

训练数据集的线性可分是理想情形。实际训练数据集往往是线性不可分的，即在样本中出现噪声或特异点。此时，需更一般的学习算法。

2) 线性支持向量机与软间隔最大化

若训练数据中有一些特异点，将特异点除去后，剩下的样本点组成的集合是线性可分的。该线性不可分的线性 SVM 的学习问题可表示为以下原始问题

$$\min_{w,\ b,\ \xi} \frac{1}{2}\|\boldsymbol{w}\|^2 + C\sum_{i=1}^{N}\xi_i,\quad \text{s.t.}\ \ y_i(\boldsymbol{w}\cdot\boldsymbol{x}_i + b) \geqslant 1-\xi_i;\ \ \xi_i \geqslant 0;\ \ i=1,\cdots,\ N \tag{4-120}$$

式中，$\xi_i \geqslant 0$ 是松弛变量。$C>0$ 为惩罚参数，一般由应用问题决定，C 值大时对误分类的惩罚增大，否则惩罚减小。上式是一个凸二次规划问题，$(\boldsymbol{w},\ b,\ \boldsymbol{\xi})$的解是存在的，$\boldsymbol{w}$ 的解是唯一的，b 的解存在于一个区间。这样的模型被称为训练样本线性不可分时的线性 SVM，简称线性 SVM。求解上式凸二次规划问题，可得分离超平面及其分类决策函数分别为

$$\boldsymbol{w}^*\cdot\boldsymbol{x}+b^*=0,\ f(\boldsymbol{x})=\operatorname{sgn}\left(\boldsymbol{w}^*\cdot\boldsymbol{x}+b^*\right) \tag{4-121}$$

原始最优化问题(4-120)的 Lagrange 函数为

$$L(\boldsymbol{w},\ b,\ \boldsymbol{\xi},\ \boldsymbol{\alpha},\ \boldsymbol{\mu}) = \frac{1}{2}\|\boldsymbol{w}\|^2 + C\sum_{i=1}^{N}\xi_i - \sum_{i=1}^{N}\alpha_i\left(y_i(\boldsymbol{w}\cdot\boldsymbol{x}_i+b)-1+\xi_i\right) - \sum_{i=1}^{N}\mu_i\xi_i \tag{4-122}$$

式中，$\alpha_i \geqslant 0$，$\mu_i \geqslant 0$。

(1) 学习的对偶算法。

原始问题(4-120)的对偶问题可表示为

$$\min_{\alpha}\frac{1}{2}\sum_{i=1}^{N}\sum_{j=1}^{N}\alpha_i\alpha_j y_i y_j\left(\boldsymbol{x}_i\cdot\boldsymbol{x}_j\right) - \sum_{i=1}^{N}\alpha_i,\quad \text{s.t.}\ \ \sum_{i=1}^{N}\alpha_i y_i = 0,\ \ 0\leqslant\alpha_i\leqslant C,\ \ i=1,\cdots,\ N \tag{4-123}$$

设 $\boldsymbol{\alpha}^*=\left(\alpha_1^*,\cdots,\ \alpha_N^*\right)^{\mathrm{T}}$ 是上式对偶问题的一个解，若存在 $\boldsymbol{\alpha}^*$ 的一个分量 α_j^*，$0<\alpha_j^*<C$，则原始问题(4-120)的解 $\boldsymbol{w}^*$、b^*和分离超平面可分别表示为

$$\boldsymbol{w}^*=\sum_{i=1}^{N}\alpha_i^* y_i\boldsymbol{x}_i,\ \ b^*=y_j-\sum_{i=1}^{N}y_i\alpha_i^*\left(\boldsymbol{x}_i\cdot\boldsymbol{x}_j\right),\ \ \sum_{i=1}^{N}\alpha_i^* y_i\left(\boldsymbol{x}_i\cdot\boldsymbol{x}_j\right)+b^*=0 \tag{4-124}$$

分类决策函数可表示成线性 SVM 的对偶形式

$$f(\boldsymbol{x})=\operatorname{sgn}\left(\sum_{i=1}^{N}\alpha_i^* y_i\left(\boldsymbol{x}_i\cdot\boldsymbol{x}_j\right)+b^*\right) \tag{4-125}$$

(2) 软间隔分类支持向量机。

在线性不可分的情况下，将对偶问题(4-123)的解 $\boldsymbol{\alpha}^*=\left(\alpha_1^*,\cdots,\ \alpha_N^*\right)^{\mathrm{T}}$ 中对应于 $\alpha_i^*>0$ 的样本点($\boldsymbol{x}_i$，y_i)的实例 $\boldsymbol{x}_i$ 称为软间隔的支持向量，参见图 4-12。分离超平面由实线表示，间隔边界由虚线表示，正例点由“○”表示，反例点由“×”表示。实例 $\boldsymbol{x}_i$ 到间隔边界的距离为 $\xi_i/\|\boldsymbol{w}\|$。若 $\alpha_i^*<C$, 则 $\xi_i=0$，支持向量 x_i 在间隔边界上。若 $\alpha_i^*=C$, $0<\xi_i<1$，则分类正确，x_i 在间隔边界与分离超平面之间。若 $\alpha_i^*=C$, $\xi_i=1$，则 $\boldsymbol{x}_i$ 在分离超平面上。若 $\alpha_i^*=C$，$\xi_i>1$，则 $\boldsymbol{x}_i$ 位于分离超平面误分一侧。

软间隔允许某些样本不满足约束(4-108)。在最大化间隔的同时，不满足约束的样本应尽可能少。于是，优化目标可写为

$$\min_{\boldsymbol{w},\ b} 2^{-1}\|\boldsymbol{w}\|^2+C\sum_{i=1}^{m} l_{0/1}\left(y_i\left(\boldsymbol{w}^{\mathrm{T}}\boldsymbol{x}_i+b\right)-1\right) \tag{4-126}$$

式中，$C>0$ 是一个常数，$l_{0/1}$ 是 0/1 损失函数，参见表 4-2。若采用 Hinge 损失，则上式变成常用的软间隔 SVM

$$\min_{\boldsymbol{w},\ b,\ \xi_i} 2^{-1}\|\boldsymbol{w}\|^2+C\sum_{i=1}^{m}\xi_i \tag{4-127}$$

式中，引入松弛变量 ξ_i 来表征样本不满足约束的程度

$$\xi_i=\max\left(0,1-y_i\left(\boldsymbol{w}^{\mathrm{T}}\boldsymbol{x}_i+b\right)\right),\ \text{s.t.}\ \ y_i\left(\boldsymbol{w}^{\mathrm{T}}\boldsymbol{x}_i+b\right)\geqslant 1-\xi_i;\ \ i=1,\cdots,\ m \tag{4-128}$$

通过 Lagrange 乘子法可得式(4-117)的 Lagrange 函数

$$L(\boldsymbol{w},\ b,\ \boldsymbol{\alpha},\ \boldsymbol{\xi},\ \boldsymbol{\mu})=\frac{1}{2}\|\boldsymbol{w}\|^2+C\sum_{i=1}^{m}\xi_i-\sum_{i=1}^{m}\alpha_i\left(1-\xi_i-y_i\left(\boldsymbol{w}^{\mathrm{T}}\boldsymbol{x}_i+b\right)\right)-\sum_{i=1}^{m}\mu_i\xi_i \tag{4-129}$$

式中，$\alpha_i\geqslant 0$，$\mu_i\geqslant 0$ 是 Lagrange 乘子。令 $L(\boldsymbol{w},\ b,\ \boldsymbol{\alpha},\ \boldsymbol{\xi},\ \boldsymbol{\mu})$ 对 $\boldsymbol{w}$、b、ξ_i 的偏导为零，得

$$\boldsymbol{w}=\sum_{i=1}^{m}\alpha_i y_i\boldsymbol{x}_i,\ \ 0=\sum_{i=1}^{m}\alpha_i y_i,\ \ C=\alpha_i+\mu_i \tag{4-130}$$

将上式代入式(4-129)，可得其对偶问题

$$\max_{\boldsymbol{\alpha}}\sum_{i=1}^{m}\alpha_i-\frac{1}{2}\sum_{i=1}^{m}\sum_{j=1}^{m}\alpha_i\alpha_j y_i y_j\boldsymbol{x}_i^{\mathrm{T}}\boldsymbol{x}_j,\ \ \text{s.t.}\ \ \sum_{i=1}^{m}\alpha_i y_i=0,\ \ 0\leqslant\alpha_i\leqslant C,\ \ i=1,\cdots,\ m \tag{4-131}$$

对软间隔 SVM，KKT 条件要求

$$\alpha_i\geqslant 0,\ \ \mu_i\geqslant 0,\ \ \xi_i\geqslant 0,\ \ \mu_i\xi_i=0,\ \ y_i f\left(\boldsymbol{x}_i\right)-1+\xi_i\geqslant 0,\ \ \alpha_i\left(y_i f\left(\boldsymbol{x}_i\right)-1+\xi_i\right)=0 \tag{4-132}$$

对训练样本($\boldsymbol{x}_i$, y_j)，则α_i=0 或 $y_i f(\boldsymbol{x}_i)=1-\xi_i$。若$\alpha_i$=0，则该样本不会对$f(\boldsymbol{x})$有任何影响。若$\alpha_i$>0，则 $y_i f(\boldsymbol{x}_i)=1-\xi_i$，即该样本是支持向量：由式(4-131)可知，若$\alpha_i<C$则$\mu_i$>0，进而有$\xi_i$=0，即该样本在最大间隔边界上。若$\alpha_i=C$，则有$\mu_i$=0，若$\xi_i\leqslant 1$，则该样本落在最大间隔内部，若$\xi_i$>1，则该样本被错误分类。由此可知，软间隔SVM 的最终模型仅与支持向量有关，通过采用 Hinge 损失函数仍保持了稀疏性。

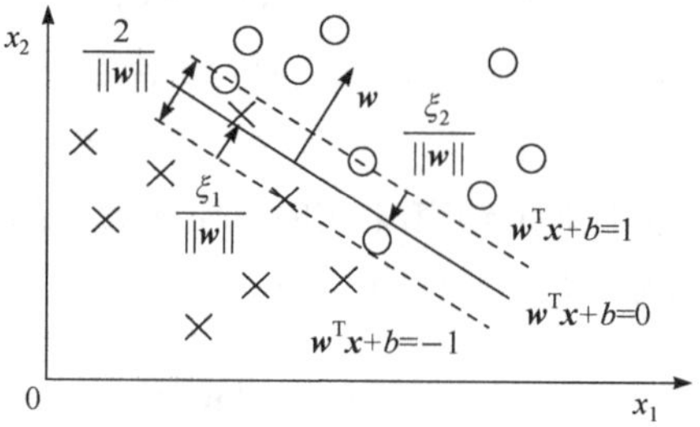

图 4-12　软间隔的支持向量

3) 非线性支持向量机与核函数

非线性分类问题可通过非线性模型进行分类,将非线性问题变换为线性问题,通过解变换后的线性问题的方法求解原来的非线性问题。核映射使 SVM 成为非线性分类器，决策边界不再是线性超平面，可以是形状复杂的曲面。若样本线性不可分，可将特征向量映射到更高维的空间，使其在该空间中线性可分。令$\phi(\boldsymbol{x})$表示将$\boldsymbol{x}$映射后的特征向量，特征空间中划分超平面所对应的模型可表示为

$$f(\boldsymbol{x})=\boldsymbol{w}^{\mathrm{T}}\phi(\boldsymbol{x})+b \tag{4-133}$$

式中，$\boldsymbol{w}$ 和 b 是模型参数。由于特征空间维数可能很高，甚至是无穷维，因此直接计算$\phi(\boldsymbol{x}_j)$通常是困难的。可定义核函数

$$K(\boldsymbol{x}_i,\ \boldsymbol{x}_j)=K(\boldsymbol{x}_i^{\mathrm{T}},\ \boldsymbol{x}_j)=\langle\phi(\boldsymbol{x}_i),\ \phi(\boldsymbol{x}_j)\rangle=\phi^{\mathrm{T}}(\boldsymbol{x}_i)\phi(\boldsymbol{x}_j) \tag{4-134}$$

则对偶问题(4-131)可拓展为

$$\begin{aligned}&\min_{\alpha}\sum_{i=1}^{m}\alpha_i-\frac{1}{2}\sum_{i=1}^{m}\sum_{j=1}^{m}\alpha_i\alpha_j y_i y_j K(\boldsymbol{x}_i,\ \boldsymbol{x}_j),\\&\text{s.t.}\ \sum_{i=1}^{m}\alpha_i y_i=0;\ \ \alpha_i\geqslant 0;\ \ i=1,\cdots,\ m\end{aligned} \tag{4-135}$$

求解后可得

$$f(\boldsymbol{x})=\boldsymbol{w}^{\mathrm{T}}\phi(\boldsymbol{x})+b=\sum_{i=1}^{m}\alpha_i y_i\phi^{\mathrm{T}}(\boldsymbol{x}_i)\phi(\boldsymbol{x})+b=\sum_{i=1}^{m}\alpha_i y_i K(\boldsymbol{x},\ \boldsymbol{x}_i)+b \tag{4-136}$$

式中，模型最优解可通过训练样本的核函数展开，即支持向量展式。

令 X 为输入空间，$K(\cdot, \cdot)$是定义在核矩阵上的对称函数。当且仅当对于任意数据 $D=\{\boldsymbol{x}_1, \cdots, \boldsymbol{x}_m\}$，$\boldsymbol{K}$ 是半正定时，称 $K(\cdot, \cdot)$是核函数。对一个半正定核矩阵，能找到一个与之对应的映射ϕ。任何一个核函数都隐式定义了一个再生核 Hilbert 空间(reproducing kernel Hilbert space，RKHS)的特征空间，参见表 4-5。

表 4-5　常用核函数及其计算公式

核函数	计算公式	参数
线性核	$K(\boldsymbol{x}_i, \boldsymbol{x}_j)=\boldsymbol{x}_i^{\mathrm{T}}\boldsymbol{x}_j$	
多项式核	$K(\boldsymbol{x}_i, \boldsymbol{x}_j)=(\alpha\boldsymbol{x}_i^{\mathrm{T}}\boldsymbol{x}_j+c)^d$	$d\geqslant 1$ 是多项式的次数，α是斜率，c=0 是同质多项核函数，c=1 是不同质多项核函数
径向基函数核 Gaussian 核	$K(\boldsymbol{x}_i, \boldsymbol{x}_j)=\mathrm{e}^{-\lVert\boldsymbol{x}_i-\boldsymbol{x}_j\rVert^2/(2\sigma^2)}$	$\sigma>0$ 为 Gaussian 核的带宽
Laplacian 核	$K(\boldsymbol{x}_i, \boldsymbol{x}_j)=\mathrm{e}^{-\lVert\boldsymbol{x}_i-\boldsymbol{x}_j\rVert/\sigma}$	$\sigma>0$
sigmoid 核	$K(\boldsymbol{x}_i, \boldsymbol{x}_j)=\tanh(\beta\boldsymbol{x}_i^{\mathrm{T}}\boldsymbol{x}_j+\theta)$	$\beta>0$，$\theta<0$

利用核技巧，可将线性分类的学习方法应用于非线性分类问题。将线性 SVM 扩展到非线性 SVM，只需将线性 SVM 对偶形式中的内积换成核函数。从非线性分类训练集，通过核函数与软间隔最大化，或凸二次规划，学习得到分类决策函数为非线性支持向量

$$f(\boldsymbol{x})=\operatorname{sgn}\left(\sum_{i=1}^{N}\alpha_i^* y_i K(\boldsymbol{x}_i, \boldsymbol{x}_j)+b^*\right) \tag{4-137}$$

在核函数 $K(\boldsymbol{x}_i, \boldsymbol{x}_j)$给定的条件下，可利用解线性分类问题的方法求解非线性分类问题的 SVM。在实际应用中，往往依赖领域知识直接选择核函数，核函数选择的有效性需通过实验验证。

4) 支持向量回归

回归 SVM 可用于小样本下的实值连续函数估计，采用不敏感损失函数

$$L(y, f(\boldsymbol{x}, \theta))=|y-f(\boldsymbol{x}, \theta)|_\varepsilon=\max(0,|y-f(\boldsymbol{x}, \theta)-\varepsilon|) \tag{4-138}$$

式中，ε为正数。若$|y-f(\boldsymbol{x}, \theta)|\leqslant\varepsilon$，$|y-f(\boldsymbol{x}, \theta)|_\varepsilon=0$。若$|y-f(\boldsymbol{x}, \theta)|>\varepsilon$，$|y-f(\boldsymbol{x}, \theta)|_\varepsilon=|y-f(\boldsymbol{x}, \theta)|-\varepsilon$。该损失函数存在$\pm\varepsilon$不敏感带，带内不计误差，$L(y, f(\boldsymbol{x}, \theta))=0$。相应的经验风险为

$$R_E(\theta)=l^{-1}\sum_{i=1}^{l}|y_i-f(\boldsymbol{x}_i, \theta)|_\varepsilon \tag{4-139}$$

对线性回归，$f(\boldsymbol{x}_i, \boldsymbol{w}, \theta)=(\boldsymbol{w}\cdot\boldsymbol{x}_i)+b$。给定训练样本 $D=\{(\boldsymbol{x}_1, y_1), \cdots, (\boldsymbol{x}_m, y_m)\}$，

$y_i \in \mathbf{R}$，回归模型式(4-138)使 $f(\boldsymbol{x})$ 与 y 尽可能接近，$\boldsymbol{w}$ 和 b 是待定模型参数。支持向量回归(support vector regression，SVR)假设能容忍 $f(\boldsymbol{x})$ 与 y 之间最多有 ε 的偏差，参见图 4-13，以 $f(\boldsymbol{x})$ 为中心，构建一个宽度为 2ε 的间隔带，若训练样本落入此间隔带，则认为是被预测正确的。

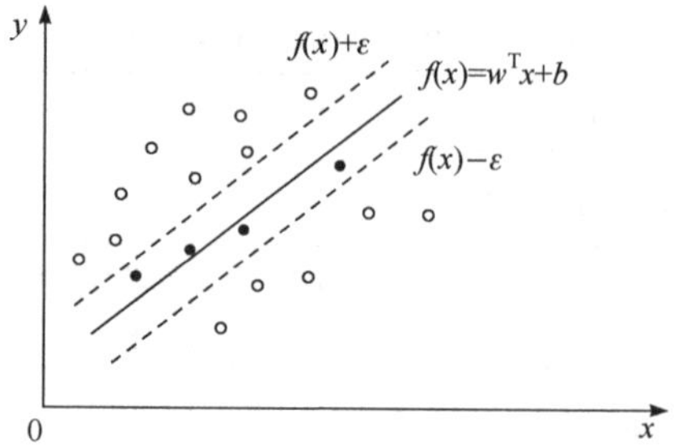

图 4-13　支持向量回归示意图

于是，SVR 问题可形式化为

$$\min_{f} \Omega(f) + C\sum_{i=1}^{m} L_{\varepsilon}\left(f(\boldsymbol{x}_i),\ y_i\right) \tag{4-140}$$

式中，C 为正则化常数，L_ε 是 ε-不敏感损失函数

$$L_{\varepsilon}(z) = \begin{cases} 0, & |z| \leqslant \varepsilon \\ |z| - \varepsilon, & \text{其他} \end{cases} \tag{4-141}$$

引入松弛变量 ξ_i 和 $\hat{\xi}_i$，式(4-140)可表示为

$$\begin{gathered} \min_{\boldsymbol{w},\ b,\ \xi_i,\ \hat{\xi}_j} \|\boldsymbol{w}\|^2/2 + C\sum_{i=1}^{m}\left(\xi_i + \hat{\xi}_j\right), \\ \text{s.t.}\ \ f(\boldsymbol{x}_i) - y_i \leqslant \varepsilon + \xi_i;\ \ y_i - f(\boldsymbol{x}_i) \leqslant \varepsilon + \hat{\xi}_i;\ \ \xi_i \geqslant 0;\ \ \hat{\xi}_i \geqslant 0;\ \ i = 1, \cdots,\ m \end{gathered} \tag{4-142}$$

引入 Lagrange 乘子 $\mu_I \geqslant 0$，$\hat{\mu}_i \geqslant 0$，$\alpha_i \geqslant 0$，$\hat{\alpha}_i \geqslant 0$，上式 Lagrange 函数改写为

$$\begin{aligned} L\left(\boldsymbol{w},\ b,\ \boldsymbol{\alpha},\ \hat{\boldsymbol{\alpha}},\ \boldsymbol{\xi},\ \hat{\boldsymbol{\xi}},\ \boldsymbol{\mu},\ \hat{\boldsymbol{\mu}}\right) = {} & \frac{1}{2}\|\boldsymbol{w}\|^2 + C\sum_{i=1}^{m}\left(\xi_i + \hat{\xi}_j\right) - \sum_{i=1}^{m}\mu_i\xi_i - \sum_{i=1}^{m}\hat{\mu}_i\hat{\xi}_i \\ & + \sum_{i=1}^{m}\alpha_i\left(f(\boldsymbol{x}_i) - y_i - \varepsilon - \xi_i\right) + \sum_{i=1}^{m}\hat{\alpha}_i\left(y_i - f(\boldsymbol{x}_i) - \varepsilon - \hat{\xi}_i\right) \end{aligned} \tag{4-143}$$

代入式(4-140)，令 $L\left(\boldsymbol{w},\ b,\ \boldsymbol{\alpha},\ \hat{\boldsymbol{\alpha}},\ \boldsymbol{\xi},\ \hat{\boldsymbol{\xi}},\ \boldsymbol{\mu},\ \hat{\boldsymbol{\mu}}\right)$ 对 $\boldsymbol{w}$、b、ξ_i 和 $\hat{\xi}_i$ 的偏导为零，得

$$\boldsymbol{w} = \sum_{i=1}^{m}(\hat{\alpha}_i - \alpha_i)\boldsymbol{x}_i,\quad 0 = \sum_{i=1}^{m}(\hat{\alpha}_i - \alpha_i),\quad C = \alpha_i + \mu_i,\quad C = \hat{\alpha}_i + \hat{\mu}_i \tag{4-144}$$

将上式代入式(4-143)，得 SVR 的对偶问题

$$
\begin{aligned}
&\max_{\alpha,\ \hat{\alpha}} \sum_{i=1}^{m}\left(y_i\left(\hat{\alpha}_i-\alpha_i\right)-\varepsilon\left(\hat{\alpha}_i+\alpha_i\right)\right)-\frac{1}{2}\sum_{i=1}^{m}\sum_{j=1}^{m}\left(\hat{\alpha}_i-\alpha_i\right)\left(\hat{\alpha}_j-\alpha_j\right)\boldsymbol{x}_i^{\mathrm{T}}\boldsymbol{x}_j, \\
&\text{s.t.}\ \sum_{i=1}^{m}\left(\hat{\alpha}_i-\alpha_i\right)=0,\ 0\leqslant\alpha_i,\ \hat{\alpha}_i\leqslant C,\ i=1,\cdots,\ m
\end{aligned}
\tag{4-145}
$$

上述过程需满足 KKT 条件

$$
\begin{cases}
\alpha_i\hat{\alpha}_i=0,\ \xi_i\hat{\xi}_i=0,\ \left(C-\alpha_i\right)\xi_i=0,\ \left(C-\hat{\alpha}_i\right)\hat{\xi}_i=0, \\
\alpha_i\left(f\left(\boldsymbol{x}_i\right)-y_i-\varepsilon-\xi_i\right)=0,\ \hat{\alpha}_i\left(y_i-f\left(\boldsymbol{x}_i\right)-\varepsilon-\hat{\xi}_i\right)=0
\end{cases}
\tag{4-146}
$$

式中，当 $f(\boldsymbol{x}_i)-y_i-\varepsilon-\xi_i=0$ 时，α_i 能取非零值。当 $y_i-f\left(\boldsymbol{x}_i\right)-\varepsilon-\hat{\xi}_i=0$ 时，$\hat{\alpha}_i$ 能取非零值。仅当样本$(\boldsymbol{x}_i，y_i)$不落入ε-间隔带中，相应的α_i 和 $\hat{\alpha}_i$ 才能取非零值。此外，约束 $f(\boldsymbol{x}_i)-y_i-\varepsilon-\xi_i=0$ 和 $y_i-f\left(\boldsymbol{x}_i\right)-\varepsilon-\hat{\xi}_i=0$ 不能同时成立，因此α_i 和 $\hat{\alpha}_i$ 中至少有一个为零。

将式(4-144)代入式(4-138)，则 SVR 的解为

$$
f\left(\boldsymbol{x}_i\right)=\sum_{i=1}^{m}\left(\hat{\alpha}_i-\alpha_i\right)\boldsymbol{x}_i^{\mathrm{T}}\boldsymbol{x}+b
\tag{4-147}
$$

式中，$\left(\hat{\alpha}_i-\alpha_i\right)\neq 0$ 的样本为 SVR 的支持向量，在ε-间隔带之外。显然，SVR 的支持向量仅是训练样本的一部分，即其解具有稀疏性。

由 KKT 条件(4-146)可知，对每个样本$(\boldsymbol{x}_i，y)$都有$(C-\alpha_i)\xi_i=0$ 且 $\alpha_i(f(\boldsymbol{x}_i)-y_i-\varepsilon-\xi_i)=0$。于是，在得到$\alpha_i$后，若 $0<\alpha_i<C$，则必有$\xi_i=0$，进而有

$$
b=y_i+\varepsilon-\sum_{i=1}^{m}\left(\hat{\alpha}_i-\alpha_i\right)\boldsymbol{x}_i^{\mathrm{T}}\boldsymbol{x}
\tag{4-148}
$$

理论上可任意选取满足 $0<\alpha_i<C$ 的样本通过上式求得 b。实践中常采用选取多个或所有满足条件 $0<\alpha_i<C$ 的样本，求解 b 后取平均值。

若考虑特征映射形式(4-138)，则相应地，式(4-144)将形如

$$
\boldsymbol{w}=\sum_{i=1}^{m}\left(\hat{\alpha}_i-\alpha_i\right)\phi\left(\boldsymbol{x}_i\right)
\tag{4-149}
$$

将上式代入式(4-138)，则 SVR 可表示为

$$
f\left(\boldsymbol{x}\right)=\sum_{i=1}^{m}\left(\hat{\alpha}_i-\alpha_i\right)K\left(\boldsymbol{x},\ \boldsymbol{x}_i\right)+b
\tag{4-150}
$$

式中，$K(\boldsymbol{x}_i，\boldsymbol{x}_j)=\phi(\boldsymbol{x}_i)\phi^{\mathrm{T}}(\boldsymbol{x}_j)$为核函数。

4.3 无监督学习

无监督学习只接收无标注数据，根据假设对输入数据进行处理[4, 36~39]，参见图 4-14。

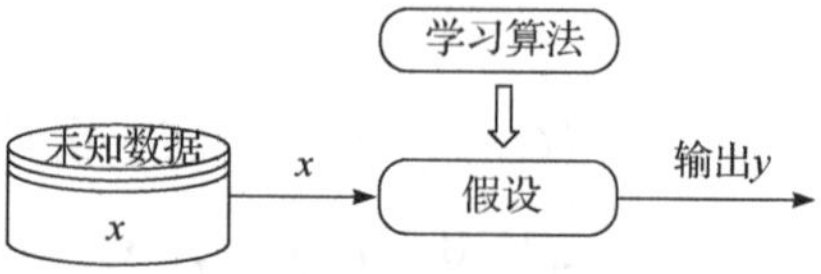

图 4-14 无监督学习的工作原理图

4.3.1 聚类

聚类(clustering)根据特征对无标签信息的数据样本进行分类，将样本集 D 划分为若干互不相交的子集(样本)。聚类结果的簇内相似度高且簇间相似度低。

(1) 外部指标，是聚类结果与参考模型比较。对数据集 $D=\{\boldsymbol{x}_1, \cdots, \boldsymbol{x}_m\}$，假定通过聚类给出的簇划分为 $C=\{C_1, \cdots, C_k\}$，参考模型给出的簇划分为 $C^*=\left\{C_1^*,\cdots, C_s^*\right\}$。令$\lambda$与$\lambda^*$分别表示与 C 和 C^*对应的簇标记向量。将样本两两配对考虑，定义

$$\begin{cases} a=\operatorname{card}(SS), & SS=\left\{\left(\boldsymbol{x}_i, \boldsymbol{x}_j\right) \middle| \lambda_i=\lambda_j, \lambda_i^*=\lambda_j^*, i<j\right\} \\ b=\operatorname{card}(SD), & SD=\left\{\left(\boldsymbol{x}_i, \boldsymbol{x}_j\right) \middle| \lambda_i=\lambda_j, \lambda_i^*\neq\lambda_j^*, i<j\right\} \\ c=\operatorname{card}(DS), & DS=\left\{\left(\boldsymbol{x}_i, \boldsymbol{x}_j\right) \middle| \lambda_i\neq\lambda_j, \lambda_i^*=\lambda_j^*, i<j\right\} \\ d=\operatorname{card}(DD), & DD=\left\{\left(\boldsymbol{x}_i, \boldsymbol{x}_j\right) \middle| \lambda_i\neq\lambda_j, \lambda_i^*\neq\lambda_j^*, i<j\right\} \end{cases} \tag{4-151}$$

式中，根据集合包含在 C 中隶属于相同或不同簇且在 C^*中隶属于相同或不同簇的样本对，分为 SS、SD、DS 和 DD 集合。常用聚类性能度量外部指标可表示如下

$$\begin{cases} \text{准确率：acc}=(a+d)/(a+b+c+d) \\ \text{Jaccard系数：JC}=a/(a+b+c) \\ \text{FM指数：FMI}=\sqrt{(a/(a+b))(a/(a+c))} \\ \text{Rand指数：RI}=2(a+d)/(m(m-1)) \\ \text{轮廓系数：Silhouette}=(b-a)/\max(a, b) \end{cases} \tag{4-152}$$

式中，前 4 项性能度量的结果值均在[0，1]区间，值越大越好。每个样本对($\boldsymbol{x}_i$，$\boldsymbol{x}_j$)仅能出现在一个集合中，有 $a+b+c+d=m(m-1)/2$。

(2)内部指标，考虑聚类结果的簇划分 $C=\{C_1, \cdots, C_k\}$，定义

$$\begin{cases}\text{簇内样本间的平均距离：}\operatorname{avg}(C)=2\dfrac{\sum\limits_{1\leqslant i\leqslant j\leqslant|C|}\operatorname{dist}(\boldsymbol{x}_i,\ \boldsymbol{x}_j)}{(\operatorname{card}(C))(\operatorname{card}(C)-1)}\\ \text{簇内样本间的最远距离：}\operatorname{diam}(C)=\max\limits_{1\leqslant i\leqslant j\leqslant|C|}\operatorname{dist}(\boldsymbol{x}_i,\ \boldsymbol{x}_j)\\ \text{簇间最近样本间的距离：}d_{\min}(C_i,\ C_j)=\min\limits_{\boldsymbol{x}_i\in C_i,\ \boldsymbol{x}_j\in C_j}\operatorname{dist}(\boldsymbol{x}_i,\ \boldsymbol{x}_j)\\ \text{簇间中心点间的距离：}d_{\text{cen}}(C_i,\ C_j)=\operatorname{dist}(\boldsymbol{\mu}_i,\ \boldsymbol{\mu}_j)\end{cases} \tag{4-153}$$

式中，dist(·，·)是两个样本间的距离，$\boldsymbol{\mu}_i=(\operatorname{card}(C))^{-1}\sum\limits_{1\leqslant i\leqslant|C|}\operatorname{dist}\boldsymbol{x}_i$ 是簇 C 的中心点。用聚类性能度量内部指标可表示如下

$$\begin{cases}\text{DB指数:DBI}=k^{-1}\sum\limits_{i=1}^{k}\max\limits_{j\neq i}\left(\left(\operatorname{avg}(C_i)+\operatorname{avg}(C_j)\right)/d_{\text{cen}}(\boldsymbol{\mu}_i,\ \boldsymbol{\mu}_j)\right)\\ \text{Dunn指数:DI}=\min\limits_{1\leqslant i\leqslant k}\left(\min\limits_{j\neq i}\left(d_{\min}(C_i,\ C_j)/\min\limits_{1\leqslant l\leqslant k}\operatorname{diam}(C_l)\right)\right)\end{cases} \tag{4-154}$$

式中，DBI 的值越小越好，而 DI 则相反，值越大越好。

(3) 互信息，是一个随机变量包含另一个随机变量的信息量的度量，通过算法得到的聚类结果包含正确聚类结果的信息量,作为对聚类结果好坏的评价标准。

对于一个包含 n 个数据的样本集，若有真实分组结果 U 和算法得到的聚类结果 V，首先计算这两种样本分布的熵分别为

$$H(U)=\sum_{i=1}^{\operatorname{card}(U)}P(i)\log(P(i)),\quad H(V)=\sum_{j=1}^{\operatorname{card}(V)}P'(j)\log(P'(j)) \tag{4-155}$$

式中，$P(i)=\operatorname{card}(U_i)/n$，$P'(j)=\operatorname{card}(V_j)/n$，则两者之间的互信息为

$$\operatorname{MI}(U,\ V)=\sum_{i=1}^{\operatorname{card}(U)}\sum_{j=1}^{\operatorname{card}(V)}P(i,\ j)\log\left(P(i,\ j)/(P(i)P'(j))\right) \tag{4-156}$$

式中，$P(i,\ j)=\operatorname{card}(U_i\cap V_j)/n$。实际应用中常用标准化后的互信息

$$\operatorname{NMI}(U,\ V)=MI(U,\ V)/\sqrt{H(U)H(V)} \tag{4-157}$$

1) 连通性聚类

(1) 距离与相似系数。

对指标进行分类，考虑 n 维空间中 p 个变量点 $\boldsymbol{x}_i$ 的相似程度。设 $\boldsymbol{x}_i=[x_{i1}, \cdots,$

$x_{ip}]^{\mathrm{T}}(i=1,\cdots,n)$是 p 维空间的 n 个样本点。

① L_p 范数距离或 n 维向量 $\boldsymbol{x}$、$\boldsymbol{y}$ 之间的 Minkowski 距离为

$$d_p(\boldsymbol{x},\boldsymbol{y})=\left(\sum_{t=1}^{n}\left|x_{it}-y_{it}\right|^p\right)^{1/p} \tag{4-158}$$

② L_1 范数距离或绝对值距离为

$$d_{ij}^{(1)}=\sum_{t=1}^{p}\left|x_{it}-x_{jt}\right|,\quad i,j=1,\cdots,n \tag{4-159}$$

③ L_2 范数距离或 Euclidean 距离为

$$d_{ij}^{(2)}=\sqrt{\sum_{t=1}^{p}\left(x_{it}-x_{jt}\right)^2},\quad i,j=1,\cdots,n \tag{4-160}$$

④ L_∞范数距离或棋盘(Chessboard)距离为

$$d_{ij}^{(3)}=\max_{t=1,\cdots,p}\left|x_{it}-x_{jt}\right|,\quad i,j=1,\cdots,n \tag{4-161}$$

⑤ Mahalanobis 距离为

$$d_{ij}^{(4)}=\sqrt{\left(\boldsymbol{x}_i-\boldsymbol{x}_j\right)^{\mathrm{T}}\boldsymbol{S}^{-1}\left(\boldsymbol{x}_i-\boldsymbol{x}_j\right)},\quad i,j=1,\cdots,n \tag{4-162}$$

式中，$\boldsymbol{S}^{-1}$ 为样本的协方差阵 $\boldsymbol{S}=(V_{ts})$ 的逆矩阵，其中 $\bar{x}_t=n^{-1}\sum_{i=1}^{n}x_{it}$，$V_{ts}=(n-1)^{-1}\sum_{i=1}^{n}(x_{it}-\bar{x}_t)(x_{is}-\bar{x}_s)$，$t,s=1,\cdots,p$。

⑥ Canberra 距离为

$$d_{ij}^{(5)}=\sum_{t=1}^{p}\left|x_{it}-x_{jt}\right|/\left(x_{it}+x_{jt}\right),\quad x_{ij}\geqslant 0,\ i,j=1,\cdots,n \tag{4-163}$$

⑦ 相关系数或夹角余弦为

$$r_{ij}=\sum_{m=1}^{M}\left(x_{mi}-\bar{x}_i\right)\left(x_{mj}-\bar{x}_j\right)\Big/\sqrt{\sum_{m=1}^{M}\left(x_{mi}-\bar{x}_i\right)^2\left(x_{mj}-\bar{x}_j\right)^2} \tag{4-164}$$

式中，$\bar{x}_i=M^{-1}\sum_{m=1}^{M}x_{mi}$，$\bar{x}_j=M^{-1}\sum_{m=1}^{M}x_{mj}$，$r_{ij}=r_{ji}$。$|r_{ij}|$越接近 1，$x_i$、$x_j$ 越相关；$|r_{ij}|$越接近 0，$\boldsymbol{x}_i$、$\boldsymbol{x}_j$ 越不相关。若$|r_{ij}|=1$，$\boldsymbol{x}_i=a\boldsymbol{x}_j$，$\boldsymbol{x}_i$、$\boldsymbol{x}_j$ 是完全线性相关的。若$|r_{ij}|=0$，$\boldsymbol{x}_i$、$\boldsymbol{x}_j$ 是正交的。

⑧ 指数相似系数为

$$c_{ij}^{(2)} = p^{-1}\sum_{i=1}^{p} \mathrm{e}^{-3\left(x_{it}-x_{jt}\right)^2/\left(4s_i^2\right)} \tag{4-165}$$

式中，$s_i^2 = (n-1)^{-1}\sum_{t=1}^{n}\left(x_{it}-\overline{x}_i\right)^2$。

⑨ 定性指标的距离为

$$d_{ij} = \frac{\boldsymbol{x}_i\text{和}\boldsymbol{x}_j\text{的不相同的定性指标数}}{\boldsymbol{x}_i\text{和}\boldsymbol{x}_j\text{相同的定性指标数}+\boldsymbol{x}_i\text{和}\boldsymbol{x}_j\text{不同的定性指标数}} \tag{4-166}$$

(2) 系统聚类法。

① 最短距离法，类与类之间的距离为两类最近样品的距离为

$$d_{KL} = \min\left\{d_{ij}: \boldsymbol{x}_i \in G_K; \boldsymbol{x}_j \in G_L\right\} \tag{4-167}$$

若某一步类 G_K 与类 G_L 聚成新类 G_M，类 G_M 与已有类 G_J 之间的距离为

$$d_{MJ} = \min\left\{d_{KJ},\ d_{LJ}\right\},\quad J \neq K,\ L \tag{4-168}$$

② 中间距离法，类间距离采用中间距离。设某一步将类 G_K 与类 G_L 聚成一个新类，记为 G_M，对任一类 G_J，考虑由 d_{KJ}、d_{LJ} 和 d_{KL} 为边长构成的三角形，取 d_{KL} 边的中线记为 d_{MJ}，则类间平方距离的递推公式为

$$d_{MJ}^2 = d_{KJ}^2/2 + d_{LJ}^2/2 - d_{KJ}^2/4 \tag{4-169}$$

③ 最长距离法，类与类之间的距离定义为两类最远样品间的距离

$$d_{KL} = \max\left\{d_{ij}:\ \boldsymbol{x}_i \in G_K;\ \boldsymbol{x}_j \in G_L\right\} \tag{4-170}$$

类间距离的递推公式为

$$d_{MJ} = \max\left\{D_{KJ},\ D_{LJ}\right\},\ J \neq K,\ L \tag{4-171}$$

④ 重心法，类间距离定义为其重心(类均值)之间的 Euclidean 距离。设 G_K 中有 n_K 个元素，G_L 中有 n_L 个元素，定义类 G_K 与 G_L 的重心分别为

$$\overline{\boldsymbol{x}}_K = n_K^{-1}\sum_{i=1}^{n_K}\boldsymbol{x}_i,\quad \overline{\boldsymbol{x}}_L = n_L^{-1}\sum_{i=1}^{n_L}\boldsymbol{x}_i \tag{4-172}$$

则 G_K 与 G_L 之间的类间平方距离为

$$\left(d\left(\overline{\boldsymbol{x}}_K,\ \overline{\boldsymbol{x}}_L\right)\right)^2 = \left(\overline{\boldsymbol{x}}_K - \overline{\boldsymbol{x}}_L\right)^{\mathrm{T}}\left(\overline{\boldsymbol{x}}_K - \overline{\boldsymbol{x}}_L\right) \tag{4-173}$$

⑤ 类平均法，样品类间平方距离的平均值。G_K 与 G_L 间的平方距离为

$$d_{KL}^2 = n_K^{-1}n_L^{-1}\sum_{x_i\in G_K,\ x_j\in G_J} d_{ij}^2 \tag{4-174}$$

⑥ 离差平方和法，目标是使同一个类内的离差平方和小，而类间离差平方和大。设 G_K 与 G_L 聚成新类 G_M，则 G_K、G_L 和 G_M 的类内离差平方和分别为

$$\begin{cases} W_K = \sum\limits_{\boldsymbol{x}_i \in G_K} \left(\boldsymbol{x}_i - \overline{\boldsymbol{x}}_K\right)^{\mathrm{T}} \left(\boldsymbol{x}_i - \overline{\boldsymbol{x}}_K\right) \\ W_L = \sum\limits_{\boldsymbol{x}_i \in G_L} \left(\boldsymbol{x}_i - \overline{\boldsymbol{x}}_L\right)^{\mathrm{T}} \left(\boldsymbol{x}_i - \overline{\boldsymbol{x}}_L\right) \\ W_M = \sum\limits_{\boldsymbol{x}_i \in G_M} \left(\boldsymbol{x}_i - \overline{\boldsymbol{x}}_M\right)^{\mathrm{T}} \left(\boldsymbol{x}_i - \overline{\boldsymbol{x}}_M\right) \end{cases} \tag{4-175}$$

将 G_K 与 G_L 合并成新类 G_M，类内离差平方和会有所增加，即 $W_M=(W_K-W_L)>0$，如果 G_K 与 G_L 距离比较近，则增加的离差平方和应较小。

(3) 无序属性。

值差度量(value difference metric，VDM)可对无序属性进行描述。令 $m_{u,\ a}$ 表示在属性 u 上取值为 a 的样本数，$m_{u,\ a,\ i}$ 表示在第 i 个样本簇中在属性 u 上取值为 a 的样本数，k 为样本簇数，则属性 u 上两个离散值 a 与 b 之间的 VDM 距离为

$$\mathrm{VDM}_p\left(a,\ b\right) = \sum_{i=1}^{k} \left| m_{u,\ a,\ i} / m_{u,\ a} - m_{u,\ b,\ i} / m_{u,\ b} \right|^p \tag{4-176}$$

将 Minkowski 距离和 VDM 结合可处理混合属性。假定有 n_c 个有序属性、$n-n_c$ 个无序属性，不失一般性，令有序属性排列在无序属性之前，则

$$\mathrm{MinkoVDM}_p\left(\boldsymbol{x}_i,\ \boldsymbol{x}_j\right) = \left(\sum_{u=1}^{n_c} \left| x_{iu} - x_{ju} \right|^p + \sum_{u=n_c+1}^{n} \mathrm{VDM}_p\left(x_{iu},\ x_{ju}\right) \right)^{1/p} \tag{4-177}$$

当样本空间中不同属性的重要性不同时，可使用加权距离，如加权 Minkowski 距离

$$\mathrm{dist}_{\mathrm{wmk}}\left(\boldsymbol{x}_i,\ \boldsymbol{x}_j\right) = \left(w_1 \left| x_{i1} - x_{j1} \right|^p + \cdots + w_n \left| x_{in} - x_{jn} \right|^p \right)^{1/p} \tag{4-178}$$

式中，权重 $w_i \geqslant 0(i=1,\ \cdots,\ n)$表征不同属性的重要性，通常 $\sum\limits_{i=1}^{n} w_i = 1$。

2) 基于质心的聚类

(1) k-均值聚类法。

k-均值(k-means)算法是一种基于划分的聚类方法，通过一个最优化的目标函数发掘数据中包含的类别信息结构，从而将数据集中的点划分到不同的簇中。若子集个数为 k，计算每个子集中包含的所有数据点的均值作为簇的代表。k-means 聚类可表述为一个优化问题，给定一个包含 n 个数据对象的数据集合 $D=\{\boldsymbol{x}_1,\ \cdots,$

$\boldsymbol{x}_n\}$，定义聚类分析后产生的类别集合为 $C=\{C_1, \cdots, C_k\}$。算法采用方差作为度量聚类质量的目标函数

$$\mathrm{SSE}(C)=\sum_{k=1}^{K}\sum_{x_i\in C_k}\left\|\boldsymbol{x}_i-\boldsymbol{c}_k\right\|^2 \tag{4-179}$$

式中，$\boldsymbol{c}_k$ 是簇 C_k 的中心点

$$\boldsymbol{c}_k=\sum_{x_i\in C_k}\boldsymbol{x}_i/\mathrm{card}(C_k) \tag{4-180}$$

算法目标是最小化方差的聚类结果，即 NP 难问题，需采用启发式方法。k-means 算法在每次迭代后都会减小目标函数方差的值，算法是收敛的，可在有限终止。

(2) k-中心点。

k-中心点(k-medoids)算法对离群点敏感，划分方法基于最小化所有对象 p 与其对应的代表对象之间的相异度之和的原则来进行划分

$$E=\sum_{i=1}^{k}\sum_{p\in C_i}\mathrm{dist}(p, o_i) \tag{4-181}$$

式中，E 是数据集中所有对象 p 与 C_i 的对象 o_i 的绝对误差之和。k-中心点聚类把 n 个对象划分到 k 个簇中。存在噪声和离群点时，k-中心点方法比 k-means 更鲁棒。

(3) 模糊 C-均值聚类。

模糊 C-均值(fuzzy C-means algorithm，FCM)将各子集内的数据样本的均值作为该聚类的代表点，通过迭代过程把数据集划分为不同类别，使评价聚类性能的准则函数达到最优，并使生成的每个聚类内紧凑，类间独立。FCM 将 n 个样品划分为 c 类($2\leqslant c\leqslant n$)，$V=\{\boldsymbol{v}_1, \cdots, \boldsymbol{v}_c\}$ 为 c 个类的聚类中心，其中 $\boldsymbol{v}_i=(v_{i1}, \cdots, v_{ip})(i=1, \cdots, c)$。在模糊划分中，每一个样品以一定的隶属度属于某一类。令 u_{ik} 表示第 k 个样品 x_k 属于第 i 类的隶属度，其中，$0\leqslant u_{ik}\leqslant 1$，$\sum_{i=1}^{c}u_{ik}=1$，则目标函数 $J(U, V)$ 为

$$\min J(U, V)=\min\sum_{k=1}^{n}\sum_{i=1}^{c}u_{ik}d_{ik}^2 \tag{4-182}$$

式中，$d_{ik}=\|\boldsymbol{x}_k-\boldsymbol{v}_i\|$，权重是样品 $\boldsymbol{x}_k$ 属于第 i 类的隶属度的 m 次方。

(4) 减法聚类。

减法聚类算法得到的聚类估计可用于初始化基于重复优化过程的模糊聚类以及模型辨识方法。减法聚类法将每个数据点作为可能的聚类中心，考虑 M 维空间的 n 个数据点(x_1, $\cdots$, x_n)，数据点 x_i 处的密度指标为

$$d_i=\sum_{j=1}^{n}\mathrm{e}^{\left\|x_i-x_j\right\|^2/(r_a/2)^2} \tag{4-183}$$

式中，半径 $r_a>0$ 定义了该点的一个邻域。若一个数据点有多个近邻的数据点，则该数据点具有高密度值。在计算每个数据点密度指标后，选择具有最高密度指标的数据点为第一个聚类中心，令 x_{c1} 为选中的点，d_{c1} 为其密度指标，则每个数据点 $\boldsymbol{x}_i$ 的密度指标为

$$d_i = d_i - d_{c1}\mathrm{e}^{\|x_i - x_{c1}\|^2/(r_b/2)^2} \tag{4-184}$$

式中，常数 r_b 为一个正数，定义了一个密度指示函数显著减小的邻域。常数 r_b 通常大于 r_a，以避免出现相距很近的聚类中心，一般取 $r_b=r_a$。

在选出第一个聚类中心后，从剩余的可能作为聚类中心的数据点中，继续采用类似的方法选择下一个聚类中心，直至所有剩余数据点作为聚类中心的可能性低于某一阈值。

3) 基于概率分布的聚类

基于概率分布的聚类以模糊或概率方式把一个对象指派到一个或多个簇。Gaussian 密度函数估计是一种参数化模型。GMM 通过多个正态分布的加权和来描述一个随机变量的概率分布，能平滑近似任意形状的密度分布。GMM 也能用于回归，利用 Gaussian 条件分布可构造相应的回归算法，即 Gaussian 混合回归(Gaussian mixture regression，GMR)。

EM 聚类算法是小类标签 c 和各成分参数 $\boldsymbol{\theta}$ 的两个参数值集 $c\in C=\{1, \cdots, K\}$，$\boldsymbol{\theta}\in\Theta=\{\boldsymbol{\mu}^k, \boldsymbol{\Sigma}^k\}(k=1, \cdots, K)$。$\boldsymbol{\mu}^k$ 和 $\boldsymbol{\Sigma}^k$ 分别表示第 k 个小类的中心点(均值向量)和聚类变量的协方差矩阵。迭代开始时，从集 Θ 中随机指定一个值(k-means 聚类中的初始类中心)作为 $t=0$ 时刻参数 $\boldsymbol{\theta}$ 的估计值 $\boldsymbol{\theta}^{t=0}=\{\boldsymbol{\mu}^k(0), \boldsymbol{\Sigma}^k(0)\}(k=1,\cdots, K)$，然后开始迭代。

E 步：在 $\boldsymbol{\theta}^t$ 基础上给出 t 时刻最应取得的小类标签 $c^t\in C$。计算样本观测 $\boldsymbol{x}_i$ 属于 $c^t=k(k=1, \cdots, K)$ 小类的概率

$$P\left(c_i^t = k \middle| \boldsymbol{x}_i\right) = f\left(\boldsymbol{x}_i \middle| \boldsymbol{\mu}^k(t), \ \boldsymbol{\Sigma}^k(t)\right) \Big/ \sum_{j=1}^{K} f\left(\boldsymbol{x}_i \middle| \boldsymbol{\mu}^j(t), \ \boldsymbol{\Sigma}^j(t)\right) \tag{4-185}$$

式中，有 p 个聚类矢量 $\boldsymbol{x}_1, \cdots, \boldsymbol{x}_p$，$\boldsymbol{\Sigma}^k$ 为协方差矩阵。$f(\cdot)$ 为 Gaussian 分布函数

$$f\left(\boldsymbol{x}_i \middle| \boldsymbol{\mu}^k, \ \boldsymbol{\Sigma}^k\right) = (2\pi)^{-p/2}\left|\boldsymbol{\Sigma}^k\right|^{-1/2}\mathrm{e}^{-2^{-1}\left(\boldsymbol{x}_i-\boldsymbol{\mu}^k\right)^{\mathrm{T}}\left(\boldsymbol{\Sigma}^k\right)^{-1}\left(\boldsymbol{x}_i-\boldsymbol{\mu}^k\right)} \tag{4-186}$$

然后，将样本观测 $\boldsymbol{x}_i$ 重新指派到概率 P 最大的小类 $c_i^t = \max\limits_k\left(c_i^t = k \middle| \boldsymbol{x}_i\right)$ 中。

M 步：在 c^t 基础上计算成分参数 $\boldsymbol{\theta}$，记作 $\boldsymbol{\theta}^{t+1}$。基于当前的小类标签 c^t 计算各成分(小类)参数

$$\begin{cases}\boldsymbol{\mu}^k(t+1)=\sum_{i=1}^{N}P\left(c_i^t=k\middle|\boldsymbol{x}_i\right)\boldsymbol{x}_i\Big/\sum_{i=1}^{N}P\left(c_i^t=k\middle|\boldsymbol{x}_i\right)\\ \boldsymbol{\Sigma}^k(t+1)=P\left(c_i^t=k\middle|\boldsymbol{x}_i\right)\sum_{i=1}^{N}\boldsymbol{x}_i^{\mathrm{T}}\boldsymbol{x}_i\Big/\sum_{i=1}^{N}P\left(c_i^t=k\middle|\boldsymbol{x}_i\right)\end{cases} \tag{4-187}$$

M 步的实质是利用样本给出各小类参数真实值 $\boldsymbol{\theta}$ 的一个估计。上式是 $\boldsymbol{\mu}^k$ 和 $\boldsymbol{\Sigma}^k$ 的 MLE，其权重为样本观测 $\boldsymbol{x}_i$ 属于 k 小类的概率 $P\left(c_i^t=k\middle|\boldsymbol{x}_i\right)$。

重复上述 E 步和 M 步，直至小类标签 C 和成分参数 $\boldsymbol{\theta}$ 均收敛到某值。

4) 基于密度的聚类

基于密度的聚类算法从样本密度可达性角度设计算法，经可连接样本不断扩展聚类簇以获得最终聚类结果。基于密度的聚类所得聚类解是确定性的，不具有层次关系，特别适合自然小类的形状复杂、不规则的情况。

(1) 基于密度的空间聚类。

基于密度的空间聚类(density-based spatial clustering of applications with noise，DBSCAN)算法将样本观测点视为聚类变量空间中的点，以样本观测点 O 邻域内的邻居个数作为 O 所在区域的密度测度。DBSCAN 聚类适于有外部度量指标的情况，可借助外部度量指标确定合理参数，可应用于对新数据集的小类预测。当存在不规则形状的小类时，DBSCAN 聚类预测比直接建立聚类变量和外部度量的分类模型有更好的小类预测效果。DBSCAN 聚类有两个重要参数：邻域半径 ε 表示在数据集 D 中与样本点 x_i 的距离不大于 ε 的样本，$N_\varepsilon(x_i)=\{x_j\in D|d(x_i，x_j)\leqslant\varepsilon\}$：minPts 表示样本点 x_i 的 ε 邻域内的最少样本点的数目。DBSCAN 算法将数据点分为三类：①核心点(core points)，样本 x_i 的 ε 邻域内至少包含 minPts 个样本，card($N_\varepsilon(x_i)$)⩾minPts。②边界点(border points)，样本 x_i 的 ε 邻域内包含的样本数目小于 MinPts，但在其他核心点的邻域内。③噪声点(noise points)，不是核心点和边界点的点。

DBSCAN 聚类过程大致包括形成小类和合并小类两个阶段。

第一阶段，形成小类。从任意样本观测点 O_i 开始，在参数限定的条件下判断 O_i 是否为核心点。若 O_i 是核心点，标记该点为核心点，找到 O_i 的所有 m 个直接密度可达点，形成一个以 O_i 为核心的小类 C_i，包括 m 个直接密度可达点(无小类标签)和样本观测点 O_i 的小类标签。若 O_i 不是核心点，而是直接密度可达点或密度可达点，在后续处理中会被归到某个小类，带小类标签 C_j。若 O_i 是噪声点，不会被归到任何小类中，始终不带小类标签。后续，读取下一个没有小类标签的样本观测点 O_k，判断其是否为核心点。重复该过程，直到所有样本观测都被处理为止。此时，除噪声点外的其他样本观测点均带小类标签。

第二阶段，合并小类。判断带有核心点标签的所有核心点间是否存在密度可达和密度相连关系。若存在，则将相应的小类合并起来，修改相应样本观测点的小类标签。直接密度可达形成的小类形状是球形的，依据密度可达和密度相连，若干球形小类后续会被连接在一起，从而形成任意形状的小类。没有小类标签的样本观测点为噪声数据。

(2) 对点排序以确定簇结构。

对点排序以确定簇结构(ordering points to identify the clustering structure，OPTICS)对参数不敏感。对样本排序，可得各邻域半径ε和密度阈值 M 时的聚类结果。给定参数ε和 M，使得样本 $\boldsymbol{x}$ 成为核心点的最小邻域半径称为 $\boldsymbol{x}$ 的核心距离

$$\mathrm{cd}(\boldsymbol{x})=\begin{cases}\text{UNDEFINED}, & \operatorname{card}\left(N_{\varepsilon}(\boldsymbol{x})\right)<M \\ d\left(\boldsymbol{x},\ N_{\varepsilon}^{M}(\boldsymbol{x})\right), & \operatorname{card}\left(N_{\varepsilon}(\boldsymbol{x})\right) \geqslant M\end{cases} \tag{4-188}$$

式中，$N_{\varepsilon}^{M}(\boldsymbol{x})$为 $\boldsymbol{x}$ 的ε邻域内距离它第 i 近的点。核心距离越小，样本越密集。给定样本集中的两个点 $\boldsymbol{x}$ 和 $\boldsymbol{y}$，$\boldsymbol{y}$ 对 $\boldsymbol{x}$ 的可达距离定义为

$$\mathrm{rd}(\boldsymbol{y},\ \boldsymbol{x})=\begin{cases}\text{UNDEFINED}, & \operatorname{card}\left(N_{\varepsilon}(\boldsymbol{x})\right)<M \\ \max\left(\mathrm{cd}(\boldsymbol{x}),\ d(\boldsymbol{x},\ \boldsymbol{y})\right), & \operatorname{card}\left(N_{\varepsilon}(\boldsymbol{x})\right) \geqslant M\end{cases} \tag{4-189}$$

若 $\boldsymbol{x}$ 是核心点，$\boldsymbol{y}$ 对其可达距离是 $\boldsymbol{x}$ 的核心距离与 $\boldsymbol{y}$ 和 $\boldsymbol{x}$ 之间的距离最大值。可达距离与参考点 $\boldsymbol{x}$ 有关，不同的 $\boldsymbol{x}$ 导致不同的计算结果。可达距离与 $\boldsymbol{y}$ 点密度有关，密度越大，从近邻节点直接密度可达距离越小。聚类时向密集的区域扩张，优先考虑可达距离小的样本。

(3) mean-shift 算法。

均值漂移(mean-shift)算法基于统计分布定义密度，广泛应用于聚类、图像平滑、分割和视频跟踪等领域。若 p 维聚类变量空间域为 $S_k\subset\mathbf{R}^p(k=1，\cdots，K)$，对应小类为一个高密度区域，则 S_k 区域中的样本观测 $\boldsymbol{x}_i\in S_k(i=1，\cdots，N_k)$，以区域中心点$\boldsymbol{C}^{S_k}=\left[C_1^{S_k},\cdots,\ C_p^{S_k}\right]$为均值向量、指定广义方差的多元 Gaussian 核密度估计中，有较大的核密度估计值。

核密度估计是一种仅基于样本数据估计其密度函数以准确刻画其统计分布特征的非参数统计方法。首先，定义一个非负的距离函数(核函数)

$$K\left(\left\|\boldsymbol{C}^{S_k}-\boldsymbol{x}_i\right\|\right)=\begin{cases}1, & \left\|\boldsymbol{C}^{S_k}-\boldsymbol{x}_i\right\| \leqslant h/2,\ i=1,\cdots,\ N \\ 0, & \left\|\boldsymbol{C}^{S_k}-\boldsymbol{x}_i\right\|>h/2,\ i=1,\cdots,\ N\end{cases} \tag{4-190}$$

式中，h 为核宽，$d_{\boldsymbol{x}_i}=\left\|\boldsymbol{C}^{S_k}-\boldsymbol{x}_i\right\|$为样本观测点 $\boldsymbol{x}_i$ 与 $\boldsymbol{C}^{S_k}$ 的距离。若样本观测 $\boldsymbol{x}_i$

落入 S_k 中，在 $\boldsymbol{C}^{S_k}$ 附近，距离函数为 1。反之，若 $\boldsymbol{x}_i$ 远离 $\boldsymbol{C}^{S_k}$，距离函数等于 0。

然后，计算落入 S_k 的样本频率 $N_k/N = N^{-1}\sum_{i=1}^{N} K\left(\left\|\boldsymbol{C}^{S_k} - \boldsymbol{x}_i\right\|\right)$，$N$ 为数据集的样本量。最后，计算 $\boldsymbol{C}^{S_k}$ 处的概率密度(核密度估计值)

$$\hat{f}_{h,\ K}\left(\boldsymbol{C}^{S_k}\right) = N_k\left(hN\right)^{-1} = \left(hN\right)^{-1}\sum_{i=1}^{N} K\left(\left\|\boldsymbol{C}^{S_k} - \boldsymbol{x}_i\right\|\right) = \frac{1}{N}\sum_{i=1}^{N} K\left(\left\|\left(\boldsymbol{C}^{S_k} - \boldsymbol{x}_i\right)/h\right\|\right) \quad (4\text{-}191)$$

式中，$K\left(\left\|\left(\boldsymbol{C}^{S_k} - \boldsymbol{x}_i\right)/h\right\|\right)$ 为均匀核函数。当 $d_{\boldsymbol{x}_i} \leqslant h/2$ 时，核函数均等于 1，以权重为 1 落入 S_k 中。当 $d_{\boldsymbol{x}_i} > h/2$ 时，核函数均等于 0，以核函数值等于 0 的权重落入 S_k 中。可见，均匀核函数忽略了 $d_{\boldsymbol{x}_i}$ 值大小的信息。通常可选择 Gaussian 核函数

$$K\left(\left\|\boldsymbol{C}^{S_k} - \boldsymbol{x}_i\right\|\right) = \left(\sqrt{2\pi}h\right)^{-1} \mathrm{e}^{-\left\|\boldsymbol{C}^{S_k} - \boldsymbol{x}_i\right\|^2/\left(2h^2\right)} \quad (4\text{-}192)$$

式中，h 为核宽。Gaussian 核函数是 $d_{\boldsymbol{x}_i}^2$ 的非线性函数。距离 $d_{\boldsymbol{x}_i}^2$ 值越小，核函数越大。反之，核函数 $K\left(\left\|\boldsymbol{C}^{S_k} - \boldsymbol{x}_i\right\|\right)$ 越小。点 $d_{\boldsymbol{x}_i}^2$ 的核密度估计可表示为

$$\hat{f}_{h,\ K}\left(\boldsymbol{C}^{S_k}\right) = c\left(hN\right)^{-1}\sum_{i=1}^{N} K\left(\left\|\left(\boldsymbol{C}^{S_k} - \boldsymbol{x}_i\right)/h\right\|^2\right) \quad (4\text{-}193)$$

式中，c 为常数项。核密度曲线是多点平滑的结果，仅基于数据本身。h 越小，核密度曲线越平滑，分布曲线呈尖峰分布。反之，h 越大，曲线越不平滑，Gaussian 分布的标准差较大，其分布曲线呈平峰分布。在给定 $d_{\boldsymbol{x}_i}^2$ 条件下减少 Δd^2 时，前者的核函数值变化小于后者。可采用不同的方法确定核宽 h。

mean-shift 聚类中，聚类变量空间 $S_k \subset \mathbf{R}^p$ 的中心点 $\boldsymbol{C}^{S_k}$ 的核密度估计为

$$\hat{f}_{h,\ K}\left(\boldsymbol{C}^{S_k}\right) = c_k N^{-1} h^{-p}\sum_{i=1}^{N} K\left(\left\|\left(\boldsymbol{C}^{S_k} - \boldsymbol{x}_i\right)/h\right\|^2\right) \quad (4\text{-}194)$$

式中，c_k 为常数项。利用核密度估计可找到聚类变量空间中的高密度区域。$\hat{f}_{h,\ K}\left(\boldsymbol{C}^{S_k}\right)$ 越大，以 $\boldsymbol{C}^{S_k}$ 为中心的 S_k 空间内聚集越多的样本观测点。mean-shift 聚类通过 $\nabla\hat{f}_{h,\ K}\left(\boldsymbol{C}^{S_k}\right) = 0$ 找到高密度区域的中心点 $\boldsymbol{C}^{S_k}$，即小类 S_k 的中心点 $\boldsymbol{C}^{S_k}$。在 mean-shift 聚类初始阶段，为快速找到合理的 $\boldsymbol{C}^{S_k}$，对核密度式(4-194)求导

$$\nabla\hat{f}_{h,\ K}\left(\boldsymbol{C}^{S_k}\right) = 2c_k N^{-1} h^{-p-2}\sum_{i=1}^{N}\left(\boldsymbol{C}^{S_k} - \boldsymbol{x}_i\right) K'\left(\left\|\left(\boldsymbol{C}^{S_k} - \boldsymbol{x}_i\right)/h\right\|^2\right) \quad (4\text{-}195)$$

式中，$\boldsymbol{C}^{S_k}$ 为当前小类中心 $\boldsymbol{C}^{S_k}(t)$。设

$$g(\boldsymbol{x}) = -K'(\boldsymbol{x}) \tag{4-196}$$

并定义核函数$G(\boldsymbol{x}) = c_g g\left(\|\boldsymbol{x}\|^2\right)$，将上式代入式(4-195)，得

$$\nabla\hat{f}_{h,\ K}\left(\boldsymbol{C}^{S_k}\right) = 2c_k c_g^{-1} h^{-2} \hat{f}_{h,\ K}\left(\boldsymbol{C}^{S_k}\right)\boldsymbol{m}_{h,\ G}\left(\boldsymbol{C}^{S_k}\right) \tag{4-197}$$

$$\hat{f}_{h,\ K}\left(\boldsymbol{C}^{S_k}\right) = 2c_k N^{-1} h^{-p} \sum_{i=1}^{N} g\left(\left\|\left(\boldsymbol{C}^{S_k} - \boldsymbol{x}_i\right)/h\right\|^2\right) \tag{4-198}$$

$$\begin{aligned}\boldsymbol{m}_{h,\ G}\left(\boldsymbol{C}^{S_k}\right) &= 2^{-1} h^2 c\left(\nabla\hat{f}_{h,\ K}\left(\boldsymbol{C}^{S_k}\right) \Big/ \hat{f}_{h,\ K}\left(\boldsymbol{C}^{S_k}\right)\right) \\ &= \sum_{i=1}^{N} \boldsymbol{x}_{ig}\left(\left\|\left(\boldsymbol{C}^{S_k} - \boldsymbol{x}_i\right)/h\right\|^2\right) \Big/ \sum_{i=1}^{N} g\left(\left\|\left(\boldsymbol{C}^{S_k} - \boldsymbol{x}_i\right)/h\right\|^2\right) - \boldsymbol{C}^{S_k}\end{aligned} \tag{4-199}$$

式中，$c=c_g/c_k$；$\hat{f}_{h,\ K}\left(\boldsymbol{C}^{S_k}\right)$为$\boldsymbol{C}^{S_k}$的核密度估计；$\boldsymbol{m}_{h,\ G}\left(\boldsymbol{C}^{S_k}\right)$为$p$维均值偏移向量，是$p$维聚类空间中的一个点；$t$+1 时刻的小类中心点$\boldsymbol{C}^{S_k}(t+1)$的位置坐标由$N$个样本观测$\boldsymbol{x}_i$($i$=1, ⋯, N)的加权平均值决定，$g\left(\left\|\left(\boldsymbol{C}^{S_k} - \boldsymbol{x}_i\right)/h\right\|^2\right) \Big/ \sum_{i=1}^{N} g\left(\left\|\left(\boldsymbol{C}^{S_k} - \boldsymbol{x}_i\right)/h\right\|^2\right)$为样本观测点$\boldsymbol{x}_i$的权重。

当$\boldsymbol{m}_{h,\ G}\left(\boldsymbol{C}^{S_k}\right) \approx 0$，极端情况下$\boldsymbol{m}_{h,\ G}\left(\boldsymbol{C}^{S_k}\right) = \boldsymbol{C}^{S_k}(t+1) - \boldsymbol{C}^{S_k}(t) = 0$，即零梯度时，表示找到了高密度区域的一个稳定的中心点$\boldsymbol{C}^{S_k}(t)$。

当 K 个小类的类中心 $\boldsymbol{C}^{S_k}$ 确定后，样本观测点 $\boldsymbol{x}_i$ 所属的小类为$C_i = \min\limits_{k}\left(\left\|\boldsymbol{x}_i - \boldsymbol{C}^{S_k}\right\|\right)$，即属于距$\boldsymbol{x}_i$最近的小类中心所在的小类。

mean-shift 聚类无须事先指定聚类数目K，通常核宽h越小，聚类数目K越大。

4.3.2 主成分分析

主成分分析(principal component analysis, PCA)通过正交变换将可能存在相关性的变量转换为线性不相关的变量，找出表达性能最优的正交基以重新表示一个数据集，从而使新基底能滤除噪声和揭示数据隐藏的结构。综合指标(主成分)的特点如下：①主成分是原变量重组后的结果，能代表原变量的绝大部分信息。②主成分互不相关，解决了变量信息重叠、多重共线性等问题。③主成分具有命名解释性。

PCA 法通过坐标变换，将p个具有相关性的变量X_i(标准化处理后)进行线性组合，变换成另一组不相关的变量y_i，即 PCA 的数学模型为

$$\boldsymbol{y} = \boldsymbol{x}\boldsymbol{\mu} \tag{4-200}$$

式中，$\boldsymbol{\mu}_{(p\times p)}=\begin{bmatrix}\mu_{11} & \cdots & \mu_{p1}\\ \vdots & & \vdots\\ \mu_{1p} & \cdots & \mu_{pp}\end{bmatrix}=\begin{bmatrix}\boldsymbol{\mu}_1 & \cdots & \boldsymbol{\mu}_p\end{bmatrix}$，$\boldsymbol{y}_{(1\times p)}=(y_1, \cdots, y_p)$，$\boldsymbol{x}_{(1\times p)}=(X_1, \cdots, X_p)$。$E(X_i)=0$，$\text{var}(X_i)=1$。$\mu_{i1}^2+\cdots+\mu_{ip}^2=1$ $(i=1, \cdots, p)$。$\boldsymbol{y}_{(1\times p)}$的方差为

$$\text{var}(\boldsymbol{y})=\boldsymbol{\mu}^{\text{T}}\boldsymbol{R}\boldsymbol{\mu} \tag{4-201}$$

式中，$\boldsymbol{R}=\begin{pmatrix}1 & \cdots & \text{corr}(x_1, x_p)\\ \vdots & & \vdots\\ \text{corr}(x_p, x_1) & \cdots & 1\end{pmatrix}$为 $\boldsymbol{x}$ 的相关系数矩阵，其中

$$\text{corr}(x_j, x_k)=N^{-1}\sum_{i=1}^{N}\left(\left(x_{ij}-\overline{x}_j\right)/\sigma_{x_j}\right)\left(\left(x_{ik}-\overline{x}_k\right)/\sigma_{x_k}\right)=\text{cov}(x_j, x_k)/\left(\sigma_{x_j}\sigma_{x_k}\right) \tag{4-202}$$

式(4-200)是 PCA 系数 $\boldsymbol{\mu}$ 求解的目标函数，当式(4-201)最大时，系数为 $\hat{\boldsymbol{\mu}}$。对 $\boldsymbol{\mu}$ 有约束：$\boldsymbol{\mu}^{\text{T}}\boldsymbol{\mu}=\boldsymbol{I}$，所以这是带等式约束的规划求解，其 Lagrange 函数为

$$\boldsymbol{L}=\boldsymbol{\mu}^{\text{T}}\boldsymbol{R}\boldsymbol{\mu}-\boldsymbol{\lambda}\left(\boldsymbol{\mu}^{\text{T}}\boldsymbol{\mu}-\boldsymbol{I}\right) \tag{4-203}$$

式中，$\boldsymbol{\lambda}=[\lambda_1, \cdots, \lambda_p]^{\text{T}}$为一组值大于 0 的 Lagrange 乘子。若$\partial\boldsymbol{L}/\partial\boldsymbol{\mu}=0$，则

$$\boldsymbol{R}\boldsymbol{\mu}=\boldsymbol{\lambda}\boldsymbol{\mu} \tag{4-204}$$

主成分的参数求解问题为求相关系数矩阵 $\boldsymbol{R}$ 的特征值$\lambda_1\geqslant\cdots\geqslant\lambda_p>0$ 及对应的单位特征向量 $\boldsymbol{\mu}_1$，…，$\boldsymbol{\mu}_p$。最后，计算 $y_i=\boldsymbol{x}\boldsymbol{\mu}_i$ $(i=1, \cdots, p)$得到主成分 y_i。在式(4-203)的基础上重写 y_i 的方差

$$\text{var}(y_i)=\boldsymbol{\mu}_i^{\text{T}}\boldsymbol{R}\boldsymbol{\mu}_i=\boldsymbol{\mu}_i^{\text{T}}\lambda_i\boldsymbol{\mu}_i=\lambda_i \tag{4-205}$$

主成分 y_i 的方差等于特征值λ_i，且$\lambda_1\geqslant\cdots\geqslant\lambda_p>0$，第 1～$p$ 个主成分上的方差依次递减：$\text{var}(y_1)\geqslant\cdots\geqslant\text{var}(y_p)$。

从特征降维角度，只需保留前 k 个较大方差的主成分。确定 k 有以下两个标准：

① 由特征值λ_i确定 k。一般选$\lambda_i>1$ 的特征值，表示该主成分至少包含 X_1，…，X_p 总共 p 个方差中的 1 个(平均方差)。

② 由累积方差贡献率确定 k。第 i 个主成分方差贡献率为 $R_i=\lambda_i\Big/\sum_{i=1}^{p}\lambda_i$。前 k 个主成分的累积方差贡献率为 $cR_k=\sum_{i=1}^{k}\lambda_i\Big/\sum_{i=1}^{p}\lambda_i$。可选累积方差贡献率大于 0.8 时的 k。

4.3.3 核主成分分析

核主成分分析(kernelized PCA，KPCA)通过一个非线性映射函数将输入变量空间转换到一个更高维的特征空间，然后通过引入核函数解决高维空间可能存在的维灾难问题，并在高维特征空间中进行 PCA。

首先，对由 $\boldsymbol{x}=[x_1, \cdots, x_p]$为坐标轴构成的输入变量空间 X 中的任意样本观测点 $\boldsymbol{x}\in\mathbf{R}^p$，通过一个非线性映射函数$\varphi(\boldsymbol{x})$，将其映射到由 $\boldsymbol{F}=[F_1, \cdots, F_M]$为坐标轴构成的一个 M 维特征空间 F：$\boldsymbol{F}_i=\varphi(\boldsymbol{x}_i)$，$\boldsymbol{F}_i\in\mathbf{R}^M$。然后，在 F 空间中进行 PCA 提取 m 个主成分，即在 F 空间中通过正交矩阵 $\boldsymbol{b}(\boldsymbol{b}^{\mathrm{T}}\boldsymbol{b}=\boldsymbol{I})$进行坐标变换

$$\boldsymbol{y}=\boldsymbol{F}\boldsymbol{b} \tag{4-206}$$

式中，$\boldsymbol{b}_{(p\times p)}=\begin{bmatrix} b_{11} & \cdots & b_{m1} \\ \vdots & & \vdots \\ b_{1m} & \cdots & b_{mm} \end{bmatrix}=\begin{bmatrix}\boldsymbol{b}_1 & \cdots & \boldsymbol{b}_m\end{bmatrix}$，$\boldsymbol{F}_{(1\times m)}=(F_1, \cdots, F_m)$，$\boldsymbol{y}_{(1\times m)}=(y_1, \cdots, y_m)$。将 F 空间中的样本观测点 $\boldsymbol{F}_i$(等价为$\varphi(\boldsymbol{X}_i)$)投影到由$[\boldsymbol{b}_1, \cdots, \boldsymbol{b}_m]$决定的 m 个方向，$\boldsymbol{y}_i$是$\varphi(\boldsymbol{x}_i)$在 $\boldsymbol{y}$ 上坐标 $y_1, \cdots, y_m$ 依次为第 1 主成分，…，第 m 主成分。这里的 PCA 是在 F 空间进行的，系数矩阵 $\boldsymbol{b}$ 的求解以最大化 y 的方差为目标

$$\operatorname{var}(\boldsymbol{y})=\boldsymbol{b}^{\mathrm{T}}\boldsymbol{\Sigma}^{(\boldsymbol{F})}\boldsymbol{b} \tag{4-207}$$

式中，$\boldsymbol{\Sigma}^{(\boldsymbol{F})}$为 $\boldsymbol{F}$ 的协方差矩阵。结合 $\boldsymbol{b}^{\mathrm{T}}\boldsymbol{b}=\boldsymbol{I}$ 的约束条件，构造 Lagrange 函数

$$\boldsymbol{L}=\boldsymbol{b}^{\mathrm{T}}\boldsymbol{\Sigma}^{(\boldsymbol{F})}\boldsymbol{b}-\boldsymbol{\lambda}^{(\boldsymbol{F})}\left(\boldsymbol{b}^{\mathrm{T}}\boldsymbol{b}-\boldsymbol{I}\right) \tag{4-208}$$

式中，$\boldsymbol{\lambda}^{(\boldsymbol{F})}=\left[\lambda_1^{(\boldsymbol{F})}, \cdots, \lambda_m^{(\boldsymbol{F})}\right]^{\mathrm{T}}$为组值大于 0 的 Lagrange 乘子。$\boldsymbol{L}$ 关于 $\boldsymbol{b}$ 的导数为 0，有

$$\boldsymbol{\Sigma}^{(\boldsymbol{F})}\boldsymbol{b}=\boldsymbol{\lambda}^{(\boldsymbol{F})}\boldsymbol{b} \tag{4-209}$$

该问题为求协方差矩阵 $\boldsymbol{\Sigma}^{(\boldsymbol{F})}$ 的特征值 $\lambda_1^{(\boldsymbol{F})}\geqslant\cdots\geqslant\lambda_m^{(\boldsymbol{F})}>0$ 及对应的单位特征向量 $\boldsymbol{b}_1, \cdots, \boldsymbol{b}_m$，$\lambda_1^{(\boldsymbol{F})}, \cdots, \lambda_m^{(\boldsymbol{F})}$ 依次为 $F_1, \cdots, F_m$ 的方差。$\boldsymbol{F}$ 的协方差矩阵为

$$\boldsymbol{\Sigma}^{(\boldsymbol{F})}=\begin{bmatrix} \operatorname{var}(F_1) & \cdots & \operatorname{cov}(F_1, F_m) \\ \vdots & & \vdots \\ \operatorname{cov}(F_m, F_1) & \cdots & \operatorname{var}(F_m) \end{bmatrix} \tag{4-210}$$

式中，第 j 行第 k 列的元素为 $\operatorname{cov}(F_i, F_j)=N^{-1}\sum_{i=1}^{N}\left(F_{ij}-\bar{F}_j\right)\left(F_{ik}-\bar{F}_k\right)$，第 j 行的对角元素为 $\operatorname{var}(F_j)=N^{-1}\sum_{i=1}^{N}\left(F_{ij}-\bar{F}_j\right)^2$。若进行中心化处理，$\tilde{F}_{ij}=F_{ij}-\bar{F}_j$，则上式等价为

$$\boldsymbol{\Sigma}^{(\tilde{F})}=\begin{bmatrix}\mathrm{var}(\tilde{F}_1) & \cdots & \mathrm{cov}(\tilde{F}_1,\ \tilde{F}_m)\\ \vdots & & \vdots\\ \mathrm{cov}(\tilde{F}_m,\ \tilde{F}_1) & \cdots & \mathrm{var}(\tilde{F}_m)\end{bmatrix} \tag{4-211}$$

样本观测点 $\boldsymbol{F}_i$ 坐标平移后记为 $\tilde{\boldsymbol{F}}_i=[\tilde{F}_{i1},\cdots,\ \tilde{F}_{iM}]$。$\boldsymbol{\Sigma}^{(\tilde{F})}$ 可表示为多个矩阵和的形式

$$\boldsymbol{\Sigma}^{(\tilde{F})}=N^{-1}\sum_{i=1}^{N}\tilde{\boldsymbol{F}}_i^{\mathrm{T}}\tilde{\boldsymbol{F}}_i=N^{-1}\sum_{i=1}^{N}\Psi(\boldsymbol{x}_i)^{\mathrm{T}}\Psi(\boldsymbol{x}_i) \tag{4-212}$$

式中，$\boldsymbol{F}_i=\varphi(\boldsymbol{x}_i)$，相应地，$\tilde{\boldsymbol{F}}_i=\Psi(\boldsymbol{x}_i)\varphi(\boldsymbol{x}_i)-\sum_{j=1}^{N}\varphi(\boldsymbol{x}_j)$。

KPCA 引入核函数 $K(\boldsymbol{x}_i,\ \boldsymbol{x}_j)=\Psi(\boldsymbol{x}_i)^{\mathrm{T}}\Psi(\boldsymbol{x}_j)$，参见表 4-5，基于低维的输入变量空间，确定核矩阵 $\boldsymbol{K}=\boldsymbol{\Sigma}^{(\tilde{F})}$。由式(4-212)，计算 $\boldsymbol{K}$ 的特征值所对应的特征向量

$$\boldsymbol{K}\tilde{\boldsymbol{b}}=\boldsymbol{\lambda}^{(\tilde{F})}\tilde{\boldsymbol{b}} \tag{4-213}$$

计算核矩阵 $\boldsymbol{K}$ 的特征 $\boldsymbol{\lambda}^{(\tilde{F})}$ 及其对应的特征向量 $\tilde{\boldsymbol{b}}$，最终确定 F 空间的若干主成分。

4.3.4　融合 TSP 和 GPR 探测信号的裂隙水识别

隧道裂隙水在施工阶段可能诱发泥浆爆裂和坍塌等地质灾害，自动预测掌子面前方裂隙水区域对隧道建设有重要作用。通过对 P/S 波分离后的地震数据进行绕射偏移成像，消除炮检距的影响，成像结果根据反射强度反映异常地质体三维分布，参见图 4-15。在 K38+440~K38+410 附近，平均速度在 V_P=2940~3048 m/s，并且 K38+425~K38+410 附近有较强的反射界面。因此，该段围岩推断和掌子面一致，为石头组白云质灰岩，裂隙发育，岩体较破碎。

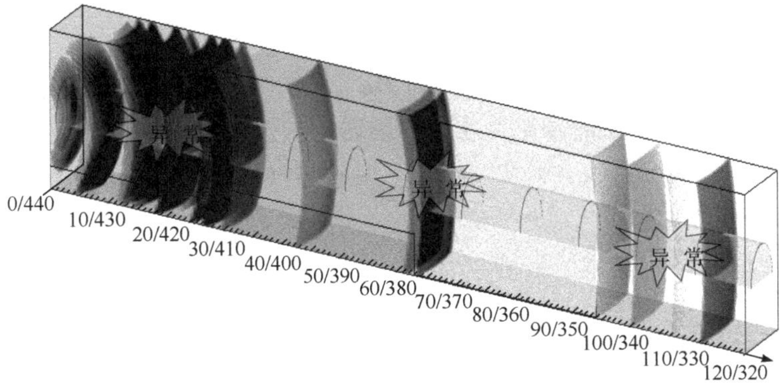

图 4-15　隧道 K38+440~K38+320 的地震波三维成像图

实现绕射偏移成像算法的伪代码如下。

算法：绕射偏移成像算法

输入：模型数据 data{}，采集道数 n，设计网格大小 pm_zgs，pm_ygs，pm_xgs

输出：result{}

```
01 计算 x 方向扫描网格宽度 delta_H
02 计算 y 方向扫描网格宽度 delta_V
03 计算 z 方向扫描网格宽度 delta_Z
04 For m = 1, 2, ···, pm_zgs+1 Do
05     For j = 1, 2, ···, pm_xgs+1 Do
06         根据网格宽度计算扫描点坐标
07         For k = 1, 2, ···, pm_ygs+1 Do
08             计算网格点速度 V{}
09         End For
10     End For
11     For i = 1, 2, ···, n Do
12         For j = 1, 2, ···, pm_xgs+1 Do
13             计算绕射波旅行时间 t_ij
14         End For
15     End For
16     For k = 1, 2, ···, pm_ygs+1 Do
17         消除 t_0 影响
18     End For
19     For i = 1, 2, ···, n Do
20         For j = 1, 2, ···, pm_xgs+1 Do
21             For k = 1, 2, ···, pm_ygs+1 Do
22                 提取在信号道上相应的延迟 t_ij 的振幅值
23             End For
24         End For
25     End For
26 End For
27 每个网格提取的振幅值叠加存储在 result{}
```

针对异常地质体，增加探地雷达探测，参见图 4-16。在 A-Scan 的相位突变

峰值点处识别裂隙水备选区域。其中，裂隙水备选区域的边界点位于反射波与入射波的相位反向与同向的峰值点。在备选区域中筛选比围岩振幅大、频率小的区域作为目标区域，并在 B-Scan 中标记裂隙水分布。

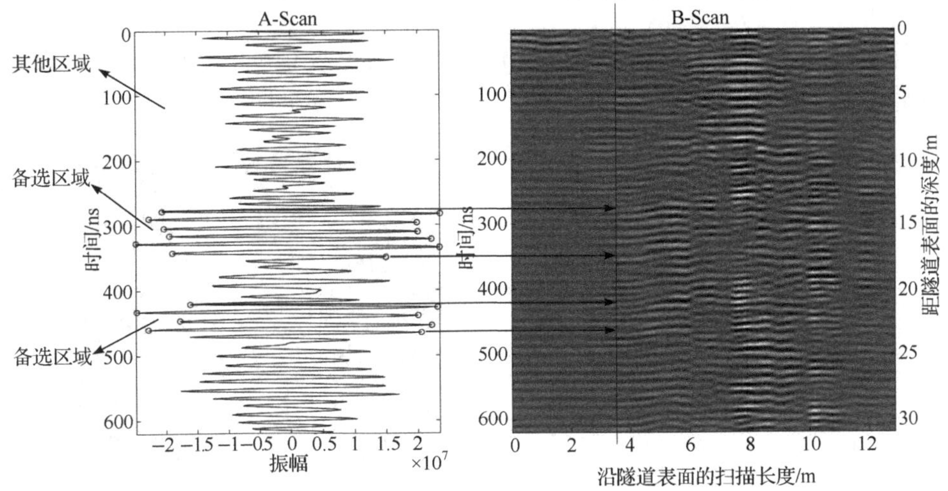

图 4-16　隧道超前预报中探地雷达数据的波形特征与二维灰度图

裂隙水边界点提取算法的伪代码如下。

算法：裂隙水边界点提取算法

输入：A-Scan 信号的所有正峰值点集合 $Positive_i\{\}$，A-Scan 信号的所有负峰值点集合 $Negative_i\{\}$，采样道数 Scansnum
输出：符合相位特征的正峰值点集合 $ppos_i=\{\}$ 和负峰值点集合 $npos_i=\{\}$

```
01 For i = 1, 2, …, Scansnum Do
02     If Positiveᵢ 满足振幅突然增大的第一个峰值点且与初至波同相
03         标记 Positiveᵢ
04         Positiveᵢ 对应走时加入集合 pposᵢ
05     Else
06          删除 Positiveᵢ
07     End If
08     If Negativeᵢ 满足振幅衰减后的第一个峰值点且相位与初至波反相
09         标记 Negativeᵢ
10         Negativeᵢ 对应走时加入集合 nposᵢ
11     Else
```

```
        删除 Negative_i
    End If
End For
```

探测结果表明在 K38+440~K38+410 段内裂隙水发育。开挖验证表明，附近岩体较破碎，扰动后松动掉块或塌落，裂隙水发育，参见图 4-17。

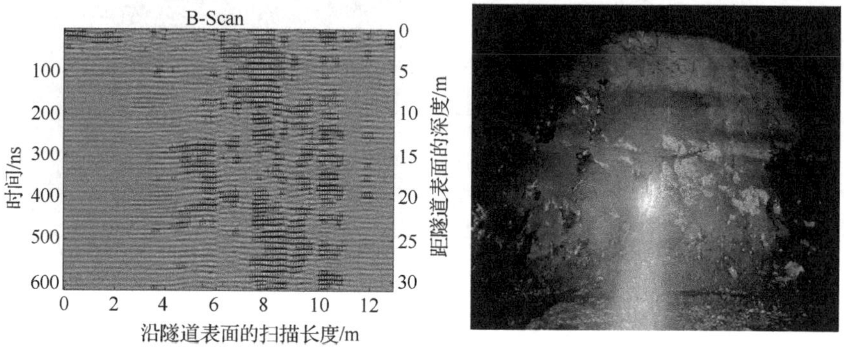

图 4-17　K38+440~K38+410 测线与开挖裂隙图

裂隙水预测的评价分级情况见表 4-6。将其重要性按 1~9 个数值进行划分。其中，1、3、5、7、9 表示由重到轻的相对关系，2、4、6、8 表示介于两者之间的中间值。***A*** 矩阵的特征向量为 $\boldsymbol{S}=(s_1, s_2, s_3, s_4)$。

表 4-6　裂隙水情况预测指标及其分级

评价因素	评价等级			
	Ⅰ	Ⅱ	Ⅲ	Ⅳ
含水情况	含量较大	含量中等	含量较小	干燥不含水
地质资料	可能性极大	可能性大	可能性较小	基本不可能
掌子面出水情况	股状水	线状水	滴水、潮湿	无水
地震波振幅	非常大	较大	略大	无变化
A-Scan 波形特征	强振幅、低频率	振幅较强	振幅略微增大，频率变化不明显	低振幅，高频率
B-Scan 波形特征	离散化，强反射	同相轴连续	同相轴连续不强	无变化

裂隙水分级的模糊判据伪代码如下。

算法：裂隙水分级的模糊判据算法

输入：阶数 n，矩阵 $\boldsymbol{A}$
输出：裂隙水等级 V={}

```
根据表 4-6 裂隙水情况预测指标及其分级建立矩阵 A
建立矩阵 S
计算 CR
While CR>0.1 Do
        重新建立 A 矩阵
        计算 R
End While
计算 B=AR
取出 B 中最大值位置，给出 V
```

4.4　半监督学习

半监督学习将未标记样本揭示的数据分布信息与类别标记相联系，在未标记样本上获得最优泛化性能[7, 11, 40, 41]，参见图 4-18。半监督的学习过程可分为三类：①纯半监督学习，假定训练数据中的未标记样本并非待预测数据，基于开放世界假设，使模型能适用于训练过程中未观察到的数据。②直推学习，假定学习过程中所考虑的未标记样本是待预测数据，基于封闭世界假设，仅试图对学习过程中观察到的未标记数据进行预测。③主动学习，通过与用户(专家或权威)交互的方式来给样本贴上标签，其学习过程也被称为最优的实验设计。

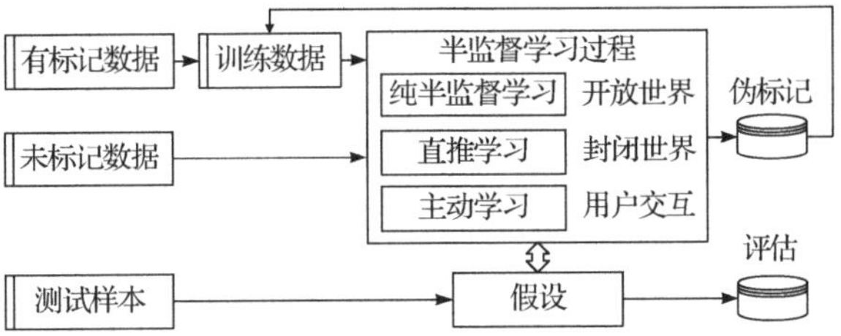

图 4-18　半监督学习的工作原理图

4.4.1 Gaussian 混合模型生成

生成式方法基于生成式模型，假设所有数据(无论是否有标记)都由同一个潜在的模型生成。该假设使得能通过潜在模型的参数将未标记数据与学习目标联系起来，而未标记数据可看做模型的缺失参数。可基于 EM 算法进行 MLE 求解。给定样本 $\boldsymbol{x}$，其真实类别标记为 $y\in Y=\{1, \cdots, N\}$为所有可能的类别。假设样本由 GMM 生成，且每个类别对应一个 Gaussian 混合成分，数据样本基于如下概率密度生成

$$p(\boldsymbol{x})=\sum_{i=1}^{N}\alpha_i p(\boldsymbol{x}|\boldsymbol{\mu}_i, \boldsymbol{\Sigma}_i) \tag{4-214}$$

式中，混合系数$\alpha_i\geqslant 0$，$\sum_{i=1}^{N}\alpha_i=1$，$p(\boldsymbol{x}|\boldsymbol{\mu}_i, \boldsymbol{\Sigma}_i)$是样本 $\boldsymbol{x}$ 属于第 i 个 Gaussian 混合成分的概率，$\boldsymbol{\mu}_i$ 和 $\boldsymbol{\Sigma}_i$ 为该 Gaussian 混合成分的参数。令 $f(\boldsymbol{x})\in Y$ 表示模型 f 对 $\boldsymbol{x}$ 的预测标记，$\Theta\in\{1, \cdots, N)$表示样本 $\boldsymbol{x}$ 隶属的 Gaussian 混合成分。由 MAP 可知

$$f(\boldsymbol{x})=\underset{j\in Y}{\arg\max}\, p(y=j|\boldsymbol{x})=\underset{j\in Y}{\arg\max}\sum_{i=1}^{N}p(y=j|\Theta=i, \boldsymbol{x})p(\Theta=i|\boldsymbol{x}) \tag{4-215}$$

式中，样本 $\boldsymbol{x}$ 由第 i 个 Gaussian 混合成分生成的后验概率为

$$p(\Theta=i|\boldsymbol{x})=\alpha_i p(\boldsymbol{x}|\boldsymbol{\mu}_i, \boldsymbol{\Sigma}_i)\Big/\sum_{i=1}^{N}\alpha_i p(\boldsymbol{x}|\boldsymbol{\mu}_i, \boldsymbol{\Sigma}_i) \tag{4-216}$$

在式(4-215)中，$p(y=j|\Theta=i, \boldsymbol{x})$为 $\boldsymbol{x}$ 由第 i 个 Gaussian 混合成分生成且类别为 j 的概率，与样本 $\boldsymbol{x}$ 所属 Gaussian 混合成分Θ有关。当 $i=j$ 时，$p(y=j|\Theta=i, \boldsymbol{x})=1$，否则 $p(y=j|\Theta=i, \boldsymbol{x})=0$。估计 $p(y=j|\Theta=i, \boldsymbol{x})$需已知样本标记。$p(\Theta=i|\boldsymbol{x})$不涉及样本标记，可利用有标记和未标记数据，通过引入大量未标记数据，从而使式(4-215)的整体估计可能更准确。给定有标记样本集 $D_l=\{(\boldsymbol{x}_1, y_1), \cdots, (\boldsymbol{x}_l, y_l)\}$和未标记样本集 $\boldsymbol{D}_u=\{(\boldsymbol{x}_{l+1}, y_{l+1}), \cdots, (\boldsymbol{x}_{l+u}, y_{l+u})\}$，$l<<u$，$l+u=m$。假设所有样本独立同分布，由同一个 GMM 生成。可用 MLE 来估计 GMM 的参数$\{(\alpha_i, \boldsymbol{\mu}_i, \boldsymbol{\Sigma}_i)|1\leqslant i\leqslant N\}$

$$\begin{aligned}\mathrm{LL}(D_l\cup D_u)=&\sum_{(\boldsymbol{x}_j, y_j)\in D_l}\ln\left(\sum_{i=1}^{N}\alpha_i p(\boldsymbol{x}_j|\boldsymbol{\mu}_i, \boldsymbol{\Sigma}_i)p(y_j|\Theta=i, \boldsymbol{x}_j)\right)\\&+\sum_{\boldsymbol{x}_j\in D_u}\ln\left(\sum_{i=1}^{N}\alpha_i p(\boldsymbol{x}_j|\boldsymbol{\mu}_i, \boldsymbol{\Sigma}_i)\right)\end{aligned} \tag{4-217}$$

GMM 参数估计可用 EM 算法求解，迭代更新式如下。

E 步，根据当前模型参数计算未标记样本 $\boldsymbol{x}_j$ 与属于各 Gaussian 混合成分的概率

$$\gamma_{ji}=\alpha_i p\left(\boldsymbol{x}_j \middle| \boldsymbol{\mu}_i,\ \boldsymbol{\Sigma}_i\right) \Big/ \sum_{i=1}^{N}\alpha_i p\left(\boldsymbol{x}_j \middle| \boldsymbol{\mu}_i,\ \boldsymbol{\Sigma}_i\right) \tag{4-218}$$

M 步，基于γ_{ji}更新模型参数，其中 l_i 表示第 i 类的有标记样本数目

$$\begin{cases}\boldsymbol{\mu}_i=\left(\sum\limits_{\boldsymbol{x}_j\in D_u}\gamma_{ji}+l_i\right)^{-1}\left(\sum\limits_{\boldsymbol{x}_j\in D_u}\gamma_{ji}\boldsymbol{x}_j+\sum\limits_{(\boldsymbol{x}_j,\ y_j)\in D_l\wedge y_j=i}\boldsymbol{x}_j\right)\\ \boldsymbol{\Sigma}_i=\left(\sum\limits_{\boldsymbol{x}_j\in D_u}\gamma_{ji}+l_i\right)^{-1}\left(\sum\limits_{\boldsymbol{x}_j\in D_u}\gamma_{ji}\left(\boldsymbol{x}_j-\boldsymbol{\mu}_i\right)\left(\boldsymbol{x}_j-\boldsymbol{\mu}_i\right)^{\mathrm{T}}\right.\\ \qquad\left.+\sum\limits_{(\boldsymbol{x}_j,\ y_j)\in D_l\wedge y_j=i}\left(\boldsymbol{x}_j-\boldsymbol{\mu}_i\right)\left(\boldsymbol{x}_j-\boldsymbol{\mu}_i\right)^{\mathrm{T}}\right)\\ \alpha_i=m^{-1}\left(\sum\limits_{\boldsymbol{x}_j\in D_u}\gamma_{ji}+l_i\right)\end{cases} \tag{4-219}$$

以上过程迭代直至收敛，可获模型参数。由式(4-216)和式(4-215)对样本分类。

生成式半监督学习方法的关键是模型假设必须准确，否则利用未标记数据会降低泛化性能。在现实任务中，必须拥有充分可靠的领域知识。

4.4.2　转换支持向量机

转换 SVM(transductive SVM，TSVM)对未标记样本进行正/反例的标记指派(label assignment)，获得一个有标记样本和标记指派的未标记样本上间隔最大化的划分超平面。确定划分超平面后，未标记样本的最终标记指派就是其预测结果。给定 $D_l=\{(\boldsymbol{x}_1,\ y_1),\ \cdots,\ (\boldsymbol{x}_l,\ y_l)\}$和 $D_u=\{\boldsymbol{x}_{l+1},\ \cdots,\ \boldsymbol{x}_{l+u}\}$，其中 $y_i\in\{-1,\ +1\}$，$l<<u$，$l+u=m$。TSVM 为 D_u 中的样本给出预测标记 $\hat{\boldsymbol{y}}=\left(\hat{y}_{l+1},\cdots,\ \hat{y}_{l+u}\right)$，$\hat{y}_i\in\{-1,+1\}$，使

$$\begin{aligned}&\min_{\boldsymbol{w},\ b,\ \hat{\boldsymbol{y}},\ \boldsymbol{\xi}}\ \frac{1}{2}\|\boldsymbol{w}\|_2^2+C_l\sum_{i=1}^{l}\xi_i+C_u\sum_{i=l+1}^{m}\xi_i,\\ &\text{s.t.}\ \ y_i\left(\boldsymbol{w}^{\mathrm{T}}\boldsymbol{x}_i+b\right)\geqslant 1-\xi_i,\ \ i=1,\cdots,\ l;\\ &\hat{y}_i\left(\boldsymbol{w}^{\mathrm{T}}\boldsymbol{x}_i+b\right)\geqslant 1-\xi_i,\ \ i=l+1,\cdots,\ m;\ \ \xi_i\geqslant 0,\ \ i=1,\cdots,\ m\end{aligned} \tag{4-220}$$

式中，$(\boldsymbol{w},\ b)$确定了一个划分超平面。ξ为松弛向量，$\xi_i(i=1,\ \cdots,\ l)$对应有标记样本，$\xi_i(i=l+1,\ \cdots,\ m)$对应未标记样本。$C_l$ 与 C_u 是用户指定用于平衡模型复杂度，是有标记样本与未标记样本重要程度的折中参数。

TSVM 采用局部搜索迭代寻找式(4-220)的近似解，先利用有标记样本学得一个 SVM，忽略式(4-220)中关于 D_u 与 $\hat{\boldsymbol{y}}$ 的项及约束。然后，将 SVM 预测的结果作为伪标记赋予未标记样本。最后将其代入式(4-220)得到一个标准 SVM 问题，

求解出新的划分超平面和松弛向量。此时，C_u要设置为比C_l小的值，使有标记样本所起作用更大。接下来，TSVM 找出两个标记指派为异类且很可能发生错误的未标记样本，交换其标记，再重新基于式(4-220)求解出更新后的划分超平面和松弛向量，找出两个标记指派为异类且很可能发生错误的未标记样本，逐渐增大C_u提高未标记样本对优化目标的影响，进行下一轮标记指派调整，直至C_u=C_l。

对未标记样本进行标记指派及调整的过程中，可能出现类别不平衡问题。为减轻类别不平衡性所造成的不利影响，可将优化目标中的C_u项拆分为C_u^+与C_u^-两项，分别对应基于伪标记而当作正、反例使用的未标记样本，并在初始化时令

$$u_+C_u^+ = u_-C_u^- \tag{4-221}$$

式中，u_+与u_-为基于伪标记而当作正、反例使用的未标记样本数。

若存在一对未标记样本$\boldsymbol{x}_i$与$\boldsymbol{x}_j$，其标记指派$\hat{y}_i$与$\hat{y}_j$不同，且对应的松弛变量满足$\xi_i+\xi_j>2$，则$\hat{y}_i$与$\hat{y}_j$很可能是错误的，需对二者进行交换后重新求解式(4-220)，这样每轮迭代后均可使式(4-220)的目标函数值下降。

参考文献

[1] McCarthy J, Minsky M L, Shannon C, et al. Research Project on Artificial Intelligence. Hanover: Dartmouth College,1955.

[2] Minsky M L. Theory of Neural-analog Reinforcement Systems and its Application to the Brain-model Problem. Princeton: Princeton University, 1954.

[3] Sutton R S. Temporal Credit Assignment in Reinforcement Iearning. Amherst: University of Massachusetts, 1984.

[4] Hastie T, Tibshirani R, Friedman J. 统计学习要素：机器学习中的数据挖掘 推断与预测. 2 版. 张军平，译. 北京：清华大学出版社，2021.

[5] Vapnik V N. 统计学习理论. 许建华, 张学工, 译. 北京：电子工业出版社, 2015.

[6] 李航. 统计学习方法. 北京：清华大学出版社, 2012.

[7] 周志华. 机器学习. 北京：清华大学出版社, 2016.

[8] Shai S S, Shai B D. 深入理解机器学习：从原理到算法. 张文生, 译. 北京：机械工业出版社, 2016.

[9] Marsland S. 机器学习：算法视角. 2 版. 高阳, 商琳, 译. 北京：机械工业出版社, 2019.

[10] 雷明. 机器学习的数学. 北京：人民邮电出版社, 2021.

[11] 雷明. 机器学习：原理、算法与应用. 北京：清华大学出版社, 2019.

[12] 戴璞微, 潘斌. 机器学习入门：基于数学原理的 Python 实战. 北京：北京大学, 2019.

[13] 柯朗 R, 希尔伯特 D. 数学物理方法 I. 钱敏, 郭敦仁, 译. 北京：科学出版社, 2011.

[14] 王怀玉. 物理学中的数学方法. 北京：科学出版社, 2013.

[15] 欧斐君. 变分法及其应用：物理、力学、工程中的经典建模. 北京：高等教育出版社, 2013.

[16] 杨庆之. 最优化方法. 北京：科学出版社, 2015.

[17] 孙文瑜, 徐成贤, 朱德通. 最优化方法. 2 版. 北京：高等教育出版社, 2010.

[18] 王燕军, 梁治安, 崔雪婷. 最优化基础理论与方法. 2 版. 上海: 复旦大学出版社, 2018.
[19] 陈宝林. 最优化理论与算法. 2 版. 北京: 清华大学出版社, 2005.
[20] 李董辉, 童小娇, 万中. 数值最优化算法与理论. 2 版. 北京: 科学出版社, 2010.
[21] Rosenblatt F. The perceptron: a probabilistic model for information storage and organization in the brain. Psychological Review, 1958, 65(6): 386-408.
[22] Dempster A P, Laird N M, Rubin D B, et al. Maximum likelihood from incomplete data via the EM algorithm. Journal of the Royal Statistical Society, Series B (Methodological), 1977: 1-38.
[23] 邓乃扬, 田英杰. 支持向量机: 理论、算法与拓展. 北京: 科学出版社, 2009.
[24] 杨志民, 刘广利. 不确定性支持向量机: 算法及应用. 北京: 科学出版社, 2012.
[25] Platt J. C. Sequential minimal optimization: a fast algorithm for training support vector machines//Advances in Kernel Methods-Support Vector Learning, 1998: 212-223.
[26] Harrington P. 机器学习实战. 李锐, 李鹏, 译. 北京: 人民邮电出版社, 2013.
[27] 赵卫东, 董亮. 机器学习. 北京: 人民邮电出版社, 2018.
[28] 汪荣贵, 杨娟, 薛丽霞. 机器学习及其应用. 北京: 机械工业出版社, 2019.
[29] 王磊, 王晓东. 机器学习算法导论. 北京: 清华大学出版社, 2019.
[30] 肖云鹏, 卢星宇, 许明, 等. 机器学习经典算法实践. 北京: 清华大学出版社, 2018.
[31] Giuseppe B. 机器学习算法. 2 版. 罗娜, 汪文发, 译. 北京: 机械工业出版社, 2020.
[32] 赵志勇. Python 机器学习算法. 北京: 电子工业出版社, 2017.
[33] 薛薇. Python 机器学习: 原理与实践. 北京: 中国人民大学出版社, 2021.
[34] 丁毓峰. 图解机器学习: 算法原理与 Python 语言实现. 北京: 中国水利水电出版社, 2020.
[35] 冷雨泉, 张会文, 张伟. 机器学习入门到实践: MATLAB 实践应用. 北京: 清华大学出版社, 2019.
[36] Agrawal R, Skrikant R. Fast algorithms for mining association rules//Proceedings of 20th International Conferenceon Very Large Data Bases, 1994, 1215: 487-499.
[37] Hoelling H. Analysis of a complex of statistical variables into principal components. Journal of Educational Psychology, 1933, 24(6): 498-520.
[38] 毛国君, 段立娟, 王实, 等. 数据挖掘原理与算法. 北京: 清华大学出版社, 2005.
[39] 朱明. 数据挖掘. 合肥: 中国科学技术大学出版社, 2008.
[40] 张晨光, 张燕, 半监督学习. 北京: 中国农业科学技术出版社, 2013.
[41] 冯旸赫, 孙博良, 程光权, 等. 在线半监督学习理论及方法. 北京: 国防工业出版社, 2019.

第 5 章　深 度 学 习

机器学习主要采用一层或两层的浅层结构将原始输入数据映射到特定空间中进行特征提取。其泛化能力受浅层结构限制，对自然信号(如人类语音、自然语言和声音、自然图像和视觉信号等)所反映的复杂函数表示能力有限，推动了基于深层结构的深度学习的产生和发展[1~9]。深度学习是基于数据进行表征学习的方法，参见图 5-1。

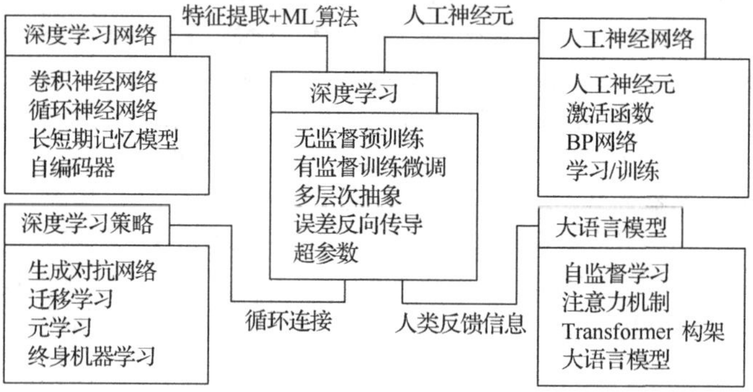

图 5-1　深度学习的数据关联

5.1　神 经 网 络

神经网络是模拟人脑组织结构和智能行为的数学模型或工程系统[10~20]，每个处理单元是神经元的局部操作。信息通过神经元兴奋模式以连接权重的形式分布在网络。学习过程中，神经网络从接收的样本集提取集合的基本信息；信息处理是神经元间相互作用的动态过程，通过学习/训练，将蕴涵在数据集中的数据联系抽象出来。在神经网络中，一个神经元的输出是另一个神经元的输入，参见图 5-2。设 $a_{l,\,i}$ 是第 l 层第 i 个神经元的输出，$w_{l,\,I,\,j}$ 是第 l 层第 j 个神经元与第 l+1 层第 i 个神经元之间的网络权重；$b_{l,\,i}$ 是第 l+1 层第 i 个神经元的偏置项，即阈值，则神经网络的最终输出 $a_{l+1,\,i}$ 为

$$a_{l+1,i}\left(x_i\right)=f\left(w_{l,i,1}a_{l,1}+w_{l,i,2}a_{l,2}+\cdots+w_{l,i,n}a_{l,\ n}+b_{l,i}\right) \tag{5-1}$$

当 $b_{l,\,i}$=0 时，为无偏置/无阈值神经元；当 $b_{l,\,i}\neq 0$ 时，为有偏置/阈值神经元，输入

达到一定强度才被激活。信号从输入层经神经元到输出神经元的传播过程为前向传播。

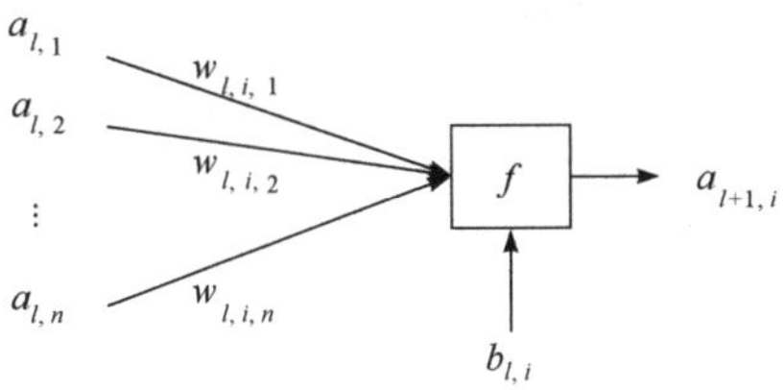

图 5-2 人工神经元模型

为了模拟神经细胞兴奋过程中所产生的神经冲动以及疲劳等特性，引入的非线性函数应具有突变性和饱和性两个显著特征，参见表 5-1。

表 5-1 常用神经元激活函数

函数	数学表达式
sigmoid 函数	$f(x)=1/(1+e^{-x})$(单边)，$f(x)=1/(1+e^{-x})-1/2$(双边)
tanh 函数	$f(x)=1/(1+e^{-2x})-1$
ReLU 函数	$R(x)=\max(0, x)$
Leaky ReLU 函数	$f(x)=\begin{cases}x, & x>0\\ \lambda x, & x\leqslant 0,\ \lambda\in(0,1)\end{cases}$
饱和线性函数	$f(x)=\begin{cases}0, & x<0\\ x, & 0\leqslant x\leqslant 1\\ 1, & x>1\end{cases}$，$f(x)=\begin{cases}-1, & x<-1\\ x, & -1\leqslant x\leqslant 1\\ 1, & x>1\end{cases}$ (对称)
纯线性函数	$f(x)=x$
阈值型函数	$f(x)=\begin{cases}1, & x\geqslant 0\\ 0, & 其他\end{cases}$，$f(x)=\begin{cases}1, & x\geqslant 0\\ -1, & 其他\end{cases}$ (对称)
Gaussian 型函数	$f(x)=e^{-x^2}$

BP 算法利用输出层的误差来估计输出层直接前导层误差，输出端的误差沿与输入信号传送相反方向逐级向网络输入端传递，参见图 5-3，神经元的激活函数须处处可导。设 m 个训练样本$\{(x_1, y_1), \cdots, (x_m, y_m)\}$，则训练样本$(x, y)$的损失函数为

$$J(W, b; x, y)=2^{-1}\left\|h_{W, b}(x)-y\right\|^2 \tag{5-2}$$

为防止模型过拟合，在损失函数中加入正则项，有 m 个样本训练集的损失函数为

$$J(W, b)=\frac{1}{m}\sum_{i=1}^{m}J(W, b; x_i, y_i)+\frac{\lambda}{2}\sum_{l=1}^{n_l-1}\sum_{i=1}^{s_l}\sum_{l=1}^{s_{l+1}}\left(W_{l, ij}\right)^2 \tag{5-3}$$

目标是求参数 W 和参数 b，使损失函数 $J(W, b)$达到最小值。首先，参数初始化为一个很小的接近 0 的随机值；然后，利用前向传播计算预测值 $h_{w,b}$ 和损失函数，此时需利用损失函数对其参数进行调整，比如，梯度下降对参数的调整如下

$$\begin{cases} W_{l,ij}=W_{l,ij}-\alpha\,\partial J(W, b)/\partial W_{l,ij} \\ \qquad =W_{l,ij}-\alpha\left(\dfrac{1}{m}\displaystyle\sum_{i=1}^{m}\partial J(W, b; x_i, y_j)/\partial W_{l,ij}+\lambda W_{l,ij}\right) \\ b_{l,i}=b_{l,i}-\alpha\,\partial J(W, b)/\partial b_{l,i}=b_{l,ij}-\dfrac{\alpha}{m}\displaystyle\sum_{i=1}^{m}\partial J(W, b; x_i, y_i)/\partial b_{l,i} \end{cases} \tag{5-4}$$

式中，α为学习率。给定训练数据(x, y)，通过前向传播算法计算出每一个神经元的输出值，并对每一个神经元计算其残差。如第 l 层神经元 i 的残差 $d_{l,i}$，表示该神经元对最终残差的影响。若 $z_{l,i}$ 表示第 l 层第 i 个神经元的输入加权和，$a_{l,i}=f(z_{l,i})$是第 l 层第 i 个神经元的输出，则第 l 层的神经元 i 的残差为

$$\delta_{l, i}=\left(\sum_{i=1}^{s_{l+1}}\delta_{l+1, i}W_{l, ji}\right)f'\left(z_{l, i}\right) \tag{5-5}$$

式中，对神经网络中的权重和偏置的更新公式为

$$\begin{cases} \partial J(W, b; X, y)/\partial W_{l, ij}=a_{l, i}\delta_{l+1, i} \\ \partial J(W, b; X, y)/\partial b_{l, i}=\delta_{l+1, i} \end{cases} \tag{5-6}$$

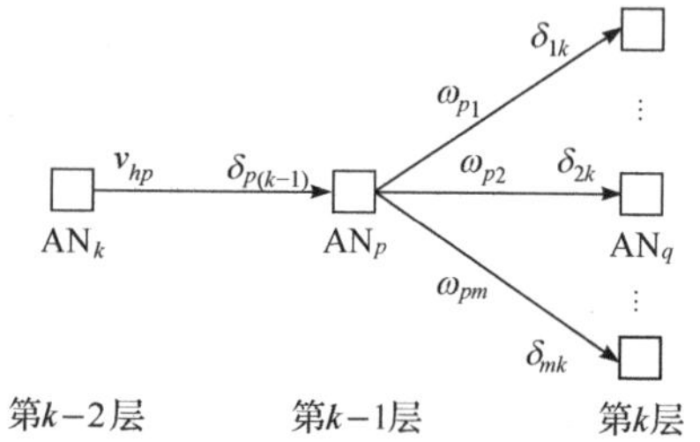

图 5-3　误差反向传播原理图

5.2　深度学习的基本结构

人的大脑约有 10^{11} 个生物神经元，通过 10^{15} 个连接形成一个系统。每个神经元具有独立的接受、处理和传递电化学信号的能力。记忆在大脑同一区域以小规

模波动形式进行传递，这些波动连接起来可表现出复杂的思想。大脑学习的关键是可塑性，改变神经元间突触连接的强度或建立新的连接。DL 通过对低层特征的组合形成更抽象的高层表示的属性类别或特征，学习数据的分布式特征表示[9~20]，参见图 5-4。1998 年，Lecun 提出卷积神经网络(convolutional neural network，CNN)。2006 年，Hinton 等人提出无监督逐层预训练对权值进行初始化和有监督训练微调相结合的深度置信网络(deep belief network，DBN)，解决深层网络训练中梯度消失问题。DL 将特征提取与 ML 算法融合到一起，使用多处理层对数据进行多层次抽象，发现数据中蕴含的细节规律，极大提升了 ML 在语音识别、视觉识别、物体检测、药物发现和基因工程等领域的表现。开源 DL 框架包括 TensorFlow、Keras、Pytorch、MXNet、CNTK、Theano、Torch7 和 Neon 等。

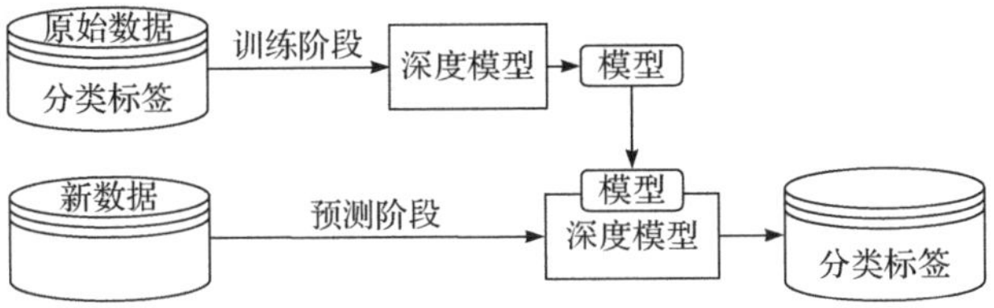

图 5-4 深度学习的一般方法

深度学习是基于对数据初步认识和学习为目的的分析(特征工程)，通过选择合适的数学模型，拟定超参数，参见表 5-2，并输入样本数据，依据一定的策略，运用合适的学习算法对模型进行训练，最后运用训练好的模型对数据进行分析预测。

表 5-2 各种超参数对模型容量的影响

超参数	容量增加	原因	说明
隐藏单元数量	增加	增加隐藏单元数量会增加模型表示能力	模型操作所需的时间和内存代价会随隐藏单元数量的增加而增加
学习率	调至最优	过高或过低的学习速率会因优化失败而导致低有效容量的模型	
卷积核宽度	增加	增加卷积核宽度会增加模型的参数数量	较宽的卷积核导致较窄的输出尺寸，可使用隐式零填充减少此影响
隐式零填充	增加	卷积之前隐式添加零能保持较大尺寸的表示	大多数操作的时间和内存代价会增加
权重衰减系数	降低	降低权重衰减系数使模型参数可自由地变大	
dropout	降低	丢弃较少单元让单元彼此协力适应训练集	

DL 模型在训练前，需定义好模型的输入、输出、模型结构、损失函数和优化方法。在训练过程中，使用数据对预先定义好的网络结构中的参数进行训练，常用误差反向传导，通过误差的求导和链式法则，不断调整网络参数，直至满足条件，实现模型训练，参见图 5-5。在预测过程中，使用训练模型对输入数据进行计算。

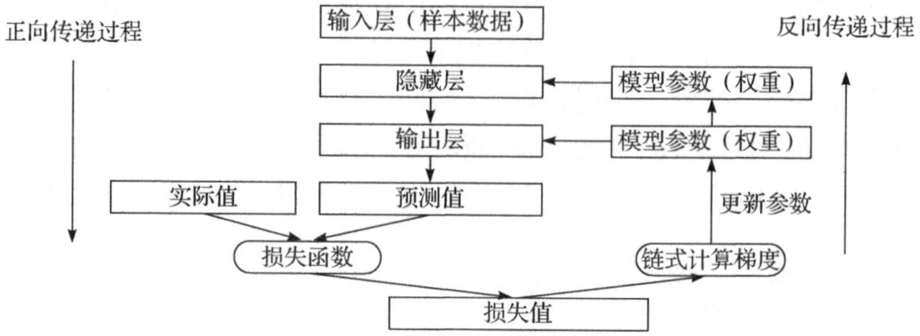

图 5-5 深度学习的训练过程

5.2.1 卷积神经网络

人的大脑视觉皮层具有分层结构，从视网膜传递到大脑中的视觉信息是通过多层次的感受野激发完成的。1962 年，Hubel 和 Wiesel 表明，从视网膜传来的信号首先到达初级视觉皮层(primary visual cortex)，即 V1 皮层，V1 皮层对一些细节、特定方向的图像信号敏感；V2 皮层将边缘和轮廓信息表示成简单形状；V4 皮层对颜色信息敏感。复杂物体最终在 IT 皮层(inferior temporal cortex)被表示出来。1998 年，Lecun 等人提出 LeNet-5 网络。2010~2017 年，每年举行一次 ImageNet 大规模识别挑战赛(ImageNet large scale visual recognition challenge，ILSVRC)，主要包括图像分类、单物体定位、物体检测。ILSVRC 只使用 ImageNet 的子数据集[21]，有 120 万幅图片、1000 类标注，根据正确标记的样本数不在前五个概率或不是最佳概率的样本数除以总的样本数可得 top-5 错误率或 top-1 错误率。2012 年，Krizhevsky 等人利用 ReLU 激活函数和 dropout 机制提出 AlexNet 网络，在 ImageNet 图像分类比赛夺冠，此后深度神经网络(deep neutral network，DNN)广泛应用于图像、视频的空间数据建模。2016 年，何凯明等人提出残差网络 ResNet，获得了超越人类水平的分辨能力。2017 年，黄高等人提出 DenseNet，其中任何两层网络间都有直接的连接，网络每一层的输入都是前面所有层的输出并集，以实现特征的重复利用并达到降低冗余的目的。ILSVRC 比赛推动了计算机视觉和 DNN 领域的发展，模型在图像识别上的错误率已远低于人类。

当输入数据很多时，训练一个全连接 NN 涉及的参数会很多，网络的计算时间复杂度会很高。CNN 利用空间相对关系减少参数数目以提高训练性能，主要包含特征提取层和特征映射层两部分。CNN 引入局部感知(局部像素的空间关系)、权值共享(特定的纹理特征)和下采样(图像压缩)等技术，极大降低了运算复杂度，有效提升模型识别精度[12~20, 22~28]。CNN 的卷积层和池化(pooling)层，用来进行特征提取，对高维输入进行降维，参见图 5-6。可设置多层卷积层和池化层，对学习率、激活函数、卷积核大小、步长等超参数进行优化，实现更好的模型精度。然后，全连接层将提取的特征和输出层连接起来，输出数据所属类别；上采样层将提取的特征映射到像素点，输出层是像素点级的预测值。

图 5-6 基本的卷积神经网络结构

权重和偏置由反向传播算法训练而得，反向传播算法的关键是计算误差项值，进而计算损失函数对权重、偏置项的梯度值。计算机视觉中的一些特征对物体识别具有普遍性，如边缘、角点、纹理等。CNN 在一定程度上具有迁移学习(transfer learning)的能力，学习到的特征可能具有通用性，可把该网络的参数作为训练初始值，在新任务上继续训练，即网络微调。

① 卷积层，执行卷积操作提取底层到高层的特征，挖掘图像局部关联性和空间不变性。卷积网络是一种权重共享、局部连接的 NN。卷积层的正向传播式为

$$x_{l,\ ij} = f\left(u_{l,\ ij}\right) = f\left(\sum_{p=1}^{s}\sum_{q=1}^{s} x_{l-1,\ i+p-1,\ j+q-1} k_{l,\ pq} + b_l\right) \tag{5-7}$$

卷积输出图像的任意一个元素都与卷积核矩阵的所有元素有关。反向传播时需计算损失函数 L 对卷积核以及偏置项的偏导数，根据链式法则，有

$$\begin{cases} \dfrac{\partial L}{\partial k_{l,\ pq}} = \sum\limits_i \sum\limits_j \left(\dfrac{\partial L}{\partial x_{l,\ ij}} f'\left(u_{l,\ ij}\right) x_{l-1,\ i+p-1,\ j+q-1}\right) = \sum\limits_i \sum\limits_j \left(\delta_{l,\ ij} x_{l-1,\ i+p-1,\ j+q-1}\right) \\ \dfrac{\partial L}{\partial b_l} = \sum\limits_i \sum\limits_j \left(\dfrac{\partial L}{\partial x_{l,\ ij}} f'\left(u_{l,\ ij}\right)\right) \end{cases} \tag{5-8}$$

式中，i 和 j 是卷积输出图像的行和列下标，输出图像的元素都与卷积核的元素 k_{pq} 相关。误差项定义为损失函数对临时变量的偏导数

$$\delta_{l,\ ij} = \frac{\partial L}{\partial u_{l,\ ij}} = \frac{\partial L}{\partial x_{l,\ ij}} \frac{\partial x_{l,\ ij}}{\partial u_{l,\ ij}} \tag{5-9}$$

$\delta_{l,ij}$构成的矩阵，其尺寸与卷积输出图像相同。$\boldsymbol{\delta}_l$为卷积核，$\boldsymbol{x}_{l-1}$为输入图像，则误差项的递推公式为

$$\boldsymbol{\delta}_{l-1}=\boldsymbol{\delta}_l*\text{rot}180(\boldsymbol{K})\odot f'(\boldsymbol{u}_{l-1}) \tag{5-10}$$

式中，rot180 是矩阵顺时针旋转 180°操作。根据误差项得到了卷积层的权重、偏置项的偏导数；并把误差项通过卷积层传播到了前一层。

② 池化层,执行下采样操作,取卷积输出特征图中局部区块的最大值或均值,可过滤掉一些不重要的信息。假设池化层的输入图像为$\boldsymbol{X}_{l-1}$，输出图像为$\boldsymbol{X}_l$，在正向传播时，下采样操作 down(·)对输入数据进行降维

$$\boldsymbol{X}_l=\text{down}(\boldsymbol{X}_{l-1}) \tag{5-11}$$

在反向传播时，接受误差是$\boldsymbol{\delta}_l$，尺寸同$\boldsymbol{X}_l$，传递出去的误差是$\boldsymbol{\delta}_{l-1}$，尺寸同$\boldsymbol{X}_{l-1}$，可用上采样 up(·)来计算误差项

$$\boldsymbol{\delta}_{l-1}=\text{up}(\boldsymbol{\delta}_l) \tag{5-12}$$

如果是对$s\times s$的块进行池化,在反向传播时要将$\boldsymbol{\delta}_l$的一个误差项值扩展为$\boldsymbol{\delta}_{l-1}$的对应位置的$s\times s$个误差项值。均值池化的变换函数为

$$y=\frac{1}{s\times s}\sum_{i=1}^{s\times s}x_i \tag{5-13}$$

式中，x_i为池化操作下的$s\times s$子图像块的像素，y为池化输出像素值。假设损失函数对输出像素的偏导数为δ，则对输入像素的偏导数为

$$\frac{\partial L}{\partial x_i}=\frac{\partial L}{\partial y}\frac{\partial y}{\partial x_i}=\frac{1}{s\times s}\delta \tag{5-14}$$

将$\boldsymbol{\delta}_l$的每一个元素都扩充为$s\times s$个元素

$$\begin{pmatrix} \delta/(s\times s) & \cdots & \delta/(s\times s) \\ \vdots & & \vdots \\ \delta/(s\times s) & \cdots & \delta/(s\times s) \end{pmatrix} \tag{5-15}$$

对最大池化，正向传播时，需要记住最大值的位置。在反向传播时，对于扩充的$s\times s$块，最大值位置处的元素设为δ，其他位置全部置为 0。假设池化函数为

$$y=\max(x_1,\ x_2,\cdots,\ x_{s\times s})=x_t \tag{5-16}$$

损失函数对x_i的偏导数为

$$\frac{\partial L}{\partial x_i}=\frac{\partial L}{\partial y}\frac{\partial y}{\partial x_i}=\delta\frac{\partial y}{\partial x_i} \tag{5-17}$$

式中，如果$i=t$，则有$\partial y/\partial x_i=1$；否则，有$\partial y/\partial x_i=0$。

③ 全连接层，输入层到隐藏层的神经元是全部连接的。

④ 非线性变化，卷积层、全连接层后面一般都会接非线性变化层，如 sigmoid、tanh、ReLU 等来增强网络的表达能力。常用 ReLU 激活函数

$$\mathrm{ReLU}(x)=\max(0,\ x),\ \ \mathrm{ReLU}'(x)=\begin{cases}1, & x>0\\ 0, & x\leqslant 0\end{cases} \tag{5-18}$$

当 $x>0$ 时，$\mathrm{ReLU}'(x)=1$，可在一定程度上缓解梯度消失问题，训练时有更快的收敛速度；当 $x\leqslant 0$ 时，函数值为 0，这使一些神经元的输出值为 0，从而使网络变得更稀疏，起到正则化的作用，也可在一定程度上缓解过拟合。

⑤ dropout，在训练阶段随机让一些隐层节点不工作，提高 NN 的泛化能力，防止过拟合。DL 参数众多，更易出现过拟合现象，一般都需使用 dropout 机制。

1) ResNet

残差网络(residual neural network，ResNet)模型的提出使得训练深度达数百甚至数千层的网络，已发展成为一系列残差网络家族。该模型成功训练了一个 152 层深的 CNN，在 ILSVRC 2015 的图像分类、目标检测、语义分割各个比赛中均获得了最好成绩，图像分类中其 top-5 错误率达 3.57%，获得超越人类水平的分辨能力。ResNet 通过引入一个恒等映射连接，模型每一层输出拟合一个残差映射。在网络层间添加残差加入路径，梯度在误差反向传播过程中不会消失或爆炸。残差块通过快捷(shortcut)连接将块的输入和输出进行一个元素级的叠加，增加模型训练速度，提高训练效果。当模型层数加深时，该结构可解决退化问题。ResNet 有 2 个基本块，参见图 5-7，标准残差块对应输入与输出有相同维度的情况，可串联；当输入和输出维度不匹配时，卷积残差块在快捷连接增加 1×1 卷积核，改变特征向量维度，实现该块结构的串联。深度残差网络通过跨层连接和拟合残差来解决卷积层过多带来的问题。

假设 NN 要拟合的函数为 $H(\boldsymbol{x})$，残差定义为

$$F(\boldsymbol{x})=H(\boldsymbol{x})-\boldsymbol{x} \tag{5-19}$$

式中，$\boldsymbol{x}$ 为输入向量。残差网络是一种如图 5-7 所示的 Building Block 结构

$$\boldsymbol{y}=F(\boldsymbol{x},\{\boldsymbol{W}_i\})+\boldsymbol{x} \tag{5-20}$$

式中，$\boldsymbol{x}$ 和 $\boldsymbol{y}$ 是层的输入和输出向量，函数 F 是拟学习的残差映射，$\boldsymbol{W}_i$ 为权重。

2)YOLO

YOLO(you only look once detector)是一个可一次性预测多个检测框位置和类别的 CNN，能实现端到端的目标检测和识别。网络的初始卷积层从图像中提取特征，全连接层用来预测输出概率和坐标，参见图 5-8。YOLO 采用单个 NN 直接预测物品边界和类别概率，实现端到端的物品检测。YOLO 采用全图信息进行预

测，可学习到目标的概括信息，具有一定的普适性。

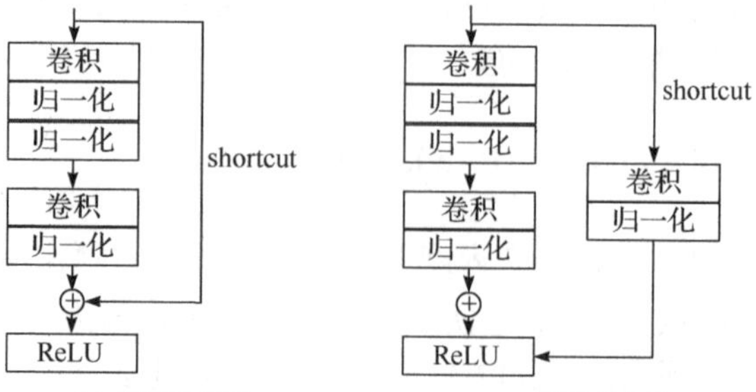

(a) 标准残差块　(b) 卷积残差块

图 5-7　跨层连接与拟合误差的残差块

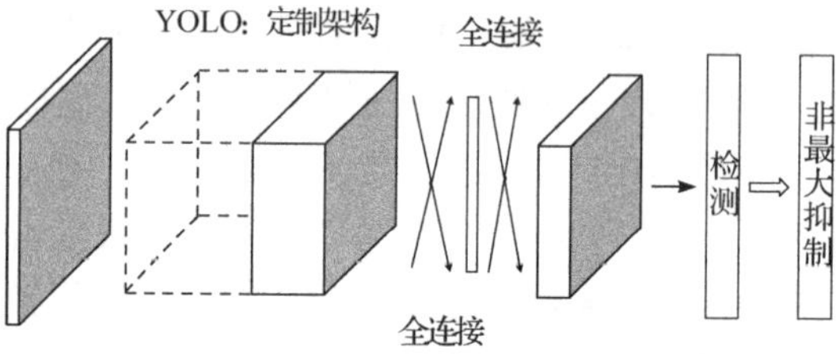

图 5-8　YOLO 的基本网络架构

5.2.2　循环神经网络

1982 年，Hopfield 提出 Hopfield 网络，网络内部有反馈连接，能处理信号中的时间依赖性。20 世纪 90 年代，循环神经网络(recurrent neural network，RNN)被提出，其内部有反馈连接，能处理信号中的时间依赖性，旨在学习序列数据的变化模式，包括上下文相关的文本数据，或随时间连续或离散变化的时序数据[4, 12~19, 29, 30]，可应用于机器翻译、自然语言处理等领域。RNN 对一个序列中的每个元素执行相同的任务，NN 会对前面的信息进行记忆，捕获到目前为止所计算的信息，并将它应用在当前输出的计算过程中，即隐藏层之间的节点存在连接性，并且隐藏层的输入不仅包括输入层的输出还包括前一时刻隐藏层的输出。

1) 循环神经网络模型

RNN 具有固定权值、外部输入和内部状态，在时间上展开深层结构，挖掘时序数据的特征。RNN 在隐藏层中添加一个循环操作，将 RNN 展开成按时间顺序排列的多个 NN，输入层输入时序数据 $\boldsymbol{x}_0$，$\boldsymbol{x}_1$，…，$\boldsymbol{x}_t$，输出对应的是 $\boldsymbol{h}_0$，$\boldsymbol{h}_1$，…，$\boldsymbol{h}_t$。

(1) 序列数据建模。

序列数据在 t 时刻的状态为 $\boldsymbol{s}_t$，该状态依赖 t–1 时刻的状态 $\boldsymbol{s}_{t-1}$，参见图 5-9(a)，依次类推。初始状态信息在时序上传播越远，信息衰减越厉害，最终导致序列数据模型失去其意义。除第一个时间步的状态之外，当前序列状态的模型可表示为

$$\boldsymbol{s}_t = f_\theta(\boldsymbol{s}_{t-1}) \tag{5-21}$$

当前状态 $\boldsymbol{s}_t$ 依赖于上一时刻的状态 $\boldsymbol{s}_{t-1}$ 和当前输入信息 $\boldsymbol{x}_t$，参见图 5-9(b)。因此在考虑输入信息的情况下，当前序列状态的模型数学表达为

$$\boldsymbol{s}_t = f_\theta(\boldsymbol{s}_{t-1},\ \boldsymbol{x}_t) \tag{5-22}$$

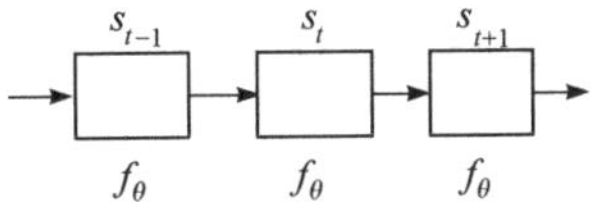

(a) 不受输入信息影响的序列数据

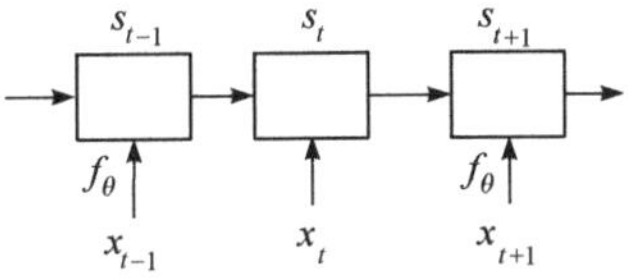

(b) 受输入信息影响的序列数据

图 5-9　不受输入信息和受输入信息影响的序列数据对比

(2) 循环神经网络基本结构。

RNN 的基本结构由输入层、隐藏层和输出层三层结构组成，参见图 5-10，其中隐藏层的输出值有 2 个：一个值反馈给自身；另一个值输出到下一时刻的神经元。$\boldsymbol{x}_t$ 是 t 时刻的输入序列，在语言模型中，每一个 $\boldsymbol{x}_t$ 表示一个词向量，整个序列就表示一句话；$\boldsymbol{h}_t$ 是 t 时刻的隐藏层状态，或称 RNN 的记忆单元(memory unit)，一个隐藏层状态可以包含多个神经元；$\boldsymbol{o}_t$ 是 t 时刻的输出；$\boldsymbol{U}$ 是输入序列信息 $\boldsymbol{X}$ 到隐藏层状态 $\boldsymbol{H}$ 的权重参数矩阵；$\boldsymbol{W}$ 是隐藏层状态 $\boldsymbol{H}$ 之间的权重参数矩阵；$\boldsymbol{V}$ 是隐藏层状态 $\boldsymbol{H}$ 到输出序列信息 $\boldsymbol{O}$ 的权重参数矩阵。把从隐藏层学习到的结构再进行一次抽象，作为最终的输出，$\boldsymbol{o}_t$ 表示 t 时刻输出层的状态。展开过程表明：①处理序列数据时，输入大小是固定不变的，是从一种状态到另外一种状态的转移；②状态转移函数具有相同的参数，输入层共享参数 $\boldsymbol{U}$，隐藏层共享参数 $\boldsymbol{V}$，输出层共享参数 $\boldsymbol{W}$，这反映了 RNN 的每一步都在重复做相同的事，只是输入不同，减少了网络中需要学习的参数个数，降低了计算复杂度。

隐藏层状态中的神经元可认为是 RNN 的记忆能力神经元，隐藏层内的神经元越多，模型的学习能力越强；但网络模型中的神经元过多可能会产生过拟合、梯度爆炸等问题。

(3) 展开计算图。

计算图是形式化计算结构的方式，将输入参数映射到输出与损失，重复结构常对应一个事件链。展开计算图可实现深度网络结构中的参数共享。动态系统的

经典形式为

$$s_t = f(s_{t-1};\ \theta) \tag{5-23}$$

式中，s_t 为系统的状态。采用有向无环计算图呈现上式展开，参见图 5-11，每个节点表示在时刻 t 的状态，且函数 f 将 t 处状态映射到 t+1 处状态。

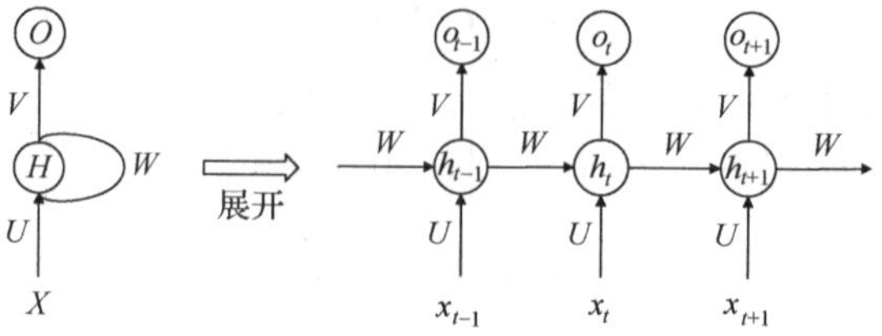

图 5-10　循环神经网络模型的基本结构

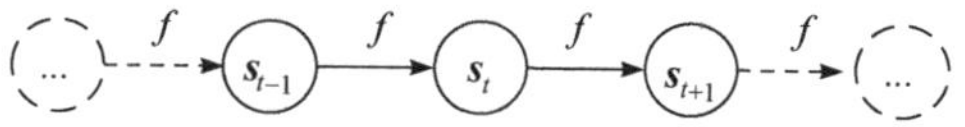

图 5-11　经典动态系统的展开

当前状态包含整个过去序列的信息，任何涉及递归的函数都可视为 RNN。为了表明状态是网络的隐藏单元 $\boldsymbol{h}$，由外部信号 $\boldsymbol{x}_t$ 驱动的动态系统可表示为

$$\boldsymbol{h}_t = f(\boldsymbol{h}_{t-1},\ \boldsymbol{x}_t;\ \theta) \tag{5-24}$$

图 5-12 给出了无输出循环网络，只处理来自输入 $\boldsymbol{x}$ 的信息，将其合并到经时间向前传播的状态 $\boldsymbol{h}$，当前状态可影响其未来的状态。回路图中的黑色方块表明在时刻 t 的状态到时刻 t+1 的状态单个时刻延迟中的相互作用。每个时间步的每个变量可绘制为计算图的一个独立节点，展开图的大小取决于序列长度，可用函数 $g_t(\cdot)$代表经 t 步展开后的递归

$$\boldsymbol{h}_t = g_t(\boldsymbol{x}_t,\ \boldsymbol{x}_{t-1},\ \boldsymbol{x}_{t-2},\cdots,\ \boldsymbol{x}_2,\ \boldsymbol{x}_1) = f(\boldsymbol{h}_{t-1},\ \boldsymbol{x}_t;\ \theta) \tag{5-25}$$

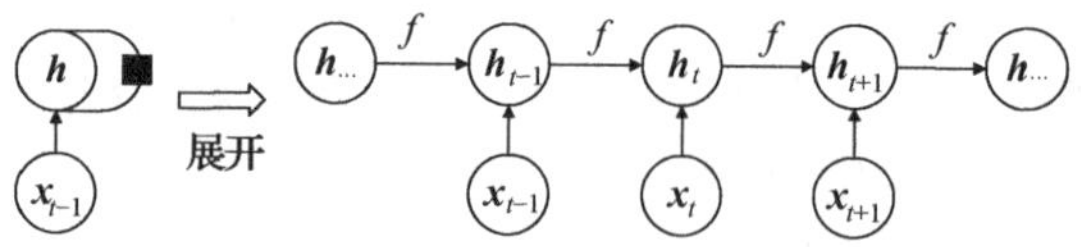

图 5-12　无输出循环网络

学习单一的共享模型有利于提高泛化性，且估计模型所需训练样本远小于不包含参数共享的模型。RNN 的设计模式包括以下三种。

设计模式 1，从输出层向隐藏层递归，每个时间步都有输出，且隐藏单元间有递归连接的网络，参见图 5-13。前向传播过程把输出 $\boldsymbol{o}$ 作为每个离散变量可能

值的非标准化对数概率，利用 softmax 函数获得标准化后概率的输出向量 $\hat{\boldsymbol{y}}$。RNN 从特定的初始状态 $\boldsymbol{h}_0$ 开始前向传播，从 t=1 到 $t=\tau$的每个时间步，应用以下更新方程

$$\boldsymbol{a}_t=\boldsymbol{b}+\boldsymbol{W}\boldsymbol{h}_t+\boldsymbol{U}\boldsymbol{x}_t,\ \boldsymbol{h}_t=\tanh(\boldsymbol{a}_t),\ \boldsymbol{o}_t=\boldsymbol{c}+\boldsymbol{V}\boldsymbol{h}_t,\ \hat{\boldsymbol{y}}_t=\text{softmax}(\boldsymbol{o}_t) \tag{5-26}$$

式中，参数偏置向量 $\boldsymbol{b}$ 和 $\boldsymbol{c}$ 连同权重矩阵 $\boldsymbol{U}$、$\boldsymbol{V}$ 和 $\boldsymbol{W}$，分别对应输入层到隐藏层、隐藏层到输出层和隐藏层到隐藏层的连接。若 L_t 为给定 $\boldsymbol{x}_1$，…，$\boldsymbol{x}_t$ 后 $\boldsymbol{y}_t$ 的负对数似然估计值，则

$$L(\{\boldsymbol{x}_1,\cdots,\ \boldsymbol{x}_t\},\{\boldsymbol{y}_1,\cdots,\ \boldsymbol{y}_t\})=\sum_t L_t=-\sum_t \log p_{\text{model}}(\boldsymbol{y}_t\mid\{\boldsymbol{x}_1,\cdots,\ \boldsymbol{x}_t\}) \tag{5-27}$$

式中，$p_{\text{model}}(\boldsymbol{y}_t|\{\boldsymbol{x}_1$，…，$\boldsymbol{x}_t\}$为读取模型输出向量 $\hat{\boldsymbol{y}}_t$ 中对应于 $\boldsymbol{y}_t$ 的项。梯度计算涉及的前向传播图是固有循序的，各状态必须保存，直到反向传播时被再次使用。

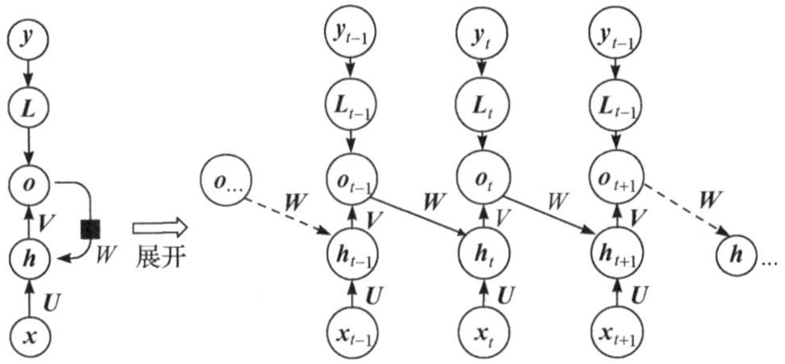

图 5-13 循环网络训练损失的计算

设计模式 2，隐藏层自回归，每个时间步都产生一个输出，参见图 5-14。在每个时刻 t，输入为 $\boldsymbol{x}_t$，隐藏层激活为 $\boldsymbol{h}_t$，输出为 $\boldsymbol{o}_t$，目标为 $\boldsymbol{y}_t$，损失为 L_t。该 RNN 被训练为将特定输出值放入 $\boldsymbol{o}$ 中，并且 $\boldsymbol{o}$ 是允许传播到未来的唯一信息。没有从 $\boldsymbol{h}$ 前向传播的直接连接，之前的 $\boldsymbol{h}$ 仅通过产生的预测间接地连接到当前。

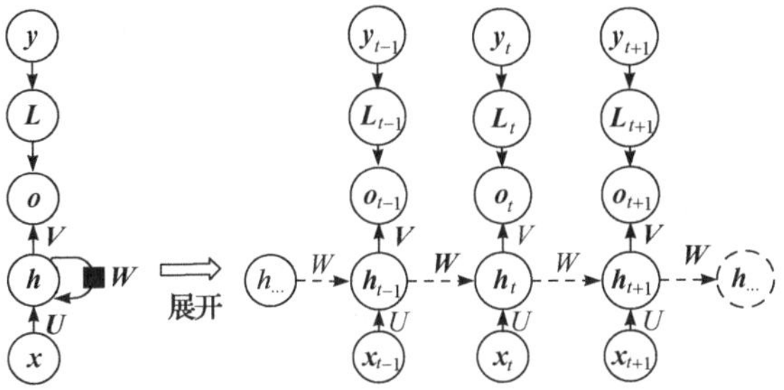

图 5-14 隐藏层自回归的反馈连接

设计模式 3，隐藏单元之间存在递归连接，读取整个序列后产生单个输出的

递归网络，参见图 5-15。可用于概括序列并产生用于进一步处理的固定大小的表示。在结束处可能存在目标，或通过更下游模块的反向传播来获得输出 $\boldsymbol{o}_t$ 上的梯度。

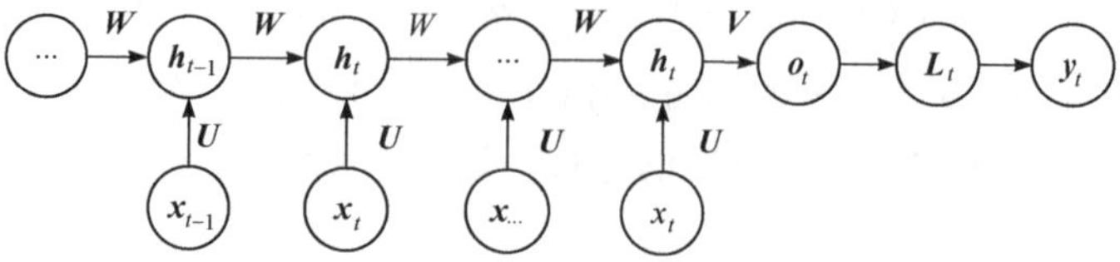

图 5-15　隐藏单元递归连接的网络

2) 循环神经网络的算法

(1) 循环神经网络的前向传播。

RNN 的隐藏层把当前时刻输入层的结果 $\boldsymbol{x}_t$ 和前一时刻隐藏层的结果 $\boldsymbol{h}_t$ 作为输入进行计算，得到当前时刻隐藏层的结果，并将它传递给输出层，前向传播过程的输出 $\boldsymbol{o}_t$ 为

$$\boldsymbol{o}_t = g(\boldsymbol{V}\boldsymbol{h}_t),\ \boldsymbol{a}_t = \boldsymbol{U}\boldsymbol{x}_t + \boldsymbol{W}\boldsymbol{h}_{t-1},\ \boldsymbol{h}_t = f(\boldsymbol{a}_t) \tag{5-28}$$

输出层是一个全连接层，$\boldsymbol{o}_t$ 表示 t 时刻输出单元的值，$\boldsymbol{V}$ 表示输出层的权重，$g(\cdot)$ 是输出层的激活函数；$\boldsymbol{a}_t$ 是 t 时刻隐藏层神经元的值，$\boldsymbol{U}$ 表示输入层的权重，$\boldsymbol{W}$ 表示隐藏层节点到隐藏层节点的权重，即自连接的权重，$\boldsymbol{x}_t$ 是 t 时刻每个输入单元的值，$\boldsymbol{h}_{t-1}$ 是 $t-1$ 时刻每个隐藏层节点的值，分别接收来自输入层的数据和隐藏层的数据；对隐藏层的值施加激活函数，产生隐藏层单元的最终激活值 $\boldsymbol{h}_t$，$f(\cdot)$ 是隐藏层的激活函数，则

$$\begin{aligned}\boldsymbol{o}_t &= g(\boldsymbol{V}\boldsymbol{h}_t) = g(\boldsymbol{V}f(\boldsymbol{U}\boldsymbol{x}_t + \boldsymbol{W}\boldsymbol{h}_{t-1})) = g(\boldsymbol{V}f(\boldsymbol{U}\boldsymbol{x}_t + \boldsymbol{W}f(\boldsymbol{U}\boldsymbol{x}_{t-1} + \boldsymbol{W}\boldsymbol{h}_{t-2}))) \\ &= g\Big(\boldsymbol{V}f\Big(\boldsymbol{U}\boldsymbol{x}_t + \boldsymbol{W}f\big(\boldsymbol{U}\boldsymbol{x}_{t-1} + \boldsymbol{W}f\big(\boldsymbol{U}\boldsymbol{x}_{t-2} + \boldsymbol{W}f(\boldsymbol{U}\boldsymbol{x}_{t-2} + \boldsymbol{W}f(\boldsymbol{U}\boldsymbol{x}_{t-3} + \cdots))\big)\big)\Big)\Big)\end{aligned} \tag{5-29}$$

式中，t 时刻输出层的值受之前输入值 $\boldsymbol{x}_t$，$\boldsymbol{x}_{t-1}$，$\boldsymbol{x}_{t-2}$，…的影响，这表明 RNN 具有记忆。

(2) 循环神经网络的反向传播。

以前向传播得到每个神经元的输出为预测，对比预测和真实值得到误差项，将误差沿输出到输入路径进行反向传播，同时沿时间轴进行传播。最后使用随机梯度下降(stochastic gradient descent，SGD)算法更新权重。RNN 的学习过程可定义为优化可微损失函数 L，通过梯度下降法的迭代，得到合适的 RNN 权重矩阵参数 $\boldsymbol{U}$、$\boldsymbol{W}$、$\boldsymbol{V}$。最终的损失为对序列的每个位置的损失函数累加

$$L = \sum_{t=1}^{T} L_t \tag{5-30}$$

把 RNN 输出层和隐藏层的计算一般化为如下形式

$$\boldsymbol{y} = f\left(\boldsymbol{W}\boldsymbol{x} + \boldsymbol{b}\right) \tag{5-31}$$

式中，输出层和隐藏层的激活函数分别为 softmax 函数和 tanh 函数。输出层的权重矩阵 $\boldsymbol{V}$ 的梯度计算为

$$\frac{\partial L}{\partial \boldsymbol{V}} = \sum_{t=1}^{T} \frac{\partial L_t}{\partial \boldsymbol{V}} = \sum_{t=1}^{T} \frac{\partial L_t}{\partial \boldsymbol{o}_t} \frac{\partial \boldsymbol{o}_t}{\partial \boldsymbol{V}} = \sum_{t=1}^{T} \left(\hat{\boldsymbol{y}}_t - \boldsymbol{y}_t\right)\left(\boldsymbol{h}_t\right)^{\mathrm{T}} \tag{5-32}$$

在 RNN 反向传播的过程中，某一个序列位置的梯度损失由当前时刻 t 的输出对应的梯度损失和下一时刻 t+1 梯度损失共同决定，定义当前时刻 t 隐藏层状态的梯度为

$$\boldsymbol{\delta}_t = \frac{\partial L}{\partial \boldsymbol{h}_t} = \frac{\partial L}{\partial \boldsymbol{o}_t} \frac{\partial \boldsymbol{o}_t}{\partial \boldsymbol{h}_t} + \frac{\partial L}{\partial \boldsymbol{h}_{t+1}} \frac{\partial \boldsymbol{h}_{t+1}}{\partial \boldsymbol{h}_t} = \boldsymbol{V}^{\mathrm{T}}\left(\hat{\boldsymbol{y}}_t - \boldsymbol{y}_t\right) + \boldsymbol{W}^{\mathrm{T}} \boldsymbol{\delta}_{t+1} \operatorname{diag}\left(1 - \left(\boldsymbol{h}_{t+1}\right)^2\right) \tag{5-33}$$

式中，从 t+1 时刻的隐藏层梯度 $\boldsymbol{h}_{t+1}$ 递推当前时刻隐藏层的梯度 $\boldsymbol{h}_t$。最终时刻 T 的梯度 $\boldsymbol{\delta}_T$ 为

$$\boldsymbol{\delta}_T = \frac{\partial L}{\partial \boldsymbol{o}_T} \frac{\partial \boldsymbol{o}_T}{\partial \boldsymbol{h}_T} = \boldsymbol{V}^{\mathrm{T}}\left(\hat{\boldsymbol{y}}_T - \boldsymbol{y}_T\right) \tag{5-34}$$

得到当前时刻隐藏层状态的梯度后，隐藏层权重 $\boldsymbol{W}$ 和输入层权重 $\boldsymbol{U}$ 为

$$\begin{cases} \dfrac{\partial L}{\partial \boldsymbol{W}} = \displaystyle\sum_{t=1}^{T} \frac{\partial L_t}{\partial \boldsymbol{h}_t} \frac{\partial \boldsymbol{h}_t}{\partial \boldsymbol{W}} = \sum_{t=1}^{T} \operatorname{diag}\left(1 - \left(\boldsymbol{h}_t\right)^2\right) \boldsymbol{\delta}_t \left(\boldsymbol{h}_{t-1}\right)^{\mathrm{T}} \\ \dfrac{\partial L}{\partial \boldsymbol{U}} = \displaystyle\sum_{t=1}^{T} \frac{\partial L_t}{\partial \boldsymbol{h}_t} \frac{\partial \boldsymbol{h}_t}{\partial \boldsymbol{U}} = \sum_{t=1}^{T} \operatorname{diag}\left(1 - \left(\boldsymbol{h}_t\right)^2\right) \boldsymbol{\delta}_t \left(\boldsymbol{x}_t\right)^{\mathrm{T}} \end{cases} \tag{5-35}$$

5.2.3 长短期记忆神经网络

ML 算法就是给定输入，产生输出，而输出又受到算法本身的长短期记忆影响。内部状态可视为影响输出的短期记忆；训练就是一个通过调整长期记忆来使算法获得预期输出的过程。1997 年，Hochreiter 等人在 RNN 的基础上引入门限机制，形成长短期记忆(long short term memory，LSTM)模型，有效解决了长期依赖问题。2000 年，Gers 等人在 LSTM 中加入遗忘门(forget gate)，以避免记忆细胞中存储的信息爆炸，让过去模型训练经验的存储变得更有效，有利于相关经验的提取。2014 年，Cho 等人提出 GRU，减少了 LSTM 中门的数目，降低计算复杂度，解决标准 RNN 中的梯度消失问题。RNN 在神经机器翻译、自然语言处理等领域应用广泛。

LSTM 引入自递归以产生梯度长时间持续流动的路径。LSTM 中隐藏层的基本单元是记忆块，包含了一个甚至多个记忆单元和三个乘法单元输入：输入门、输出门、遗忘门。记忆块允许单元格共享相同的门，能减少自适应参数的数目，每个记忆单元的核心是一个被称为常数误差流的循环自连接线性单元，其激活称为单元状态。它解决了梯度消失的问题：在没有新的输入或错误信号的情况下，常数误差流的局部误差回流保持恒定，既不增长也不衰减。常数误差流由输入门和输出门的前向流动激活和向后流动误差保护。当门关闭(激活为零)时，不相关的输入和噪声不会进入单元，单元格状态也不会扰乱网络的其余部分。每个单元有相同的输入、输出和参数与控制信息流动的门控，窥视孔的连接使得计算遗忘门和输入门时能获得单元格的状态，该记忆块的输出将再一次连接到其他的记忆块，参见图 5-16。单元格的状态是用来提供输出信息的值，主要包括：输入数据 $\boldsymbol{x}$；输入状态 i 为当前时间步的隐藏层状态和当前输入的线性组合的值；隐藏层状态 $\boldsymbol{h}$ 表示当前隐藏层的值；内部状态 $\boldsymbol{c}$ 是作为记忆的值。LSTM 能记忆之前的信息是其门限机制，门的结构就是一个全连接层，把一个向量作为输入，门经过计算后，输出一个值域为 0～1 的实数，可表示为

$$g(\boldsymbol{x})=\sigma(\boldsymbol{W}\boldsymbol{x}+\boldsymbol{b}) \tag{5-36}$$

式中，$\boldsymbol{W}$ 是门的权重矩阵；$\boldsymbol{b}$ 是门的偏置项。门的使用方法是将需要控制的那个向量按元素乘以门的输出向量。由于门的输出是值域为 0～1 的实数向量，因此，当门的输出为 1 时，任何与之相乘的向量都不会有任何改变，即记忆可通过，当门的输出为 0 时，任何向量与之相乘的结果都是零向量，即所有记忆都不能通过。通过激活函数决定，遗忘门控制了保存长期单元格状态；输入门控制了把当前时刻状态中哪些部分输入到长期状态；输出门控制了决定是否把长期状态作为当前 LSTM 的输出部分。

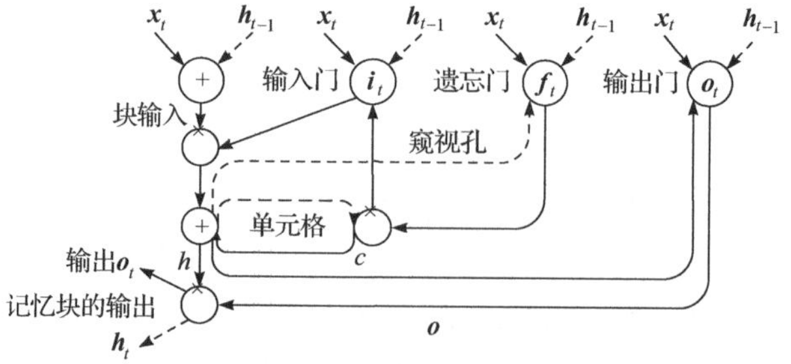

图 5-16　LSTM 的单元结构图

根据记忆块的结构，按照算法的计算顺序给出长短期记忆神经网络的前向计算公式。其中，$\boldsymbol{x}_t$ 表示输入，$\boldsymbol{f}_t$ 表示遗忘门，$\boldsymbol{o}_t$ 表示输出门，$\boldsymbol{i}_t$ 表示输入门，$\boldsymbol{h}_t$ 表

示隐藏层状态，$\boldsymbol{c}_t$表示单元格状态，$\tilde{\boldsymbol{c}}_t$表示单元格状态的候选值，$\sigma(\cdot)$表示每个门的激活函数，$\boldsymbol{W}$表示权重，$\boldsymbol{b}$表示偏差，则 LSTM 的单元格可表示为以下 4 个交互过程：

① 遗忘门主要决定丢弃信息，可通过激活函数的计算得到遗忘门的输出结果

$$\boldsymbol{f}_t=\sigma\left(\boldsymbol{W}_f\cdot\left[\boldsymbol{h}_{t-1},\ \boldsymbol{x}_t\right]+\boldsymbol{b}_f\right) \tag{5-37}$$

② 确定在单元格状态中存放的信息，首先通过输入门决定何值将更新；然后通过 tanh 层创建一个新的候选向量，该向量将会被加入到单元格状态中，即

$$\boldsymbol{i}_t=\sigma\left(\boldsymbol{W}_i\cdot\left[\boldsymbol{h}_{t-1},\ \boldsymbol{x}_t\right]+\boldsymbol{b}_i\right) \tag{5-38}$$

$$\tilde{\boldsymbol{c}}_t=\tanh\left(\boldsymbol{W}_c\cdot\left[\boldsymbol{h}_{t-1},\ \boldsymbol{x}_t\right]+\boldsymbol{b}_c\right) \tag{5-39}$$

③ 更新单元格的状态，由当前单元格状态按元素乘以遗忘门的输出，再把输入门的输出按元素乘以当前时刻的输入状态，然后将两个乘积加和，从而实现将之前的记忆状态和当前的记忆状态结合到一起，形成新的单元格状态。由于有遗忘门的控制，单元格中可保存很久之前的信息，即长期记忆；而输入门的控制，又可调制当前进入记忆的内容，避免当前无关紧要的内容进入记忆，即

$$\boldsymbol{c}_t=\boldsymbol{f}_t*\boldsymbol{c}_{t-1}+\boldsymbol{i}_t*\tilde{\boldsymbol{c}}_t \tag{5-40}$$

④ 确定输出值，通过输出门和激活函数调制输出，即下次迭代计算过程中实际使用的值。最终的输出是由单元格状态值和输出门的结果共同决定的，即

$$\boldsymbol{o}_t=\sigma\left(\boldsymbol{W}_o\cdot\left[\boldsymbol{h}_{t-1},\ \boldsymbol{x}_t\right]+\boldsymbol{b}_o\right) \tag{5-41}$$

$$\boldsymbol{h}_t=\boldsymbol{o}_t*\tanh\left(\boldsymbol{c}_t\right) \tag{5-42}$$

5.2.4　自编码器

1986 年，Rumelhart 等人提出自编码器(autoencoder，AE)，包括输入层和输出层[7, 11, 31~35]，参见图 5-17，隐藏层(编码层)承担编码器和解码器的工作。编码过程是从高维度的输入层转化到低维度的隐藏层的过程，压缩数据或提取数据特征；解码过程是低维度的隐藏层到高维度的输出层的转化过程，将编码器得到的数据表示重新还原成原输入数据。AE 是有损转化过程，通过对比输入和输出的差别来定义损失函数。训练过程就是不断求解损失函数最小化的过程。AE 是一种类似于 PCA 的无监督 ML 算法。当获得数值型特征之后，可基于 *k*-means 算法或 DBSCAN 算法等对图像进行聚类。

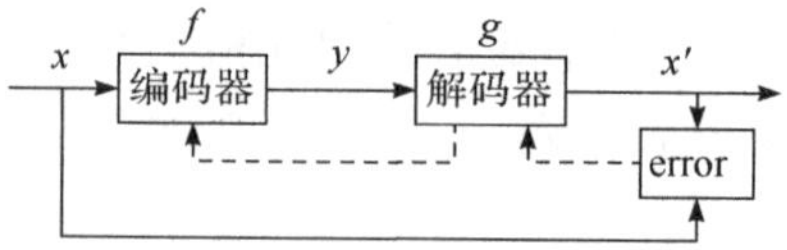

图 5-17　自编码器原理图

AE 学习函数 $f(x)≈x$，隐藏层为数据的特征表示。AE 是学习到有用的潜在表示，对原输入数据进行处理，获得数据的降维表示或数据特征等。AE 将输入数据 x 变换成潜在变量 $y=f(x)$，再用解码器将潜在变量 y 转换成重构数据 $x'=g(y)=g(f(x))$，可表示为

$$y=f(x),\ x'=g(y)=g\big(f(x)\big) \tag{5-43}$$

AE 的训练目标是让输出数据 x'尽可能还原输入变量 x

$$J=2^{-1}\|x'-x\|_2^2 \tag{5-44}$$

通常，AE 的输入层和输出层的维度相同，通过对 AE 的隐藏层加入约束来使 AE 学习到有用的表示。AE 是无监督模型，输出数据要尽量拟合输入数据。AE 训练的是编码器和解码器的参数：权重 W 和偏置 b。AE 的训练过程如下：

① 前向传播：输入数据 x 经编码器求得潜在变量 y，通过解码器获得重构数据 x'。

② 计算输入数据 x 和重构数据 x'的误差，比如使用均方差损失或交叉熵损失等。

③ 反向传播：利用 SGD 算法不断更新 W 和 b，使重构数据趋近输入数据。

图 5-18 是一个 AE 的结构图。假设有一组未标记的训练样本$\{x_1,\ x_2,\ \cdots\}$，AE 使用 SGD 算法进行训练，将目标值 $\hat{x}_i$ 设置为与输入 x_i 相等，即 $\hat{x}_i=x_i$。AE 的运算结果为 $h_{W,b}(x)$，则 AE 的训练目标是 $h_{W,b}(x)≈x$。

原始数据输入编码器得到潜在变量，再通过解码器获得重构数据，然后计算误差，则单个样本的代价函数为

$$J(W,\ b,\ x)=2^{-1}\|h_{W,\ b}(x)-x\|_2^2 \tag{5-45}$$

对 m 个样本，有

$$J(W,\ b)=m^{-1}\sum_{i=1}^{m}2^{-1}\|h_{W,\ b}(x_i)-x_i\|_2^2 \tag{5-46}$$

式中，$h_{W,b}(x_i)$为重构数据，x_i 为原始数据。使用 SGD 算法更新参数

$$W_{ij}^{(l)}=W_{ij}^{(l)}-\alpha\frac{\partial J(W,\ b)}{\partial W_{ij}^{(l)}},\ b_i^{(l)}=b_i^{(l)}-\alpha\frac{\partial J(W,\ b)}{\partial b_i^{(l)}} \tag{5-47}$$

式中，$W_{ij}^{(l)}$ 是表示 l 层的第 j 个神经元与第 l+1 层的第 i 个神经元之间的权重；$b_i^{(l)}$ 是第 l+1 层的第 i 个神经元的偏置，α表示学习速率。

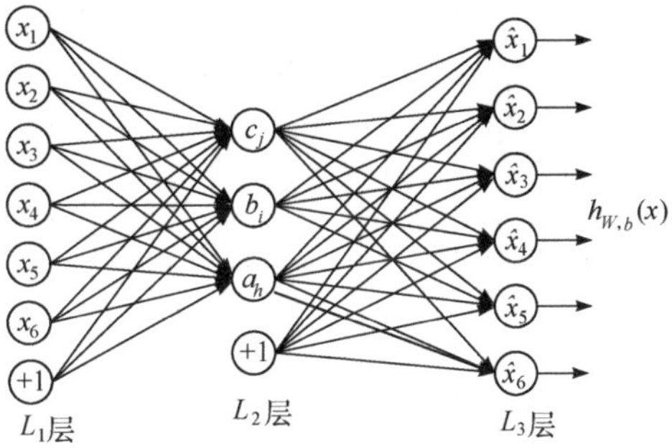

图 5-18　自编码器结构图

5.2.5　基于多双曲特性注意力机制的 Faster R-CNN 的钢筋识别

钢筋是隧道衬砌结构的重要组成部分，其布置状况直接影响到隧道衬砌结构的稳定性和承载能力。钢筋的介电常数趋于无穷大，导致钢筋的雷达信号反射强，在雷达图像中呈现出双曲线形态。图 5-19 在 Faster R-CNN 的基础上，增加捕获显著信息的可变形注意力机制(deformable attention to capture salient information，DAS)，利用可变形卷积和可分离卷积来定位钢筋，可将注意力集中在钢筋多次反射的双曲特征。输入一幅 $P\times Q$ 的图像，会把图像不失真的转换到 $M\times N$ 上。

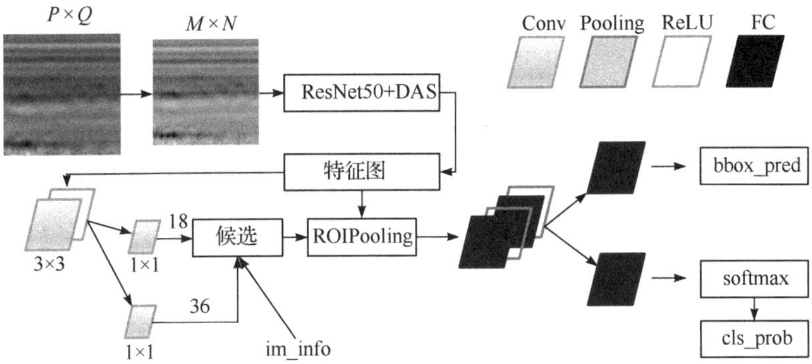

图 5-19　基于注意力机制的 Faster-RCNN 网络

图 5-20 以 ResNet50+DAS 为特征提取网络，通过提取钢筋图像特征，一个是直接和感兴趣区域网络(Region of Interest，ROI)池化结合使用，另一个是进行一次 3×3 的卷积后，进行一个 18 通道的 1×1 卷积，或一个 36 通道的 1×1 卷积，再经过区域建议网络(region proposal network，RPN)及感兴趣区域网络(region of interest，ROI)，最后结合获得对应的预测结果以实现对隧道衬砌中钢筋的识别。

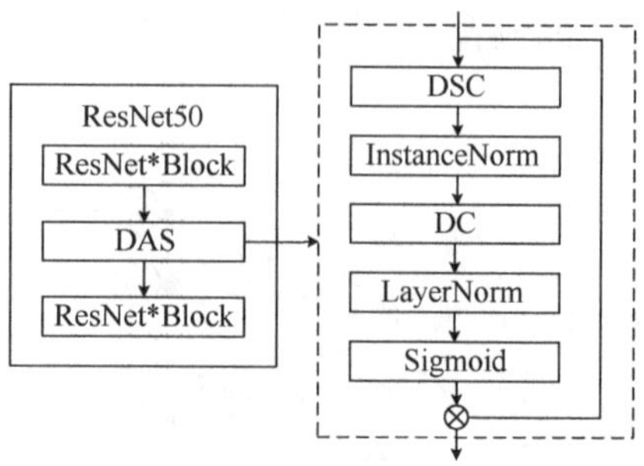

图 5-20　钢筋双曲线特征的提取网络结构

在 Faster-RCNN 中，特征提取网络主要是提取出雷达图像中钢筋双曲线的特征，形成 Feature Map。区域建议网络(region proposal network，RPN)主要用于生成候选区域，首先生成一些 Anchor，然后对其进行裁剪过滤通过 softmax 判断 Anchors 是否是钢筋，这是一个二分类；同时，另一支边界框回归(bounding box regression)修正先验框，形成较为精确的建议框。通过建议框可获得先验框的预测结果。预测结果包含两部分。9×4 的卷积用于预测公用特征层上每一个网格点上每一个先验框的变化情况。9×2 的卷积用于预测公用特征层上每一个网格点上每一个预测框内部是否包含了钢筋。感兴趣区域(ROI)池化利用 RPN 生成的建议框和特征提取网络最后一层得到的特征图，得到固定大小的候选特征图，最后分类器将 ROI 池化层形成固定大小的特征图进行全连接操作，利用 softmax 进行钢筋或者背景的分类，同时，利用 L1 Loss 完成边界框回归操作获得物体的精确定位。

使用中心频率天线为 400 MHz 的地质雷达系统对户撒隧道进行衬砌结构探测，参见图 5-21。所用的数据集格式为 PascolVOC 格式，专业技术人员对图像样本比对确认后，使用 LabelImg 软件对数据集图像进行人工标注，将样本数据集分类编号并制作标签。在图 5-21 中，(a)、(b)和(c)为未引入 DAS 模块的检测图，(d)、(e)和(f)为引入了 DAS 模块的检测图。

模型利用实地采集和仿真数据的雷达图像进行训练和测试，测试结果表明，钢筋图像识别在 IOU=0.5 的情况下，F1 分数为 0.84，准确率为 73.48%，召回率为 97.00%，AP 为 95.62%，不引入 DAS 注意情况下，F1 分数为 0.82，准确率为 71.62%，召回率为 96.40%，AP 为 94.94%。选取的 50 幅测试探地雷达图像中，对钢筋的检测识别率为 93.46%，而不增加 DAS 注意力机制为 92.52%。实现基于多双曲特性注意力机制的 Faster R-CNN 的钢筋识别的算法伪代码如下。

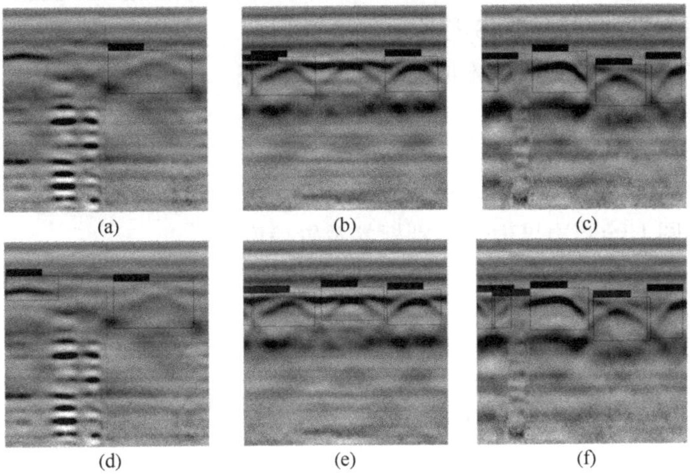

图 5-21　隧道衬砌中钢筋的检测

算法：基于多双曲特性注意力机制的 Faster R-CNN 的钢筋识别

输入：隧道衬砌的地质雷达图像
输出：钢筋的检测框及置信度

```
初始化 ResNet50+DAS 作为特征提取网络
初始化 Faster-RCNN 模型
加载预训练权重
定义目标类型为钢筋
加载隧道衬地质雷达图像数据集
For 每一幅图像 in 数据集
    将图像输入 ResNet50+DAS，提取特征图
    在特征图上进行 3×3 的卷积后，再分别进行一个 18 通道和 36 通道的 1×1 的卷积
    生成先验框
    对每个网格点进行 9×4 的卷积，预测每个先验框的边界框回归参数
    对每个网格点进行 9×2 的卷积，预测每个先验框是否包含钢筋
    根据预测结果和特征图生成候选区域
    对每个候选区域进行 ROI Pooling(区域兴趣池化)
    对 ROI 池化后的特征进行压缩与平均池化，并进行 Flatten 操作
    进行分类和边界框回归
    获取每个候选区域的最终预测结果，包括调整后的边界框和类别
```

```
    应用非极大抑制(NMS)移除重复的检测框
    保存最终的检测框及置信度
End For
在原图上绘制检测结果
For 每一个检测框 in 检测结果
    在原图上绘制边界框、类别标签及置信度
End For
保存带有检测结果的图像
```

5.3 深度学习中的常用策略

DL 的持续发展让 AI 在许多任务中表现出接近甚至高于人类水准的认知能力。目前，已发展出利用已有 ML 知识和 NN 框架来让 AI 自主搭建适合业务场景的网络方法，包括：①将先验知识建模在 DL 中，基于先验知识获取部分数据内联关系，减小 DL 所需训练样本量。②标记与非标记数据相结合，当先验知识难以建模时，基于大量观测数据的学习方法，据借助非标注数据实现对于高维复杂函数的部分拟合，可缓解 DL 对标注数据数量的要求。③感知任务与操作任务相结合，人类在执行操作任务时，有时只需对环境有大概认知；若直接从输入出发，在获得一定程度的感知技能的基础上直接拟合操作任务的函数，可降低对感知任务数据的需求。

5.3.1 生成对抗学习

2014 年，Goodfellow 等人受零和博弈启发，让两个 NN 以相互博弈的方式进行学习，提出生成对抗网络(generative adversarial network，GAN)。其中，生成网络从隐含空间中随机采样作为输入，输出结果尽量模仿训练集中的真实样本；判别网络的输入为真实样本或生成网络的输出，将生成网络的输出从真实样本中尽可能分辨出来。两个网络相互对抗、不断调整参数，使判别网络无法判断生成网络的输出结果是否真实。GAN 广泛应用于机器视觉、语音和语言处理、智能驾驶、信息和网络安全、游戏和棋类比赛等领域。GAN 包含生成器 G 和判别器 D 两个重要组成部分[20, 36~39]，参见图 5-22。生成器 G 和判别器 D 相互博弈，最终两者达到 Nash 均衡。①生成器 G 接收随机噪声 z，通过噪声生成数据 $G(z)$。②判别器 D 判断数据是否为真实数据，输入判别数据 x，输出 x 为真实数据的概率 $D(x)$，若 $D(x)=1$，判断数据 x 为真实数据，$D(x)=0$，判断数据 x 为生成数据。

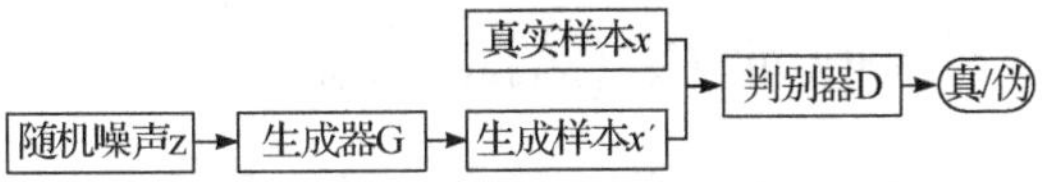

图 5-22 生成对抗网络的结构

在网络训练过程中，生成器 G 用生成的数据去欺骗判别器 D；判别器 D 把生成器 G 生成的数据与真实数据 x 区分开来。这是两个模型间的博弈过程。理想情况，生成器 G 生成非常接近真实的数据 $G(z)$，判别器 D 难以判断 $G(z)$是否为真实数据，得 $D(x)=D(G(z))=0.5$。这样，就得到了一个能生成逼真的数据的生成模型

$$\min_G \max_D V(D,\ G)=E_{x\sim p_{\text{data}}(x)}\left(\log D(x)\right)+E_{z\sim p_z(z)}\left(\log\left(1-D\left(G(z)\right)\right)\right) \quad (5\text{-}48)$$

式中，$p_{\text{data}}(x)$为真实数据分布；$p_z(z)$为噪声数据分布；z 为输入生成器 G 的噪声；判别器 D 的目的是要把真实数据判断为 1，把虚假的数据判断为 0，即最大化 $V(D, G)$；生成器 G 是要生成足以以假乱真的数据 $G(z)$，让判别器 D 判断其为 1，即最小化 $V(D, G)$。在训练初期，当生成器 G 的生成效果非常差时，判别器 D 会以高置信度将生成器 G 生成的数据判定为假数据，从而导致 $\log(1-D(G(z)))$达到饱和，无法为生成器 G 提供足够的梯度来学习。常选择最大化 $\log D(G(z))$来训练生成器 G，该目标函数在前期能为 G 提供足够的梯度。

GAN 的全局最优解为 $p_g=p_{\text{data}}$。给定生成器 G、判别器 D 的优化，则最优判别器为

$$D_G^*(x)=p_{\text{data}}(x)\big/\left(p_{\text{data}}(x)+p_g(x)\right) \quad (5\text{-}49)$$

如果生成器 G 和判别器 D 有足够高的性能，给定生成器 G 时，判别器 D 能达到最优。并且随着生成器 G 更新 p_g，判别器 D 能提高自己的判别能力

$$E_{x\sim p_{\text{data}}}\left(\log D_G^*(x)\right)+E_{x\sim p_{\text{data}}}\left(\log\left(1-D_G^*(x)\right)\right) \quad (5\text{-}50)$$

则生成数据分布 p_g 会向真实数据分布 p_{data} 收敛。

最大似然模型提供了一个概率分布的估计值，由参数θ进行参数化，若数据集包含 m 个训练样本$\{x^1,\ \cdots,\ x^m\}$，最大似然原则就是选择使训练数据可能性最大化的模型参数

$$\theta^*=\arg\max_\theta \prod_{i=1}^m p_{\text{model}}\left(x^i,\ \theta\right)=\arg\max_\theta \sum_{i=1}^m \log p_{\text{model}}\left(x^i,\ \theta\right) \quad (5\text{-}51)$$

最大似然过程包括从数据生成分布中采取的样本形成训练集，提高模型分配给这些数据的概率，以最大化训练数据的可能性。由于 PDF 总和为 1，由此产生的分布可平衡来自不同位置的所有数据点的向上作用力。

最大似然估计等价于最小化真实数据分布 p_{data} 与模型分布 p_{model} 之间的 KL 散度

$$\theta^* = \arg\min_{\theta} D_{\mathrm{KL}}\left(p_{\mathrm{data}}(x) \| p_{\mathrm{model}}(x,\ \theta)\right) \tag{5-52}$$

若 p_{data} 位于分布族 $p_{\mathrm{model}}(x,\ \theta)$中，则模型会准确拟合 p_{data}。只能访问由 p_{data} 中的 m 个样本组成的训练集，可使用这个训练集来定义 $\hat{p}_{\mathrm{data}}$。

在实践中，效果最好的方法是同时梯度下降。在每一步中，对来自数据集的小批量，里面存放 x 的值；同时，模型从隐含变量上的分布中采样中得到的小批量，里面存放 z 的值。然后同时更新$\theta^{(D)}$和$\theta^{(G)}$以减少 $J^{(D)}$和 $J^{(G)}$。判别器使用交叉熵损失函数 $J^{(D)}$

$$J^{(D)}\left(\theta^{(D)},\ \theta^{(G)}\right) = -2^{-1}E_{x\sim p_{\mathrm{data}}}\left(\log D(x)\right) - 2^{-1}E_{z\sim p_z}\left(\log\left(1-D\left(G(x)\right)\right)\right) \tag{5-53}$$

判别器(分类器)的训练数据来自数据集(样本标签为 1)和生成器(样本标签为 0)两类小批量的数据。通过训练判别器能获得每个点 x 处的比率估计 $p_{\mathrm{data}}(x)/p_{\mathrm{model}}(x)$，估计该比率能计算各种各样的散度和它们的梯度。

在零和博弈中，所有参与者的损失之和是 0，即

$$J^{(G)} = -J^{(D)} \tag{5-54}$$

生成器的损失函数 $J^{(G)}$和判别器的损失函数 $J^{(D)}$直接联系在一起，可表示为

$$V\left(\theta^{(D)},\ \theta^{(G)}\right) = -J^{(D)}\left(\theta^{(D)},\ \theta^{(G)}\right) \tag{5-55}$$

零和博弈也被称为 minmax，参与者的解决方案涉及最小化的外循环和最大化的内循环

$$\theta^{(G)*} = \arg\min_{\theta^{(G)}}\max_{\theta^{(D)}} V\left(\theta^{(D)},\ \theta^{(G)}\right) \tag{5-56}$$

5.3.2　迁移学习

迁移知识是 AI 的根本基石之一，包括类比学习、基于案例的推理、知识重用和重建以及域适应等[40~47]。2010 年，Pan 等人将迁移学习定义为给定源域 D_s、学习任务 T_s、目标域 D_t 和学习任务 T_t，目的是获取源域 D_s 和学习任务 T_s 中的知识以帮助提升目标域中预测函数 $f_t(\cdot)$的学习，其中 $D_s \neq D_t$ 或 $T_s \neq T_t$，$D=\{X,\ P_X\}$，X 是特征空间，P_X是边缘概率分布，输入样本 $x \in X$。在一个特定域中，$D=\{X,\ P_X\}$，任务 $T=\{Y,\ f(\cdot)\}$，Y 是标签空间，$f(\boldsymbol{x})=P(y|\boldsymbol{x})$是预测函数，对未知样本$\{\boldsymbol{x}^*\}$进行标签预测，输出 $y \in Y$。根据特征空间和/或标签空间是否同构，迁移学习可分为两种类型：

① 同构迁移学习，源域和目标域在一个同构的特征空间，其中 $X_s \cap X_t \neq \varnothing$ 且 $Y_s=Y_t$，但 $P_{s,X} \neq P_{t,X}$ 或 $P_{s,Y|X} \neq P_{t,Y|X}$。

② 异构迁移学习，源域和目标域不同构，$X_s \cap X_t=\varnothing$或 $Y_s \neq Y_t$。

1) 基于样本、特征、模型和关系的迁移学习

把训练好的模型参数迁移到新模型以帮助训练新模型，根据数据或任务的相关性，通过迁移学习将已学到的模型参数(学到的知识)分享给新模型。根据迁移学习采用的方式，可将迁移学习算法分为基于样本、特征、模型和关系四类。迁移学习广泛应用于图像理解、生物信息学、机器人、自动驾驶和自然语言处理等领域。

(1) 基于样本的迁移学习。

基于样本的迁移学习从源域中识别实例或样本，并为其重新分配权值。源域中的有标签数据由于域差异而无法直接使用，但重新加权或重采样后，一部分数据能被目标域重新使用。通过这种方式，权重大的源域有标签样本被视为跨域迁移知识。需从源域中筛选出符合目标域数据的相似分布样本运用于训练以降低新模型的偏差和方差。域 $D=\{X, P_X\}$ 由特征空间 X 和边缘分布 P_X 组成。给定 D，任务 $T=\{Y, P_{Y|X}\}$ 由标签空间 Y 和条件概率分布 $P_{Y|X}$ 组成。通常假设作为训练输入的源域样本和目标域样本有相同或相似的支持，源任务和目标任务的输出标签需一致。域间或任务间的不同分别在于域特征的边缘分布 $P_{s,X} \neq P_{t,X}$ 或任务的条件概率分布 $P_{s,Y|X} \neq P_{t,Y|X}$。

(2) 基于特征的迁移学习。

跨域迁移的知识可被认为是学习到的特征表示。基于特征的迁移能识别源域和目标域之间的特征公共子空间，并允许在这些子空间中进行迁移。

① 最小化域间差异。在许多实际应用中，观察到的高维数据样本通常由一组隐变量或组成部分控制，称为特征。域之间的差异可能是仅由这些特征中的一个子集导致的。因此，可通过最小化域间差异来学习给定目标域和源域的可迁移特征，比如，最大均值差异、基于 Bregman 散度的正则化、使用特定分布假设的度量、数据依赖的域差异度量等。

② 学习通用特征。从源域或辅助域的无标签数据中学习高级特征；用学习到的高级特征表示目标域的有标签数据；利用目标域中有标签数据的新表示训练分类器。

③ 特征增强。使用特定域的信息来增强源域和目标域数据的特征向量，并将其视为学习算法的新输入。X 和 Y 定义为输入和输出空间。假设原始输入空间为 $\tilde{X} \subset \mathbf{R}^F$ ，原始输入空间增强到 $\tilde{X} \subset \mathbf{R}^{3F}$ 。源域和目标域的映射函数 Φ_s、Φ_t：$X \to \tilde{X}$ 定义为

$$\Phi_s(\boldsymbol{x})=\langle \boldsymbol{x},\ \boldsymbol{x},\ \mathbf{0}\rangle,\ \ \Phi_t(\boldsymbol{x})=\langle \boldsymbol{x},\ \mathbf{0},\ \boldsymbol{x}\rangle \tag{5-57}$$

式中，$\mathbf{0}$ 为 F 维空间中的零向量。增强特征的第一部分为原始特征，第二部分和

第三部分分别表示源域和目标域的特定特征。

(3) 基于模型的迁移学习。

利用模型层面的知识，编码到模型参数、模型先验知识、模型架构等模型层次。重新使用从源域中学习到的模型可避免再次抽取训练数据或再对复杂数据表示进行关系推理，使基于模型的迁移学习更高效，更能抓住源域的高层级知识。

① 基于共享模型成分的迁移学习。重新利用源域中的模型成分或源域中的超参数来确定目标域模型，以及同时学习目标域和源域模型等。现实中，若能将一些先验知识应用到一个新任务，比如利用 Gaussian 过程、深度模型和已有模型等迁移学习，即便新任务仅拥有少量训练数据，也能获得一个在性能上令人满意的模型。

② 基于正则化的迁移。正则化解决不适定的 ML 问题，也通过限制模型灵活性来防止模型过拟合。在一些先验假设下，正则化约束了模型的超参数。目标和源模型参数可建模成如下形式

$$\boldsymbol{\theta}_s=\boldsymbol{\theta}_0+\boldsymbol{v}_s,\ \ \boldsymbol{\theta}_t=\boldsymbol{\theta}_0+\boldsymbol{v}_t \tag{5-58}$$

式中，$\boldsymbol{\theta}_0$ 是任务无关参数，表示任务间的不变特征，是模型迁移学习中被迁移的部分。$\boldsymbol{v}_t$ 和 $\boldsymbol{v}_s$ 是特定任务参数，描述了特定任务的特定特征，可在特定域内的数据上进行学习。在源域模型，利用经训练充足数据而获得的任务无关参数，提高目标模型的泛化性能。

(4) 基于关系的迁移学习。

构建源关系域和目标关系域之间关系知识的映射，可基于关系特征传递和与域无关的关系知识。Markov 逻辑网络是逻辑概率混合模型，其中关系被编码为谓词。

① 基于自动映射和修订算法的迁移通过一阶逻辑的浅层迁移,跨域查找和调整谓词的映射。将源 Markov 逻辑网络映射到目标域，基于映射修改来自源域的子句。修订后的 Markov 逻辑网络可用做目标域中论证或推理的关系模型。

② 基于 Markov 逻辑的深度迁移算法以具有谓词变量的 Markov 逻辑公式的形式，发现源域中的结构规律，使用来自目标域的谓词来实例化这些公式。

③ 在学习过程中，即使目标域看似与源域不相关，可利用结构上的相似性来对不同领域进行类比。理解这些结构相似性有助抽象出领域特定细节，并在抽象之间构建映射。该映射建立在两个领域的高级结构相关性上，而它们与其自身域中其他实体的关系很重要。

2) 传导式迁移学习

人能通过传递性进行间接推理和学习，引入一些中间概念作为连接这些看似不相关的概念的桥梁。传导式迁移学习(transitive transfer learning，TTL)通过一

个或多个中间域中的共享因子，连接几乎没有共同因子的源域和目标域，参见图 5-23。

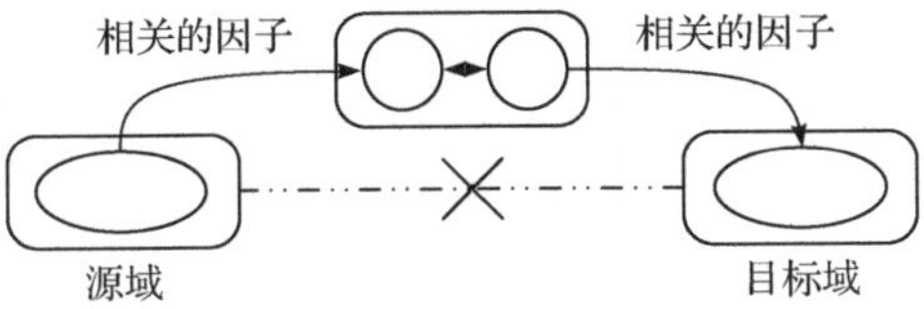

图 5-23　传导式迁移学习的基本原理

(1) 混合图上的传导式迁移学习。

混合迁移算法将源域和目标域之间的关系建模为混合样本和特征的联合转移概率图。设 $D_s=\{\boldsymbol{x}_s, \boldsymbol{y}_s\}$包含 n_s 个有标签样本源域；$D_t=\{\boldsymbol{x}_t, \boldsymbol{y}_t\}\cup\{\boldsymbol{x}_{t,u}\}$含 $n_{t,l}$ 个有标签样本和 $n_{t,u}$ 个无标签样本目标域。令数据集含共现数据 $G=\{\tilde{\boldsymbol{x}}_{s,k}, \tilde{\boldsymbol{x}}_{t,k}\}_{k=1}^{n_0}$，其中 $\tilde{\boldsymbol{x}}_{s,k}$ 和 $\tilde{\boldsymbol{x}}_{t,k}$ 分别表示源域和目标域特征空间中的特征向量。通过使用来自源域、目标域和中间域数据的所有数据来学习在目标域中无标签样本 $\boldsymbol{U}=\boldsymbol{x}_{t_u}$ 上的分类器 $f(\cdot)$，使其具有最低的预测误差

$$\arg\min_{f} L(f, \boldsymbol{x}, \boldsymbol{y})+R(f,\boldsymbol{U}|G) \tag{5-59}$$

式中，$\boldsymbol{x}$ 包含所有有标签的数据，$\boldsymbol{y}$ 是样本相应的标签，$L(\cdot)$是损失函数，$R(\cdot)$表示给定共现数据 G 下分类器和无标签数据之间的关系。

(2) 基于隐性特征表示的传导式迁移学习。

TTL 引入中间域并基于跨域特征相似性来迁移知识。若有标签的源域数据为 $S=\{(\boldsymbol{x}_{s,i}, \boldsymbol{y}_{t,i})\}_{i=1}^{n_s}$，无标签的目标域数据为 $T=\{\boldsymbol{x}_{t,i}\}_{i=1}^{n_t}$，存在 k 个无标签的中间域 $D_j=\{\boldsymbol{x}_{d_j,i}\}_{i=1}^{n_j}$($j$=1，…，$k$)，其中 $\boldsymbol{x}^*\in\mathbf{R}^{m^*}$ 表示 m^*维的特征向量。选择合适的中间域连接 S 和 T 以及最小化 T 中的训练损失。形式上，给定度量域之间分布差异函数 $g(\cdot, \cdot)$，第一步，选择一个合适的中间域使得 $g(S, T|D_i)<g(S, T)$；第二步，通过中间域 D_i，在源域 S 和目标域 T 之间实现迁移学习。通过学习两个特征聚类函数 $p_{sd}(S, D_i)$和 $p_{dt}(D_i, T)$，输出分别是 S 和 D_i 之间以及 D_i 和 T 之间的最大公共子空间。源域中的标签信息可通过得到的公共子空间传播到中间域数据和目标域数据中。

(3) 基于深度神经网络的传导式迁移学习。

选择性学习算法从源域和中间域中选择有用的样本，使用重建误差作为两个域间的距离度量，学习所选数据的高级表示，并训练目标域的分类器，参见图 5-24。

选择性学习算法是一个迭代过程，选择性地从中间域中添加新数据点，删除源域中的无用数据，逐步修改特定于源域的模型，直到满足停止标准。

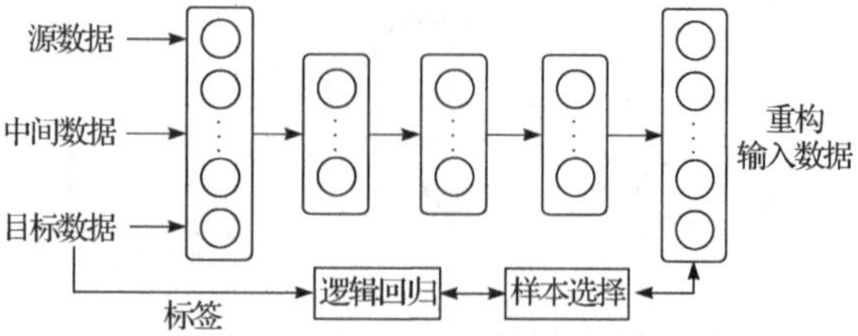

图 5-24　选择性学习算法中的网络架构

3) 小样本学习

小样本学习(few-shot learning)是指在源域中建立足够好模型时，可能存在训练目标域模型所需的训练数据很少甚至不需要训练数据的情况。

(1) 深度视觉语义嵌入模型。

深度视觉语义嵌入模型预测新样本的标签，参见图 5-25。模型中的标签编码组件从预训练语言模型(pretraining language model，PLM)中迁移而来，而视觉特征学习组件从传统分类模型中迁移而来。用投影层替换视觉模型的 softmax 层，将视觉表示映射到标签编码。该模型的目的是使视觉表示与正确类的标签编码的相似性高于其他类，损失函数定义为

$$l(\boldsymbol{x},\ y_{\text{label}})=\sum_{j\neq\text{label}}\max\left(0,\ m-\boldsymbol{f}\left(y_{\text{label}}\right)^{\mathrm{T}}\boldsymbol{W}\boldsymbol{g}(\boldsymbol{x})+\boldsymbol{f}\left(y_j\right)^{\mathrm{T}}\boldsymbol{W}\boldsymbol{g}(\boldsymbol{x})\right)\tag{5-60}$$

式中，$\boldsymbol{g}(\boldsymbol{x})\in\mathbf{R}^{d_h}$ 是图像压缩，m 是边距，$\boldsymbol{f}(\cdot)\in\mathbf{R}^{d_f}$ 是标签编码，$\boldsymbol{W}$ 是 $d_h\times d_f$ 的矩阵，用于计算图像表示与标签编码之间的匹配分数。

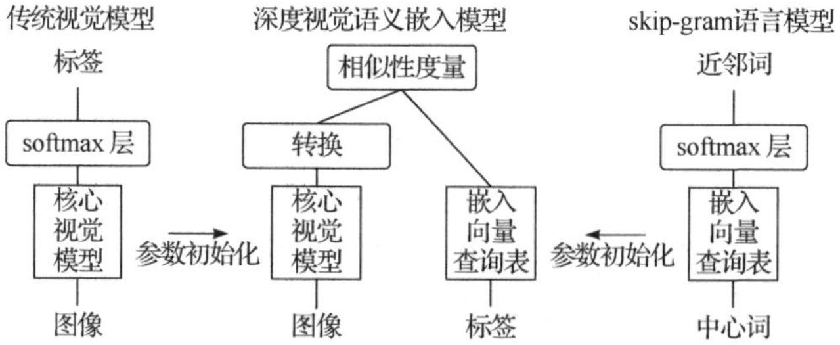

图 5-25　深度视觉语义嵌入模型的架构

在训练阶段，可调整视觉模型、语言模型(标签嵌入)和 $\boldsymbol{W}$ 中的参数以最小化训练样本上的训练损失。在测试阶段，给定测试图像，无须计算测试图像和每个标签之间的匹配分数。只能在标签编码空间中识别 $\boldsymbol{W}\boldsymbol{g}(\boldsymbol{x})$ 的最近邻。

(2) 偏差支持向量机。

视觉领域模型在单任务中可能不是最准确的,但在所有任务中平均表现良好。每个任务由视觉领域模型和相应特定域模型共同解决。若有 m 个源域 $\{S_i\}_{i=1}^{m}$，第 i 个域有数据集 $D_{s_i}=\left\{\left(\boldsymbol{x}_{n_{s_i},\ j},\ y_{n_{s_i},\ j}\right)\right\}_{j=1}^{n_{s_i}}$,其中，$\boldsymbol{x}_{s_i,\ j}\in\mathbf{R}^d$ 为 D_{s_i} 中的第 j 个数据点，$y_{s_i,\ j}\in\{-1,1\}$ 为标签。每个域特定的参数表示为 $\varDelta_{s_i}\in\mathbf{R}^d$ ，对应每个数据集 D_{s_i} 的偏差。所有域共享参数表示为 $\boldsymbol{w}_{vw}$，偏差模型的参数是它们的组合，即 $\boldsymbol{w}_{s_i}=\boldsymbol{w}_{vw}+\varDelta_{s_i}$ 。目标函数为

$$\min_{\boldsymbol{w}_{vw},\ \varDelta_{s_i},\ \xi,\ \rho}\frac{1}{2}\|\boldsymbol{w}_{vw}\|^2+\frac{\lambda}{2}\left\|\varDelta_{s_i}\right\|^2+C_1\sum_{i=1}^{m}\sum_{j=1}^{n_{s_i}}\xi_{s_i,\ j}+C_2\sum_{i=1}^{m}\sum_{j=1}^{n_{s_i}}\rho_{s_i,\ j},\text{s.t.}$$
$$\boldsymbol{w}_{s_i}=\boldsymbol{w}_{vw}+\varDelta_{s_i};\ y_{s_i,\ j}\boldsymbol{w}_{vw}\boldsymbol{x}_{s_i,\ j}\geqslant 1-\xi_{s_i,\ j};\ y_{s_i,\ j}\boldsymbol{w}_{s_i}\boldsymbol{x}_{s_i,\ j}\geqslant 1-\rho_{s_i,\ j};\ \xi_{s_i,\ j}\geqslant 0,\ \rho_{s_i,\ j}\geqslant 0 \tag{5-61}$$

式中，C_1、C_2、λ是超参数，$\xi_{s_i,\ j}$ 和 $\rho_{s_i,\ j}$ 是松弛变量。

(3) 多任务自编码器。

从特征空间到标签空间的映射因域而异，但可共享来自公共子空间的映射。多任务 AE 中所有任务共享同一个编码器，但每个任务拥有单独的解码器。假设有 m 个源域 $\{S\}_{i=1}^{m}$，每个源域都有一个训练集 $D_{s_i}=\left\{\boldsymbol{x}_{s_i,\ j}\right\}_{j=1}^{n_{s_i}}$ 。编码器和解码器分别定义为

$$\boldsymbol{h}_{s_i,\ j}=\sigma_{\text{enc}}\left(\boldsymbol{W}^{\mathrm{T}}\boldsymbol{x}_{s_i,\ j}\right),\ f_{\varTheta_{s_i}}\left(\boldsymbol{x}_{s_i,\ i}\right)=\sigma_{\text{dec}}\left(\boldsymbol{V}_{s_i}^{\mathrm{T}}\boldsymbol{h}_{s_i,\ j}\right) \tag{5-62}$$

式中，$\varTheta_{s_i}=\left\{\boldsymbol{W},\ \boldsymbol{V}_{s_i}\right\}$ 包含共享和各自的参数。损失函数和目标函数分别定义为

$$J\left(\varTheta_{s_i}\right)=\sum_{j=1}^{n_{s_i}}l\left(f_{\varTheta_{s_i}}\left(\boldsymbol{x}_{s_i,\ i}\right),\ \boldsymbol{x}_{s_i,\ i}\right),\ \hat{\varTheta}_{s_i}=\arg\min_{\varTheta_{s_i}}\sum_{i=1}^{m}J\left(\varTheta_{s_i}\right)+\eta R\left(\varTheta_{s_i}\right) \tag{5-63}$$

式中，若采用 L_2 范数正则化，$R\left(\varTheta_{s_i}\right)=\|\boldsymbol{W}\|_F^2+\sum_{i=1}^{m}\left\|\boldsymbol{V}_{s_i}\right\|_F^2$ ，可利用 SGD 求解目标函数。

5.3.3 元学习

元学习(meta-learning)是人的自学和学习过程的学习，将不同来源的信息进行综合，找到共同点和不同点，发现逻辑推理规律，找到新问题的解决方案。人通

常能从少量的例子进行归纳学习，甚至只需一个例子就足以学会[48~52]。1987 年，Schmidhuber 提出元学习，探索 ML 方法能推广的普适规律，从而提高模型训练效率，参见图 5-26。在元学习算法中，需达成同质化(大脑总结世界规律的过程)和适应性(世界改变大脑认知的过程)的均衡。

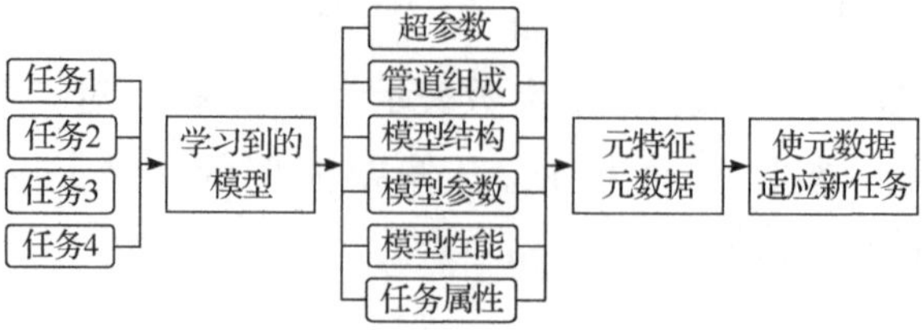

图 5-26　元学习整体框架图

元学习模型针对不同任务给出不同学习器的模型泛化机制，参见图 5-27。基本单元是任务，元学习输入任务，元训练集、元验证集和元测试集是由抽样任务组成的任务集合。支持集是有标注数据集，问询集是无标注数据集，训练集和验证集是从支持集中随机抽样生成的，测试集是从问询集中随机抽样生成的。任务定义针对真实问题的分析判断，复杂问题可分解为容易解决的子问题，进而产生对任务的划分和界定。处理好每个子任务，实现模型在每个子任务上的适应和推广，进而解决复杂问题。

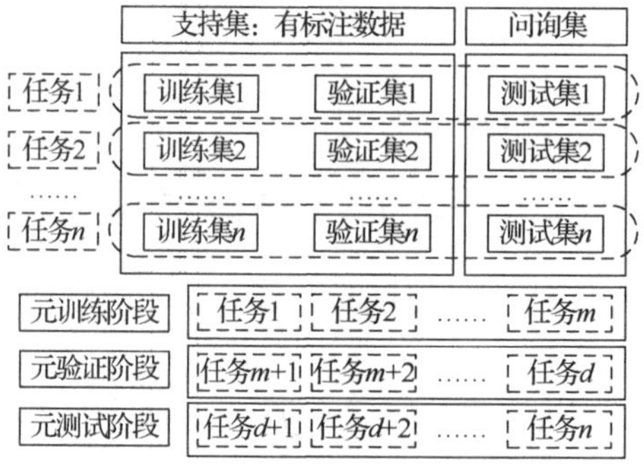

图 5-27　片段式训练原理图

假设能使用之前的任务 $t_j \in T$，T 是所有已知任务集，也能使用完全由其参数 $\theta_j \in \theta$组成的学习算法，该参数空间可覆盖所有超参数设置、管道组件以及网络架构组件。P 是所有先前量化评估集，比如正确率、模型评估技术或交叉验证。$P_{i,j} \in P(\theta_i, t_j)$是预定义的评估方法在任务 t_j 上选择的参数θ_i 集。P_{new} 是在新任务 t_{new} 上的已知评估 $P_{i,\text{new}}$ 集。训练元学习者为新任务预测推荐的参数配置，元学习者是在元数据上进行训练的，参见图 5-28。

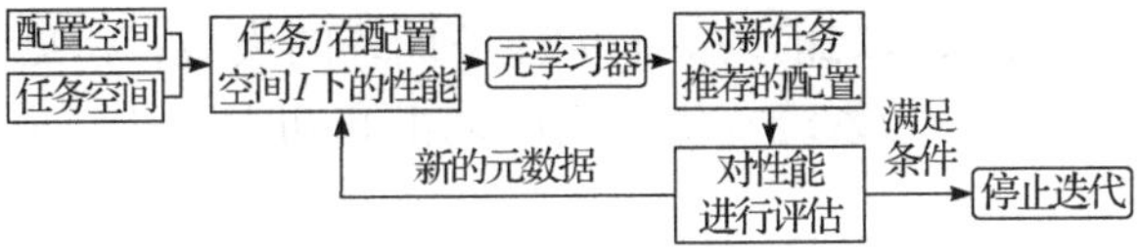

图 5-28 元学习的训练流程

元学习可分为以下四类模型。

① 元学习神经网络模型，通过更新模型来适应新任务，给出完成新任务的 NN 模型，通过对数据进行合适的选择和关联，使用合适的 DL 模型，通过调参来适应新任务。

② 基于度量的元学习模型，使用度量函数来衡量任务间的相似性(共性)。深度度量学习可在深度模型中加入带注意力机制(attention mechanism)或监督度量学习的网络层，也可在元学习框架中插入监督度量学习模块，将注意力集中到与任务最相关的内容，提取最相关的信息。

③ 基础学习器和元学习器，基础学习器是基础层中的模型，训练基础学习器时，考虑的是一个任务上的数据集；训练完成后，将训练模型和参数反馈给元学习器。元学习器对所有任务的训练经验进行归纳总结，综合新的经验，更新元学习器参数。

④ Bayes 元学习模型，将 Bayes 方法融入元学习算法，扩大了学习器的选择范围，对分布进行抽样或近似，加速学习器的更新；通过生成式的抽样方式，加入演化，使用监督学习方式对学习器进行更新。

5.3.4 终身机器学习

人类学习方式就是从过去任务中积累并保留知识，并使用这些知识来学习新的任务和解决新问题，在某些领域已学到的知识可应用到另一些领域的相似场景，或有助理解和学习其他学科。1995 年，Thrun 等人提出终身学习，使用一个复杂体系，不断完成新任务，更新自身存储的经验，适应不断遇到的新任务。让机器具有学习、自我更新、思考、创新等能力，带着过往的经验，模仿模拟人类学习过程和学习能力，探索解决问题的各种可能性，找到解决新问题的办法。终身学习具有五个关键特性：持续学习过程；知识库中的知识积累和保存；使用积累知识帮助未学习的能力；发现新任务的能力；边工作边学的能力。2013 年，Silver 等人将终身机器学习(lifelong machine learning)定义为一种 ML 系统，随时间推移，从不同域 $D=\{D_1, D_2, \cdots\}$完成多个学习任务 $T=\{T_1, T_2, \cdots\}$，依靠已解决的任务使之后的任务可被更快速高效地解决。终身机器学习系统使用知识库 KB 来存储学习过的知识，基于来自 D_t的训练数据和知识库 KB，为任务 T_t建立一个新的模型；在 t 时刻，终身机器学习系统从(D_t, T_t)中提取可迁移的知识并更新知识库；

更新后的知识库被用来改善之前的 t–1 个任务训练的模型，参见图 5-29。终身学习系统从不同领域学习，为系统提供广泛的词汇和知识，从而帮助它在不同未来领域中进行学习[53~56]。

① 全局知识,所有任务共享一个全局潜在结构,可在新任务中被学习和利用。这种知识适用于同一领域中的相似任务，基于全局知识的终身学习方法通常逼近所有任务的最优解。然而，当任务高度多样化或数量庞大时，这将很难实现。

② 局部知识，不同的任务可使用从不同的先前任务中学到的不同知识。局部知识更适用于来自不同领域的相关任务。通常侧重于借助过去的知识来优化当前的任务性能。通过将该任务视为新任务或当前任务，还可用于提高任何先前任务的性能。

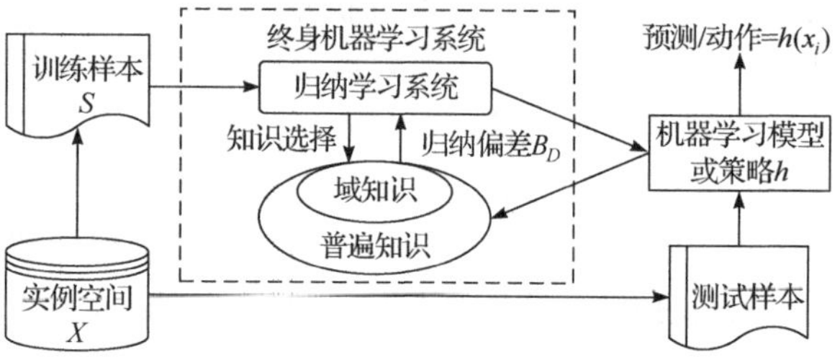

图 5-29　终身机器学习的系统架构

5.3.5　基于 VAE-GAN 抑制钢筋产生的 GPR 多次反射干扰信号

钢筋对雷达波的强烈反射会在 GPR 图像上形成双曲线杂波,这些杂波往往掩盖了位于钢筋下方的信号。为了从带钢筋杂波干扰的 GPR 图像中生成无钢筋杂波的图像，以消除钢筋杂波对探地雷达图像信号的干扰。图 5-30 给出了一种基于变分自编码器(VAEs)，由生成网络和判别网络(GANs)组成，包括两个域图像编码器 E_A 和 E_B，两个域图像生成器 G_A 和 G_B，以及两个域对抗判别器 D_A 和 D_B。编码器-生成器对$\{E_A，G_B\}$用于学习两个图像域间的映射 A 到 B，编码器 E_A 负责将具有钢筋杂波的探地雷达图像映射到潜在空间表示，生成器 G_B 则将潜在空间表示映射回输出数据空间，生成无钢筋杂波的探地雷达图像，判别网络 D_B 用于确保生成更逼真的无钢筋杂波的探地雷达图像。其中，模型设计了通道和空间注意力模块(channel and spatial attention module，SAM)，以帮助网络更好地关注 GPR 图像中的关键信息，提高网络性能。在图 5-30 中，对一幅具有钢筋杂波的探地雷达图像 $x_1 \in A$，编码器 E_A 负责将 x_1 映射到共享潜在空间 z 中；两组生成器都能将潜在空间 z 解码映射回各自域的输出数据空间，对于生成器 G_A，其主要目标是重建出与原始图像 x_1 尽可能相似的具有钢筋杂波的探地雷达图像 $\tilde{x}_1^{A\to A}$ ，这一过程被设计为保留原始图像中的钢筋杂波特征，从而使得重建图像与原始域 A 中的图像具有高度一致性。对于生成器 G_B，其主要目标是生成一个清晰的、无钢筋杂波干扰的探地雷达图像 $\tilde{x}_1^{A\to B}$，这意味着 G_B 能够从相同的潜在空间中提取出钢筋杂波相关的特征，以消除原始图像中的杂波干扰，解码出一个清晰的只包含空洞信号的探地雷达图像。

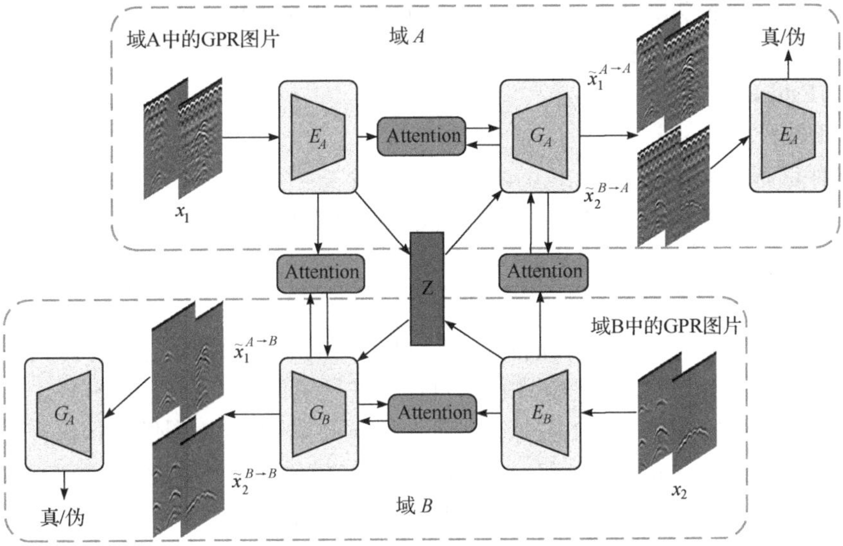

图 5-30　带注意力模块的 VAE-GAN 网络结构

实现基于 VAE-GAN 抑制钢筋产生 GPR 多次反射干扰信号的算法伪代码如下。

算法：基于 VAE-GAN 抑制钢筋产生的 GPR 多次反射干扰信号

输入：带钢筋杂波干扰的 GPR 图像
输出：过滤钢筋杂波的 GPR 图像

```
初始化 VAE-GAN 模型，包括编码器 E_A、E_B，生成器 G_A、G_B，判别器 D_A、D_B
加载数据集，包含具有钢筋杂波干扰的图像和无钢筋杂波干扰的图像
预处理数据，包括归一化和数据增强
For 每个 Epoch in 训练周期
    For 每个 Batch in 数据集
        将具有钢筋杂波干扰的图像输入到编码器 E_A，提取潜在特征 z_A
        将无钢筋杂波干扰的图像输入到编码器 E_B，提取潜在特征 z_B
        通过生成器 G_A 将 z_A 解码重建具有钢筋杂波的图像
```

通过生成器 G_B 将 z_A 解码生成无钢筋杂波的图像，并通过判别器 D_B 判别
通过生成器 G_B 将 z_B 解码重建无钢筋杂波的图像
通过生成器 G_A 将 z_B 解码生成具有钢筋杂波的图像，并通过判别器 D_A 判别
计算损失，包括重建损失、对抗损失和循环损失
进行反向传播和参数更新
End For
End For
保存训练好的模型参数
使用保存的模型对新的具有钢筋杂波干扰的图像处理，生成无钢筋杂波干扰的图像

从测试数据集中选取具有钢筋杂波干扰的空洞缺陷探地雷达图像作为训练完成后的模型的输入，对各种模型的抑制效果进行了比较，参见图 5-31。其中，(a)为含钢筋杂波干扰的 GPR 图像；(b)为有空洞缺陷的 GPR 图像；(c)包含通道和空间注意力(channel and spatial attention，CSA)模块的模型包括通道和空间注意力，抑制结果表现出空洞的更多层次和细节，波形更突出；(d)只加入通道注意力模块时，由于缺乏空间注意力，无法充分捕捉和抑制杂波在空间分布上的特征，模型在空洞细节重构方面不够准确，部分非空洞杂波也轻微地被错误重建；(e)只加入空间注意力模块时，由于缺乏通道间特征的选择和加权能力，无法全面利用

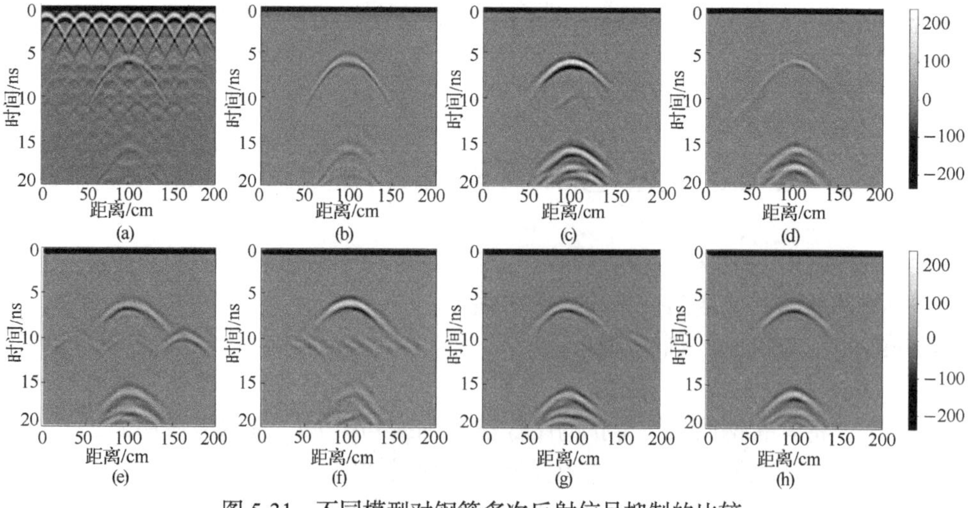

图 5-31　不同模型对钢筋多次反射信号抑制的比较

不同通道的信息来抑制杂波，空洞信号略显模糊；(f)UNIT 和(g)CycleGAN 也能抑制钢筋杂波信号，但重构空洞缺陷并不完整，细节清晰度不准确，后者甚至出现部分非空洞杂波；(h)DualGAN 在杂波抑制方面效果略差，在空洞信号交叠处还存在更多的杂波，导致空洞缺陷信号部分变形。

使用中心频率天线为 400MHz 的地质雷达系统对户撒隧道进行衬砌结构探测，单道采样点数为 512 个。图 5-32(a)给出了衬砌拱顶处存在空洞缺陷的图像；经带 CSA 模块的模型对钢筋抑制后的效果如图 5-32(b)所示，图像中的钢筋反射信号明显减弱，空洞缺陷的轮廓更加清晰可见，更容易识别。

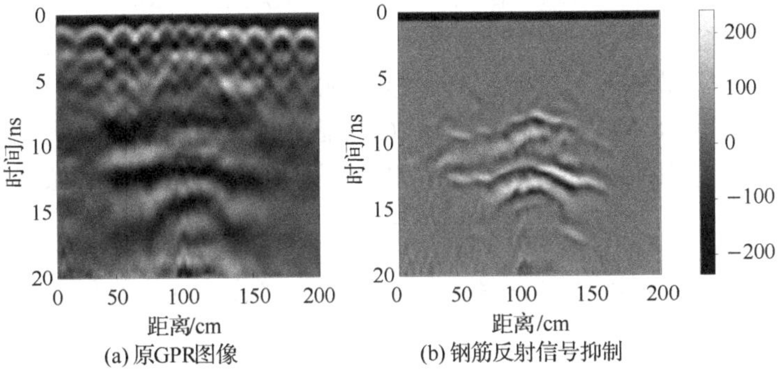

图 5-32　隧道结构 GPR 图像的钢筋多次反射信号抑制

5.3.6　基于图像迁移模型的雷达数据中隧道衬砌识别与厚度估计

二次衬砌作为隧道结构受力的重要组成部分，衬砌厚度情况直接影响到隧道衬砌结构的稳定性和承载能力。二次衬砌材料的介电常数为 6.3，空气的介电常数为 1，因此空气-二衬层位线相对平滑且反射较强。为了识别隧道二次衬砌区域并估计其厚度，模型包括主干网络(Backbone)、Neck 网络和 Head 网络，参见图 5-33。骨干网络采用跨阶段部分连接(CSP)，由标准卷积层(ConvModule)、C2f 模块和金字塔池化(SPPF)组成，并在网络末尾添加 SPPF 模块用于提取隧道衬砌层位线在 GPR 图像中的同相轴波组特征，网络较低的层主要提取了同相轴波组的边缘、颜色等低层特征，然后提取较为复杂的纹理特征，再进一步会检测到较为完整的同相轴波组轮廓和形状特征等。Neck 网络采用特征金字塔网络(FPN)架构进行自顶向下采样，将高层的强语义特征传递下来确保低层特征图能够包含更丰富的隧道衬砌特征信息。同时，使用路径聚合网络(PAN)结构用于自底向上采样，将低层的强定位特征传递上去增强高层特征图的精确定位信息。从不同的主干层对不同的检测层进行参数聚合，增强多尺度特征的表达能力。Head 网络用解耦检测头(Decoupled-Head)将输入的不同尺寸特征层分成 3 个分支进行检测。第 1 个分支在进行卷积后进行回归任务，输出隧道二次衬砌所在位置的预测框。第 2 个分支在进行卷积后进行分类任务，输出类别的概率。第 3 个分支在进行卷积后进行分割任务，输出作为 Mask 系数的特征图。此外还通过 80×80 尺度的特征图经上采样后输出用做原生分割的特征图，结合掩码系数经裁剪和二值化后可得到隧道二次衬砌层分割结果。

为了避免模型过拟合，需要足够多的训练数据。这里采用基于模型的迁移学习。利用来自大规模数据集的预训练网络模型参数，这些参数嵌入模型骨干网络。模型在源域中训练，并将卷积神经网络和源域获得的知识转移到目标域。之后，创建新的 Neck 网络和 Head 网络，将转移的网络模型连接到一个新的卷积神经网络。然后，将这个组合网络用于训练目标域的图像数据。迁移学习的过程如图 5-34 所示，为了保证预训练 CNN 模型的优异检测能力，使用 COCO 数据集进行预训练，该数据集覆盖了 80 个类别，超过 20 万幅图像。预训练后，提取模型基础结构的权重参数，使用自建雷达图像数据集对任务模型进行训练和微调。

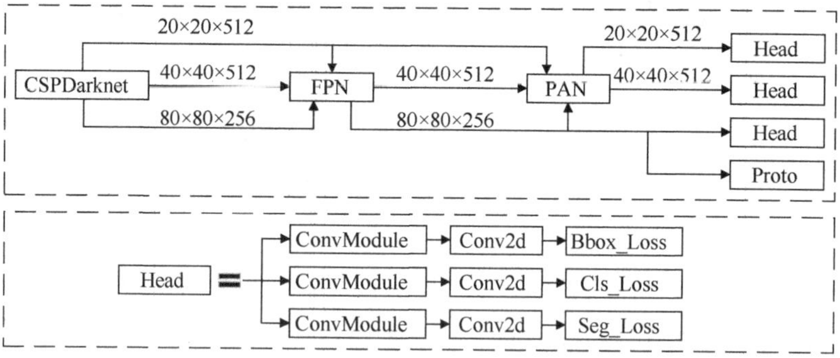

图 5-33　YOLO v8-seg 框架

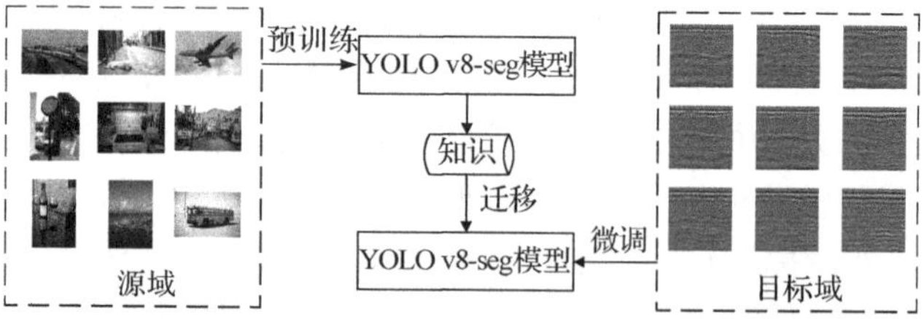

图 5-34　光学图像与雷达图像的迁移学习

使用中心频率天线为 900 MHz 的地质雷达系统对龙海隧道进行衬砌结构探测。所用的数据集格式为 PascolVOC 格式，专业技术人员对样本比对确认后，使用 LabelImg 软件对数据集图像进行人工标注制作标签。模型利用公共光学图像数据集 COCO 和自建实测数据集进行训练和测试。首先随机初始化模型后使用自建数据集训练迭代 200 次，随后在随机初始化模型并预先使用大型光学图像数据集 COCO 训练迭代了 100 次后，再使用自建数据集训练迭代了 100 次对模型进行微调。测试结果表明进行基于模型的迁移学习后，模型的有效平均精度 mAP@0.5：0.95 达到了 85.2%，高于未进行迁移学习时的 82.8%。

图 5-35 为使用训练好的模型对输入雷达图像的识别结果，图中(a)和(b)为输入的 GPR 图像，(c)和(d)为模型识别的结果，隧道二次衬砌区域用白色掩码覆盖。

实现基于图像迁移模型的雷达数据中隧道衬砌识别与厚度估计的算法伪代码如下。

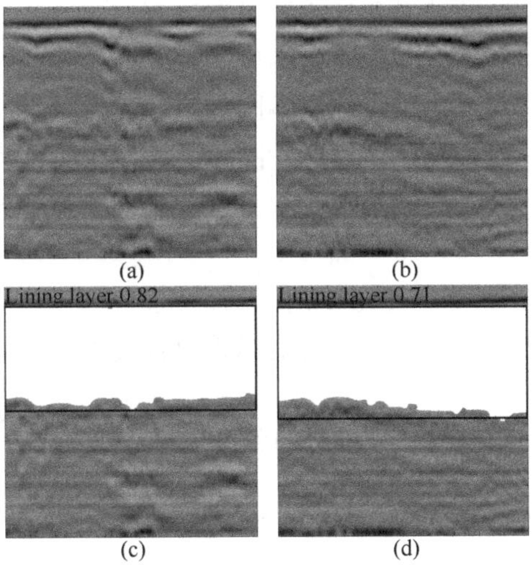

图 5-35　隧道衬砌识别厚度估计的迁移学习过程

算法：基于图像迁移模型的雷达数据中隧道衬砌识别与厚度估计

输入：隧道衬砌 GPR 图像
输出：隧道二次衬砌区域

```
初始化 CSPDarknet 作为特征提取网络
初始化 YOLOv8m-seg 模型
加载预训练权重
定义目标类型为钢筋
加载隧道衬砌 GPR 图像数据集
For 每一幅图像 in 数据集
    将图像输入 CSPDarknet，提取特征图
    在特征图上进行不同尺度的卷积操作，包括 1×1、3×3 卷积以调整特征图
```

```
    的通道数
    生成三种尺度的先验框
    对每个先验框应用不同尺度的特征图，通过卷积网络预测边界框的回归参数、类别和掩码系数
    提取检测结果中的分割掩码数据、类别和边界框的回归参数
    For 每个掩码 in 掩码数据
        将掩码从 GPU 转移到 CPU，并转换为 uint8 格式
        对掩码值进行归一化处理，计算每一列的和并乘以系数
        将归一化后的结果和计算结果存入列表
        调整掩码大小以匹配原始图像的尺寸
        生成随机颜色，用于标识不同的掩码
        创建彩色掩码并应用到原始图像上，以视觉突出显示检测区域
        合并彩色掩码到原始图像中，实现半透明覆盖效果
    End For
    For 每一个检测框 in 检测结果
        在原图上绘制边界框、类别标签及置信度
    End For
    将归一化后掩码值每一列的计算结果写入与输入图片同名的文本文档
End For
```

5.4 Transformer 架构与大语言模型

认知智能以人脑认知体系为基础，从人脑的研究和认知科学中汲取灵感，结合跨领域的知识图谱、因果推理、持续学习等，赋予机器类似人类的思维逻辑和认识能力，特别是理解、归纳和应用知识的能力[57~61]。认知智能具有主动思考和理解的能力，不用人类事先编程就可实现自我学习，有目的推理并与人类自然交互。认知智能通过搜集到的数据，在数据结构化处理的基础上理解数据之间的关系和逻辑，并在理解的基础上进行分析和决策。认知智能将加强人和 AI 之间的互动，这种互动是以每个人的偏好为基础的。2024 年 7 月 11 日，OpenAI 提出通用人工智能(artificial general intelligence，AGI)五级标准，用来确认人工智能的进展。即根据是否具有高效的学习和泛化能力，能够根据所处的复杂动态环境自主产生并完成任务的通用人工智能体，具备自主的感知、认知、决策、学习、执行和社会协作等能力，且符合人类情感、伦理与道德观念。五级标准具体如下：

第一级，聊天机器人(chatbots)，具有对话能力的 AI。这类 AI 理解语言的能

力有限，能够理解简单的问题并给出适当的回答，主要依赖预设的脚本和关键词匹配，通常用于客户服务、在线帮助或简单的查询响应。

第二级，推理者(reasoners)，具备人类的推理水平，能够解决问题。这类 AI 能根据上下文、文件等提示，给出详细的数据分析、意见等。

第三级，智能体(agents)，不仅能思考，还可以采取行动的 AI 系统。这类 AI 不局限于数字环境，它们在物理环境也得到广泛应用，包括自动驾驶汽车能够感知周围环境，做出驾驶决策，并在必要时自动调整行驶路线。

第四级，创新者(innovators)，能够协助人类发明创造。这类 AI 具有创新的能力，可以辅助人类在科学发现、艺术创作或工程设计等领域产生新想法和解决方案。它们能够从大量数据中识别模式，提出新的概念或设计。

第五级，组织者(organizations)，可以完成组织工作。这类 AI 可以自动掌控整个组织跨业务流程的规划、执行、反馈、迭代、资源分配、管理等。

5.4.1 自监督学习

自监督学习(self-supervised learning，SSL)利用辅助任务(pretext task)从大规模的无监督数据中挖掘自身的监督信息，获得数据的通用表示或面向下游任务有价值的表征，对下游任务进行微调。SSL 可视为一种具有监督形式的非监督学习方法，其中，监督是自监督任务而不是预设先验知识诱发，SSL 使用数据集本身的信息来构造伪标签。人类学习表示，大型注释数据集可能不是必需的，可自发地从未标记数据集中学习。更现实的设置是使用少量带注释的数据进行自学习，即小样本学习。非监督学习方法也是 SLL 赖以使用的监督信息。基本上所有的 Encoder-Decoder 模型都是以数据恢复为训练损失。

SSL 的预训练-微调流程为：①从大量的无标签数据中通过 pretext 来训练网络，得到预训练模型；②对新的下游任务，迁移学习到的参数后微调。

SSL 大致可分为生成式模型和判别式模型。生成式模型以数据的原始信息作为输入，将其映射到隐空间，再通过生成器将其还原回原始的数据形式；判别式模型则寻找到区分原始数据的方法，不对数据进行像素级别的重构。判别式的方法最初是通过构建各种不同的辅助任务，从而实现对无标注数据的 SSL，现在常见的方法是使用对比学习。

1) 生成式自监督学习

在自然语言处理方面，给定一句话的前几个 token，预测下一个 token，这就是生成式任务。从基于 LSTM 的语言模型，到双向 LSTM 的 ELMO，到基于 Transformer 解码器的生成型预训练变换模型(generative pre-trained transformer，GPT)，都是基于语言模型的生成式任务。

2) 基于时序的判别式自监督学习

判别式的方法通过无监督的数据，构造一些辅助任务，之后利用辅助任务训练模型。基于上下文的方法中大多是基于样本本身的信息，而样本间其实也具有很多的约束关系，因此可以利用时序约束来进行 SSL。基于时序的辅助任务主要是利用已有的时序信息，设置辅助任务。

基于顺序的约束可以用于对话系统中，解决对话系统中生成的话术连贯性的问题，从大量的历史预料中挖掘出顺序的序列(positive)和乱序的序列(negative)，通过模型来预测是否符合正确的顺序来进行训练。

3) 基于对比的判别式自监督学习

基于对比的 SSL 构建正样本(positive)和负样本(negative)，然后度量正负样本的距离从而实现 SSL。从而实现通过学习对两个事件的相似或不相似进行编码来构建表征。

样本和正负样本之间的距离远远大于样本和负样本之间的距离

$$\mathrm{score}\left(\boldsymbol{f}(\boldsymbol{x}),\ \boldsymbol{f}\left(\boldsymbol{x}^{+}\right)\right) >> \mathrm{score}\left(\boldsymbol{f}(\boldsymbol{x}),\ \boldsymbol{f}\left(\boldsymbol{x}^{-}\right)\right) \tag{5-64}$$

式中，$\boldsymbol{x}$ 通常称为 anchor 数据，为了优化 anchor 数据和其正负样本的关系，可使用点积的方式构造距离函数，然后构造一个 softmax 分类器，以正确分类正样本和负样本。相似性度量函数(点积)将较大的值分配给正例，将较小的值分配给负例

$$L_N = -E_X\left(\log\left(\mathrm{e}^{\boldsymbol{f}(\boldsymbol{x})^{\mathrm{T}}\boldsymbol{f}\left(\boldsymbol{x}^{+}\right)} \Big/ \left(\mathrm{e}^{\boldsymbol{f}(\boldsymbol{x})^{\mathrm{T}}\boldsymbol{f}\left(\boldsymbol{x}^{+}\right)} + \sum_{j=1}^{N-1}\mathrm{e}^{\boldsymbol{f}(\boldsymbol{x})^{\mathrm{T}}\boldsymbol{f}\left(\boldsymbol{x}_j\right)}\right)\right)\right) \tag{5-65}$$

对比学习利用数据之间的差异进行学习，让正例之间的距离不断拉近，让正例和负例之间的距离不断拉远，从而对数据更好地表示。

SimCLR 提出了一种通用的对比学习的框架。将一个 batch 中的每个数据用两种数据增强的方式得到两个副本，之后让同一数据的副本之间互为正例，让不同数据之间的副本互为负例。SimCLR 在 encoder 后又加了一层投影层。对于每一个 batch 中的一个实例(instance)，使用两种方式进行数据增强，将得到的两个样本，用 encoder 得到对应的嵌入(embedding)，之后将 embedding 投影到另一个空间中，最后拉近正例之间的距离，拉远负例之间的距离。

5.4.2 注意力机制

受限于处理瓶颈，人的注意力会选择性地聚焦一部分信息，同时忽略其他可感知的信息，比如阅读时的关注点，目光专注于部分细节等。在 DL 领域，注意力机制适用于序列相关问题，与其他模型配合，已广泛应用于计算机视觉、自然

语言处理(机器翻译、机器理解、句子摘要、单词表示)、生物信息学、语音识别、游戏播放、机器人技术等领域。注意力机制已经成为各种任务中令人信服的序列建模和转换模型的组成部分，允许建立依赖关系，而不考虑它在输入或输出序列中的距离。注意力机制函数可以看成是将一个查询(query)和一系列键-值对(key-value)映射为一个输出的过程，输出是由加权的值加起来得到的，而权重是根据查询和对应的键通过一个函数计算出来的，参见图 5-36(a)。

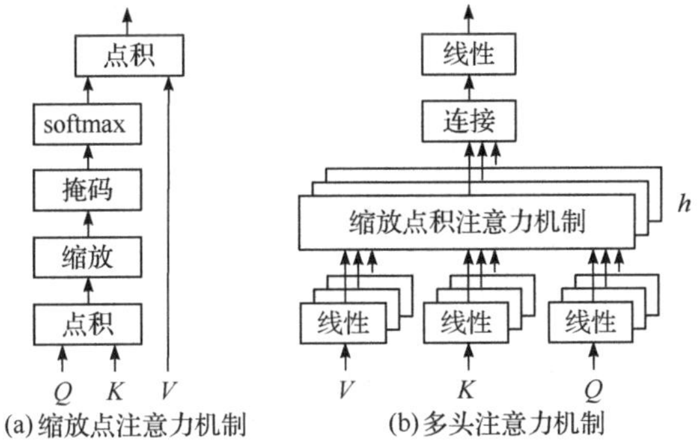

图 5-36 注意力结构图

通过使用不同的线性投影分别将 d_q、d_k 和 d_v 维度的 Q(query)、K(key)和 V(value)进行 h 次线性投影，而不是使用 d_{model} 维度的 Q、K 和 V 来执行单一注意力。并行执行注意功能，产生 d_v 维的输出值。这些值被连接并再次映射，产生最终输出值，结构如图 5-36(b)所示，这就是模型中的多头注意力(multi-head attention)机制。多头注意力允许模型共同关注来自不同位置的不同表示子空间的信息

$$\boldsymbol{h}_i = \text{attention}\left(\boldsymbol{Q}\boldsymbol{W}_i^Q,\ \boldsymbol{K}\boldsymbol{W}_i^k,\ \boldsymbol{V}\boldsymbol{W}_i^V\right) \tag{5-66}$$

$$\text{MultiHead}\left(\boldsymbol{Q},\ \boldsymbol{K},\ \boldsymbol{V}\right) = \text{Concat}\left(\boldsymbol{h}_1,\ \boldsymbol{h}_2, \cdots,\ \boldsymbol{h}_h\right)\boldsymbol{W}^O \tag{5-67}$$

把这种注意力机制应用到模型中，得到最终的翻译模型，编码器将符号表示($\boldsymbol{x}_1$，…，$\boldsymbol{x}_n$)的输入序列映射到连续表示序列 $\boldsymbol{z}$=(z_1，…，z_n)。给定 $\boldsymbol{z}$，然后解码器一次生成一个元素的输出序列(y_1，…，y_n)。在每个步骤中，模型是自回归的，在生成下一个输出时，将先前生成的符号作为附加输入。

当给出源时，根据某个查询，从而得到这个查询和源之间的相关程度，即注意力的值。若数据对为<source，target>，source 中的元素是由一系列的键(key)$\boldsymbol{K}$ 和值(value)$\boldsymbol{V}$ 的数据对构成的。注意力机制就是对 source 中元素值 $\boldsymbol{V}$ 加权求和，即

$$\text{attention}\left(\text{query}, \text{source}\right) = \sum_{i=1}^{L_x} p\left(z = i \middle| \text{key}_{1:N}, \text{query}\right) \times \text{value}_i \tag{5-68}$$

式中，权重系数 $p(\cdot)$由 $\boldsymbol{Q}$ 和 $\boldsymbol{K}$ 的相关性计算而得。上式把注意力理解为从大量信

息中有选择地筛选出最重要的信息并且聚焦在这些重要信息上，而忽略其余不重要的信息。

注意力机制还可视为一种软寻址，其中，source 是存储器内存储的内容，存储器中包含很多元素，其中每个元素都由索引 $\boldsymbol{K}$ 和值 $\boldsymbol{V}$ 组成。对于查询 $\boldsymbol{Q}$，目标是取出存储器中对应的 value 值。对软寻址，注意力机制的计算可分为以下三个阶段。

第一阶段，根据 $\boldsymbol{Q}$ 和 $\boldsymbol{K}$，计算两者的相似性(注意力打分函数)

$$s(\boldsymbol{Q},\ \boldsymbol{K}_i)=\begin{cases}\boldsymbol{Q}\cdot\boldsymbol{K}_i, & \text{点积}\\ \boldsymbol{Q}\cdot\boldsymbol{K}_i/(\|\boldsymbol{Q}\|\cdot\|\boldsymbol{K}_i\|), & \text{相似性}\\ \boldsymbol{V}^{\mathrm{T}}\tanh(\boldsymbol{W}\cdot\boldsymbol{K}_i+\boldsymbol{U}\cdot\boldsymbol{Q}), & \text{激活函数}\end{cases} \tag{5-69}$$

第二阶段，对第一个阶段的得分进行归一化处理

$$\alpha_i=\mathrm{softmax}(s_i)=\mathrm{e}^{s_i}\Big/\sum_{j=1}^{L_x}\mathrm{e}^{s_j} \tag{5-70}$$

式中，第二阶段的结果α，就是 $\boldsymbol{V}$ 对应的权重。

第三阶段，对 value 进行加权求和处理

$$\mathrm{attention}(\boldsymbol{Q},\mathrm{source})=\sum_{i=1}^{L_x}\alpha_i\cdot\boldsymbol{V}_i \tag{5-71}$$

式中，加权求和得到注意力的值。

1) 自注意力机制

自注意力(self-attention)又称内部注意力，处理内部元素间的关系。关联单个序列的不同位置，以计算序列表示。在处理一般任务的端到端框架中，源端输入和目标端输出的内容不同，普通注意力机制发生在生成目标端的元素 query 和源端所有单词之间。而自注意力指的是源端内部元素间或目标端内部元素之间发生的注意力机制，即是目标端等于源端这种特殊情况下的注意力机制。具体的计算过程与普通注意力机制并无区别，只是计算对象不同而已。自注意力机制可捕获同一个句子中单词之间的一些句法特征或语义特征。在使用自注意力机制后，会更容易捕获句子中长距离的相互依赖特征。普通注意力机制忽略了源端或目标端中元素之间的依赖关系，而自注意力不仅可得到源端和目标端元素之间的依赖关系，还可得到源端与源端或目标端与目标端元素之间的依赖关系。自注意力机制通过一个计算步骤直接获得句子中任意两个单词的联系，远距离依赖特征之间的距离被极大缩短。此外，自注意力机制有利于增加计算的并行性。

2) 四种注意力机制

从模块参数是否可微的角度分析，可以将注意力机制分为：①软注意力(soft

attention)，在求注意力分配概率分布时，对输入句子中任意一个单词都给出概率。软注意力机制模块的参数是可微的，因此可以用标准的梯度下降算法进行优化。②硬注意力(hard attention)，直接从输入句子中找到某个特定的单词，然后把目标句子中单词和这个单词对齐，其他输入句子中的其他单词认为对齐概率为 0。硬注意力机制硬性规定，离散选择其输入的一部分，导致整个系统在其输入方面是不可微的。

从输入内容的角度分析，可将注意力机制分为：①基于项的注意力(item-wise attention)，输入要求包含明确的项的序列，这个序列可以是直接得到的或者是需要经过预处理步骤后生成的序列，且序列中的每一项都具有一个单独的编码。②基于位置的注意力(location-wise attention)，输入是整个特征图，从特征图中离散地选取一个子区域作为最终的特征，选取的位置是由注意力模块计算出来的。

因此，可进一步把注意力机制细分为四种类型，参见表 5-3。

表 5-3　四种注意力机制的区别

	基于项的注意力	基于位置的注意力
硬注意力	把序列项作为输入，在输入集合中离散地选择一些项，使用强化学习	把整个特征匹配作为输入，从输入中离散地选择一个子区域，使用强化学习
软注意力	把序列项作为输入，对输入集合中的项进行线性组合，使用梯度下降学习	把整个特征匹配作为输入，对所有输入进行转换，使用梯度下降学习

(1) 基于项的软注意力机制。

基于项的软注意力(item-wise soft attention)的输入序列包含明确的项，可得一个中间编码序列 $C=\{c_1，\cdots，c_T\}$，适用于自然语言处理。在解码过程中，对于每一个输入编码 c_t，对应的权重α_{jt}的计算可表示为

$$\alpha_{jt} = \mathrm{e}^{f_{\mathrm{att}}(c_t,\ h_{j-1})} \Big/ \sum_{t=1}^{T} \mathrm{e}^{f_{\mathrm{att}}(c_t,\ h_{j-1})} \tag{5-72}$$

式中，$f_{\mathrm{att}}(\cdot)$是注意力模块中的一个神经网络；权重α_{jt}是编码 c_t 和输出 y_j 的相关程度，或第 t 个输入项在预测第 j 个输出时的重要性。最终编码 c 可由所有的 c_t 和权重α_{jt}计算

$$c = \sum_{t=1}^{T} \alpha_{jt} c_t \tag{5-73}$$

(2) 基于项的硬注意力机制。

基于项的硬注意力(item-wise hard attention)是硬性选择，根据注意力的权重随机地选取一个编码作为最终特征。指示器 l_j 在解码步骤 j 产生，指示哪一个编码将被选择

$$l_j \approx D\left(T, \left\{\alpha_{jt}\right\}_{t=1}^{T}\right) \tag{5-74}$$

式中，$D(\cdot)$是一个由编码概率$\left\{\alpha_{jt}\right\}_{t=1}^{T}$参数化的分布，$l_j$相当于一个索引

$$c = c_{l_j} \tag{5-75}$$

(3) 基于位置的硬注意力机制。

基于位置的硬注意力(location-wise hard attention)从输入特征映射中分离出子区域，并将其反馈给编码器以生成中间编码。数字识别任务是输入一幅图像，生成对该图像包含的数字串，可表示为序列。注意力机制从原图中选出一个中心位置为 s_t、高度为 h、宽度为 w 的子区域，作为编码器的输入计算中间特征。注意力机制以原图 x 和解码器上一个时间步的状态作为输入，利用如下的 Gaussian 分布输出中心位置

$$s_t \sim N\left(f_{\text{att}}\left(x,\ h_{t-1}\right),\ d\right) \tag{5-76}$$

式中，f_{att}是一个应用在注意力机制中的神经网络。若 x_{s_t} 为注意力选出的子区域，$\phi_{W_{\text{enc}}}$ 是由 W 参数化的神经网络，则通过编码器可计算出中间特征

$$c_t \sim \phi_{W_{\text{enc}}}\left(x_{s_t}\right) \tag{5-77}$$

(4) 基于位置的软注意力机制。

基于位置的软注意力(location-wise soft attention)接受整个特征匹配作为输入，以突出拟注意的部分，经过变换后生成新的特征图。

3) 全局注意力与局部注意力

(1) 全局注意力机制。

全局注意力(global attention)考虑所有输入，在推导上下文向量 $\boldsymbol{c}_t$时，考虑编码器的所有隐藏状态。通过将当前目标隐藏状态 $\boldsymbol{h}_i$与每个源隐藏状态 $\boldsymbol{s}_t$进行比较，得到可变长度对齐向量 $\boldsymbol{\alpha}_t$，其大小等于输入端的时间步数目

$$\boldsymbol{\alpha}_t(\boldsymbol{s}) = \text{align}\left(\boldsymbol{s}_t,\ \boldsymbol{h}_i\right) = \mathrm{e}^{\text{score}\left(\boldsymbol{s}_t,\ \boldsymbol{h}_i\right)} \Big/ \sum_{s} \mathrm{e}^{\text{score}\left(\boldsymbol{s}_t,\ \boldsymbol{h}_i\right)} \tag{5-78}$$

式中，$\text{score}(\cdot)$是基于内容的评分函数。常见的评分函数如下

$$\text{score}\left(\boldsymbol{s}_t,\ \boldsymbol{h}_i\right) = \begin{cases} \boldsymbol{s}_t^{\mathrm{T}} \boldsymbol{h}_i \big/ \sqrt{n}, & \text{缩放点积型注意力机制} \\ \boldsymbol{s}_t^{\mathrm{T}} \boldsymbol{h}_i, & \text{点积型注意力机制} \\ \boldsymbol{s}_t^{\mathrm{T}} \boldsymbol{W}_a \boldsymbol{h}_i, & \text{通用性注意力机制} \\ \boldsymbol{v}_a^{\mathrm{T}} \tanh\left(\boldsymbol{W}_a \left[\boldsymbol{h}_t;\ \boldsymbol{h}_i\right]\right), & \text{加法型注意力机制} \\ \text{cosine}\left[\boldsymbol{s}_s;\ \boldsymbol{h}_t\right], & \text{基于内容的注意力机制} \\ \text{softmax}\left(\boldsymbol{W}_a \boldsymbol{s}_t\right), & \text{基于位置的注意力机制} \end{cases} \tag{5-79}$$

(2) 局部注意力机制。

局部注意力(local attention)选择性关注每个目标词源位置的一小部分，模型首先在时间 t 为每个目标词生成一个对齐位置 p_t。然后将上下文向量 $\boldsymbol{c}_t$ 作为窗口内源隐藏状态集合上的加权平均值，窗口为$[p_t-D, p_t+D]$，D 是经验性选择的。局部对齐向量 $\boldsymbol{\alpha}_t$ 的维数是固定。局部注意力模型具有两种形式：

① 单调对齐(monotonic alignment)，设置 $p_t=t$，对齐向量 $\boldsymbol{\alpha}_t$ 的定义与全局注意力机制计算方式一样。

② 预测对齐(predictive alignment)，预测对齐位置可表示为

$$p_t = s \cdot \mathrm{sigmoid}\left(\boldsymbol{v}_p^{\mathrm{T}} \tanh\left(\boldsymbol{W}_p \boldsymbol{h}_t\right)\right) \tag{5-80}$$

式中，$\boldsymbol{W}_p$ 和 $\boldsymbol{v}_p^{\mathrm{T}}$ 都是在预测位置的时候学习到的参数；S 是源端句子的长度。为了更好地利用 p_t 附近的对准点，设置一个以 p_t 为中心的 Gaussian 分布。具体来说，对齐权重被定义为

$$\alpha_t(s) = \mathrm{align}\left(\boldsymbol{h}_t, \ \bar{\boldsymbol{h}}_s\right) = \mathrm{e}^{-(s-p_t)^2/\left(2\sigma^2\right)} \tag{5-81}$$

式中，标准差σ是根据经验设定的，一般取$\sigma=D/2$，p_t是真实的数字。在实际应用中，局部注意力机制需预测一个位置向量 $\boldsymbol{p}_t$，而该位置向量的预测会影响对齐向量的准确率。同时，在处理不是很长的源端句子时，相比于全局注意力并没有减少很多计算量。

5.4.3 Transformer 神经网络架构

Transformer 神经网络架构包括 6 个编码器和 6 个解码器，参见图 5-37。编码器和解码器都有一个多头的自注意力机制(multi-head self-attention)，这种机制可以让模型对序列的不同位置进行加权处理，从而推断含义与上下文。此外，编码器利用掩码语言建模来理解单词之间的关系，并生成更易于理解的响应。这是一种用于处理序列数据的模型，拥有语言理解和文本生成能力，通过连接大量的语料库来训练模型，这些语料库包含了真实世界中的对话。对一个输入的句子，基于 Transformer 架构生成一个回复，通过概率最大化不断生成数据，而不是通过逻辑推理来生成回复。

① 编码器，由 N=6 个相同的块结构堆叠而成，每个块结构进一步分成两个子层：第一个是多头的自注意力机制，第二个是前馈网络全连接层。在块中的每一个子层之后，增加一个归一化层，每个子层的输出均为归一化的 LayerNorm(x+Sublayer(x))，包括词嵌入层，其中 Sublayer(x)是由子层本身实现的功能。为了便于这些残留连接，模型中的所有子层以及嵌入层的输出均为 d_{model}=512。

② 解码器，由 N=6 个相同的块结构堆叠而成，每个块结构在编码器两个子层的基础之上，解码器插入了第三个子层，即增加了一个多头自注意力子层。与编码器类似，在块中的每一个子层之后，增加一个归一化层。在解码器端，对解码器堆栈中的自注意力子层进行了修改，以防止位置编码和后续位置编码相关，通过这种掩蔽，确保了对位置 i 的预测只能依赖于小于 i 的位置的已知输出。

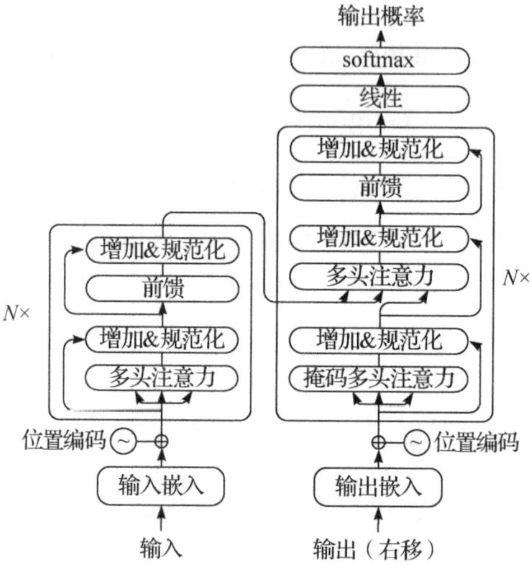

图 5-37　注意力结构图

Transformer 总体架构可分为四个部分：

① 输入部分，包含源文本嵌入层及其位置编码器、目标文本嵌入层及其位置编码器。

② 输出部分，包含线性层、softmax 层。

③ 编码器部分，由 N 个编码器层堆叠而成，每个编码器层由两个子层连接结构组成，第一个子层连接结构包括一个多头自注意力子层和规范化层以及一个残差连接，第二个子层连接结构包括一个前馈全连接子层和规范化层以及一个残差连接。

④ 解码器部分，由 N 个解码器层堆叠而成，每个解码器层由三个子层连接结构组成，第一个子层连接结构包括一个多头自注意力子层和规范化层以及一个残差连接，第二个子层连接结构包括一个多头注意力子层和规范化层以及一个残差连接，第三个子层连接结构包括一个前馈全连接子层和规范化层以及一个残差连接。

5.4.4　大语言模型

大语言模型(large language model，LLM)使用基础大模型和指令微调的 Transformer 架构(transformer architecture)，通过 PLM，比如 AE、生成式对抗网络、词嵌入、迁移学习等，在大规模数据集上训练通用语言模型，学习语言的通用表示，在下游任务中微调或迁移学习。这种无监督学习的方法从大量未标注文本中发现模式和规律，产生通用语言理解能力。根据采用 Transformer 架构的不同，参见图 5-38，可分为三类：①基于 Encoder 结构的模型，主要包括 BERT、RoBERTa、ERNIE、SpanBETR、ALBERT、UniLM、GLM 和 ELECTRA 等；②基于 Decoder 结构的模型，主要包括 GPT、CPM、PaLM、OPT、Bloom 和 LLaMA 等；③基于 Encoder-Decoder 结构的模型，主要包括 BART 和 T5 等。

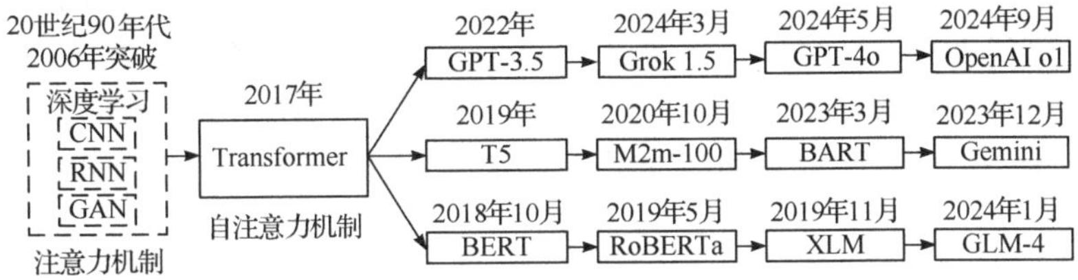

图 5-38　大语言模型的主要进展

Transformer 模型使用自注意力机制来捕捉输入序列中不同位置间的依赖关系，可同时计算输入序列中所有位置的相似性，并在输出序列中分配不同位置权重，以实现更精准和高效的序列建模。基于 RLHF 训练方式，不仅能从强化学习 agent 与环境的交互学习获得最佳策略，还可以从人类获得多种形式的反馈信息，比如对 agent 的动作进行评估、提示示范行为、给出状态和动作之间的映射等，从而使 agent 改进其策略，参见图 5-39。RLHF 将人类视为模型的一部分，用以指导 agent 的决策，从而避免错误和失误，提高训练效率和安全性。

步骤 1，有监督精调(supervised fine-tuning，SFT)模型，使用已标记的数据对预训练好的模型进行有监督精调，以更好适应特定任务和数据集。

步骤 2，训练回报模型(reward model，RM)，标注者对相对大量的 SFT 模型输出进行投票，创建一个由比较数据组成的新数据集。直接从数据中学习目标函数，为 SFT 模型输出进行打分，反映选定人类标注者的具体偏好以及他们同意遵循的共同准则。

步骤 3，使用近端策略优化(proximal policy optimization，PPO)模型微调 SFT 模型，PPO 使用信任区域优化方法训练策略，将策略的更改范围限制在与先前策略的一定程度内以保证稳定性，使用价值函数(value-function)来估计给定状态或动作的预期回报。PPO 模型由 SFT 模型初始化，价值函数由 RM 模型初始化。

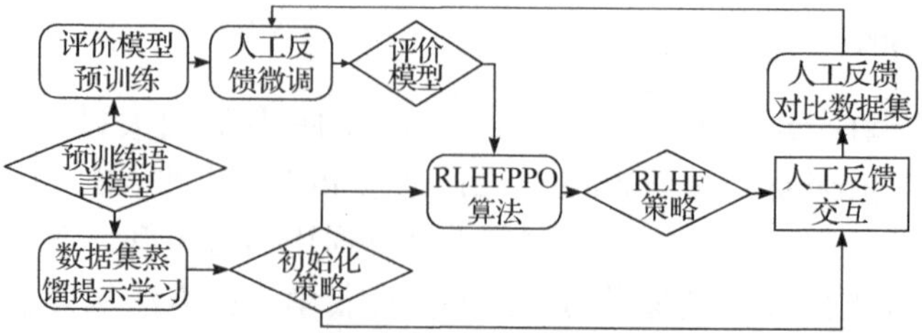

图 5-39　人类反馈的强化学习流程框架图

5.4.5　基于 Transformer 的 MRI 图像超分辨率

MRI 图像超分辨率方法充分利用低分辨率 MRI 图像全局跨尺度自相似先验信息，将多个残差通道注意力块堆叠作为主干网络，通过跨尺度 Transformer 模块捕获全局跨尺度自相似性；利用通道、空间注意力将所有特征图融合，自适应调整高分辨率特征，参见图 5-40。

低分辨率图像数据输入网络浅层特征提取模块中提取目标低分辨率 MRI 图像浅层特征为

$$X_0 = F_{\mathrm{Conv}}\left(I_{\mathrm{LR}}\right) \tag{5-82}$$

式中，X_0代表低分辨率 MRI 图像浅层特征，I_{LR}为低分辨率图像。将浅层特征 X_0 输入由多个残差通道注意力块(residual channel attention block，RCA)堆叠的主干网络与跨尺度 Transformer 模块(cross sale transformer module，CSTM)组成的网络深度特征提取模块，其中 CSTM 模块灵活嵌入 RCA 块之间，将第 m 个的 RCA 模块输出特征 X_m 输入 CSTM 模块，以步长 $s(1\leqslant s\leqslant 3)$进行下采样得下采样特征 $X_m^{\downarrow}$，参见图 5-41。将 X_m、$X_m^{\downarrow}$ 进行卷积操作，分别以步长 $g(1\leqslant g\leqslant 3)$和块大小 $p(1\leqslant p\leqslant 3)$对 Q、K、V 进行切块得 q、k、v，计算相似性权重探索 Q 和 K 的全局跨尺度依赖关系，V 与相似度权重进行卷积操作，计算如下

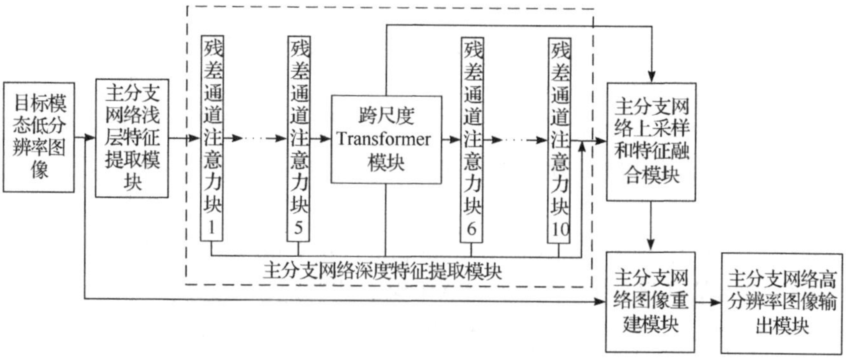

图 5-40　基于 Transformer 的 MRI 图像超分辨率算法网络框架结构

$$w_{i,\ j} = \mathrm{e}^{\langle q_i,\ k_j \rangle} \Big/ \sum_j \mathrm{e}^{\langle q_i,\ k_j \rangle} \tag{5-83}$$

$$v_i' = \sum_j w_{i,\ j} v_j \tag{5-84}$$

式中，$\langle \cdot, \cdot \rangle$代表内积操作(图 5-41 中用⊙表示)，$v_i'$代表第 i 个通过注意力操作后得到的高分辨率块。

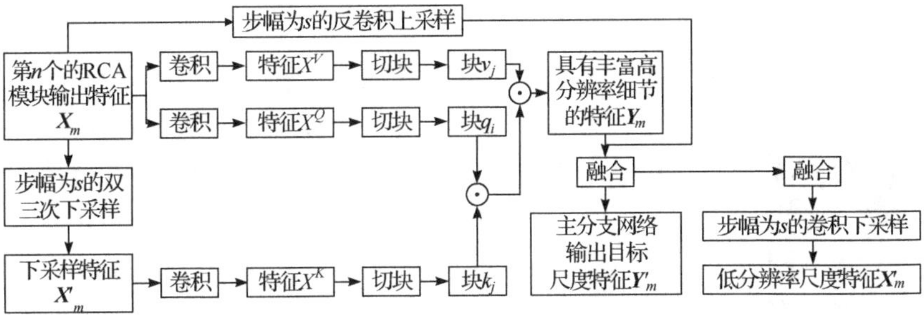

图 5-41　跨尺度 Transformer 模块

所有通过注意力操作后得到的高分辨率块融合后，得到具有丰富高分辨率细节的特征 $\boldsymbol{Y}_m$；将 $\boldsymbol{Y}_m$ 和 $\boldsymbol{X}_m$ 融合得到具有高分辨率细节的输出目标尺度特征 $\boldsymbol{Y}_m'$ 与低分辨率尺度特征 $\boldsymbol{X}'_m$，具体公式如下

$$\boldsymbol{Y}_m' = F_{\mathrm{up}}\left(\boldsymbol{X}_m\right) + \boldsymbol{Y}_m,\ \ \boldsymbol{X}_m' = F_{\mathrm{down}}\left(\boldsymbol{Y}_m'\right), \left[\boldsymbol{X}_m',\ \ \boldsymbol{Y}_m'\right] = F_{\mathrm{CSTM}}\left(\left[\boldsymbol{X}_m\right]\right) \tag{5-85}$$

式中，$F_{\mathrm{up}}(\cdot)$为步长为 $s(1 \leqslant s \leqslant 3)$的反卷积上采样操作，$F_{\mathrm{down}}(\cdot)$为步长为 $s(1 \leqslant s \leqslant 3)$的卷积下采样操作，$F_{\mathrm{CSTM}}(\cdot)$为 CSTM 模块函数；将 M 个 RCA 模块输出特征、CSTM 模块输出低分辨率尺度特征连接得到多层次深度特征。其中，$\boldsymbol{Y}_m'$ 的尺度与目标尺度相同，将目标低分辨率 MRI 图像尺度相同的多层次深度特征 $\boldsymbol{X}_c$ 用 3D 亚像素卷积层(sub-pixel convolution layer)进行上采样得到目标尺度的上采样特征；再通过空间注意力(spatial attention，SA)得到特征 $\boldsymbol{Y}_{SA}$；特征通过通道注意力(channel attention，CA)得到特征 $\boldsymbol{Y}_{CA}$；沿着通道方向将特征 $\boldsymbol{Y}_{SA}$ 和特征 $\boldsymbol{Y}_{CA}$ 拼接并经过卷积操作后得融合特征 $\boldsymbol{Y}_f$，计算公式如下：

$$\boldsymbol{Y}_f = F_{\mathrm{NConv}}\left(\left[\boldsymbol{Y}_{CA},\ \ \boldsymbol{Y}_{SA}\right]\right) \tag{5-86}$$

式中，$\boldsymbol{Y}_f$是融合特征，$[\boldsymbol{Y}_{CA},\ \boldsymbol{Y}_{SA}]$是特征 $\boldsymbol{Y}_{SA}$ 和特征 $\boldsymbol{Y}_{CA}$ 拼接的过程，$F_{\mathrm{NConv}}(\cdot)$为无激活函数的卷积操作。

将目标低分辨率图像进行上采样，可将目标低分辨率图像上采样特征 $\boldsymbol{I}_{LR}^{\uparrow}$ 与融合特征 $\boldsymbol{Y}_f$融合后重建出高分辨率图像，计算公式如下

$$I_{\mathrm{SR}}=Y_f+I_{\mathrm{LR}}^{\uparrow} \tag{5-87}$$

式中，SR 代表超分辨率，LR 代表低分辨率，I_{SR} 代表重建的高分辨率图像，Y_f 代表融合特征，$I_{\mathrm{LR}}^{\uparrow}$ 代表目标低分辨率图像上采样特征。

在空间域退化下的基于 Transformer 的 MRI 图像超分辨率方法与其他方案的超分辨率分别在 PSNR、SSIM 上定量分析，参见图 5-42。上述方法能够保持更多的解剖内容的细节，可以更好地恢复胶质瘤部分，消除模糊边缘，产生与真相图像最相似的视觉效果。

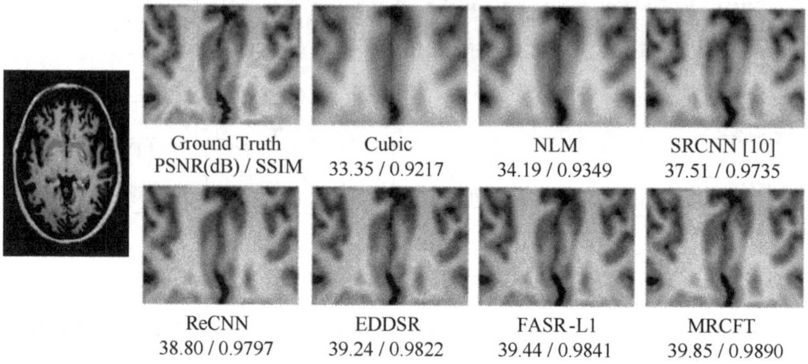

图 5-42　各向异性 MRI 图像超分辨率视觉结果

实现各向异性 MRI 图像超分辨率视觉结果的算法伪代码如下。

算法：各向异性 MRI 图像超分辨率视觉结果

输入：高分辨率图像
输出：重建的高分辨率图像

对高分辨率数据集进行模拟退化，获得低分辨率数据集
上采样：
$I_{\mathrm{LR}}^{\uparrow} \leftarrow I_{\mathrm{LR}}$
使用训练好的初始化模型：
浅层特征提取：
$X_0=F_{\mathrm{Conv}}\left(I_{\mathrm{LR}}\right)$　　//带有 LreLU 的卷积计算
深度特征提取：
$X_m \leftarrow \mathbf{RCA}_m \leftarrow \cdots \leftarrow \mathbf{RCA}_1 \leftarrow X_0$　　// **RCA** 是残差通道注意力
$\left[X_m', \ Y_m'\right]=F_{\mathrm{CSTM}}\left(\left[X_m\right]\right)$　　// CSTM 是跨尺度特征迁移模
将 M 个 RCA 模块特征沿着通道方向拼接得到多层次深度特征 X_c

初步融合：

CSTM 模块输出 $\boldsymbol{Y}_m'$ 和多层次深度特征 $\boldsymbol{X}_c$ 融合得初步融合特征 $\boldsymbol{Y}_a$

深度融合：

$\boldsymbol{Y}_{\mathrm{SA}} \leftarrow \mathrm{ATT}_{\mathrm{SA}}$ // $\mathrm{ATT}_{\mathrm{SA}}(\cdot)$是空间注意力

$\boldsymbol{Y}_{\mathrm{CA}} \leftarrow \mathrm{ATT}_{\mathrm{CA}}$ // $\mathrm{ATT}_{\mathrm{CA}}(\cdot)$是通道注意力

$\boldsymbol{Y}_f = F_{\mathrm{NConv}}(\boldsymbol{Y}_{\mathrm{CA}},\ \boldsymbol{Y}_{\mathrm{SA}})$ // 卷积操作

重建高分辨率图像：

$\boldsymbol{I}_{\mathrm{SR}} = \boldsymbol{Y}_f + \boldsymbol{I}_{\mathrm{LR}}^{\uparrow}$

参 考 文 献

[1] Mcculloch W S, Pitts W A. logical calculus of the ideas immanent in nervous activity. The Bulletin of Mathematical Biophysics, 1943, 5: 115-133.

[2] Rosenblatt F. The perceptron: a probabilistic model for information storage and organization in the brain. Psychological Review, 1958, 65(6): 386-408.

[3] Minsky M L, Seymour A P. Perceptrons: An Introduction to Computational Geometry. Massachusetts: MIT Press, 1969.

[4] Hopfield J. Neural networks and physical systems with emergent collective computational abilities. Proceedings of the National Academy of Sciences, 1982, 79(8): 2554-2558.

[5] Smolensky P. Information processing in dynamical systems: foundations of harmony theory. Technical Report, 1986.

[6] Rumelhart D E, Hinton G E, Williams R J. Learning internal representations by back propagating errors. Nature, 1986, 323(99): 533-536.

[7] Bengio Y, Frasconi P, Simard P. The problem of learning long-term dependencies in recurrent networks. IEEE International Conference on Neural Networks, 1993: 1183-1188.

[8] Lecun Y, Bottou L, Bengio Y, et al. Gradient-based learning applied to document recognition. Proceedings of the IEEE, 1998, 86(11): 2278-2324.

[9] Hinton G E, Osindero S, The Y. A fast learning algorithm for deep belief nets. Neural Computation, 2006, 18(7): 1527-1544.

[10] Hinton G E. Training products of experts by minimizing contrastive divergence. Neural Computation, 2002, 14(8): 1771-1800.

[11] Lecun Y, Bengio Y, Hinton G. Deep learning. Nature, 2015, 521(7553): 436-444.

[12] Goodfellow I, Bengio Y, Courville A. 深度学习. 赵申剑, 黎彧君, 译. 北京: 人民邮电出版社, 2017.

[13] 张宪超. 深度学习(上). 北京: 科学出版社, 2019.

[14] 张宪超. 深度学习(下). 北京: 科学出版社, 2019.

[15] Di W, Anurag B, Wei J. 深度学习基础教程. 杨伟, 李征, 译. 北京: 机械工业出版社, 2018.

[16] 王雪. 人工智能与信息感知. 北京: 清华大学出版社, 2018.

[17] 朱福喜. 人工智能. 3 版. 北京: 清华大学, 2017.

[18] 周北，Python 深度学习与项目实战. 北京: 人民邮电出版社, 2021.
[19] Kim P. 深度学习: 基于 MATLAB 的设计实例. 邹伟, 王振波, 译. 北京: 北京航空航天大学出版社, 2018.
[20] 周浦城, 李从利, 等. 深度卷积神经网络原理与实践. 北京: 电子工业出版社, 2020.
[21] Deng J, Dong W, Socher R, et al. ImageNet: a large-scale hierarchical image database//IEEE Conference on Computer Vision and Pattern Recognition, 2009: 248-255.
[22] Krizhevsky A, Sutskever I, Hinton G E. ImageNet classification with deep convolutional neural networks. Advances in Neural Information Processing Systems, 2012, 2: 1097-1105.
[23] Simonyan K, Zisserman A. Very deep convolutional networks for large-scale image recognition. https://arxiv.org/abs/1409.1556, 2014.
[24] Szegedy C, Liu W, Jia Y, et al. Going deeper with convolutions//2015 IEEE Conference on Computer Vision and Pattern Recognition, 2015: 1-9.
[25] He K, Zhang X, Ren S, et al. Deep residual learning for image recognition//Proceedings of the IEEE Computer Society Conference on Computer Vision and Pattern Recognition, 2016: 770-778.
[26] Huang G, Liu Z, Weinberger K, et al. Densely connected convolutional networks//Proceedings of the IEEE Conference on Computer Vision and Pattern Recognition, 2017: 2261-2269.
[27] Jie H, Li S, Gang S. Squeeze-and-excitation networks//Proceedings 2018 IEEE/CVF Conference on Computer Vision and Pattern Recognition, 2018:7132-7141.
[28] Redmon J, Divvala S, Girshick R, et al. You only look once: unified, real-time object detection//Proceedings of the IEEE Conference on Computer Vision and Pattern Recognition, 2015: 779-788.
[29] Hochreiter S, Schmidhuber J. Long short-term memory. Neural Computation, 1997, 9(8): 1735-1780.
[30] Gers F A, Schmidhuber J, Cummins F. Learning to forget: continual prediction with LSTM. Neural Computation, 2000, 12(10): 2451-2471.
[31] Hamel P, Eck D. Learning features from music audio with deep belief networks//International Society for Music Information Retrieval Conference, 2010: 339-344.
[32] Bengio Y, Lamblin P, Popovici D, et al. Greedy layer-wise training of deep networks//Advances in Neural Information Processing Systems, 2007: 153-160.
[33] Vincent P, Larochelle H, Bengio Y, et al. Extracting and composing robust features with denoising autoencoders//International Conference on Machine Learning, 2008: 1096-1103.
[34] Rifai S, Vincent P, Muller X, et al. Contractive auto-encoders: explicit invariance during feature extraction//International Conference on Machine Learning, 2011: 833-840.
[35] Kingma D P, Welling M. Auto-encoding variational Bayes. https://arxiv.org/abs/1312.6114, 2014.
[36] Goodfellow I, Pouget-abadie J, Mirza M, et al. Generative adversarial nets//Advances in Neural Information Processing Systems, 2014:2672-2680.
[37] Goodfellow I. NIPS 2016 tutorial: generative adversarial networks. OpenAI, 2016.
[38] Creswell A, White T, Dumoulin V, et al. Generative adversarial networks: an overview. IEEE

Signal Processing Magazine, 2018, 35(1): 53-65.
[39] Jakub L, Vladimir B. GAN 实战. 罗家佳, 译. 北京: 人民邮电出版社, 2021.
[40] 杨强, 张宇, 等. 迁移学习. 北京: 机械工业出版社, 2020.
[41] Pan S J, Yang Q. A survey on transfer learning. IEEE Transactions on Knowledge and Data Engineering, 2010, 22(10): 1345-1359.
[42] Daume III H. Frustratingly easy domain adaptation//Proceedings of the 45th Annual Meeting of the Association for Computational Linguistics, 2007: 256-263.
[43] Mihalkova L, Huynh T N, Mooney R J. Mapping and revising Markov logic networks for transfer learning//Proceedings of the 22nd AAAI Conference on Artificial Intelligence, 2007: 608-614.
[44] Davis J, Domingos P. Deep transfer via second-order Markov logic//Proceedings of the 26th International Conference on Machine Learning, 2009: 217-224.
[45] Tan B, Zhong E, Ng M K, et al. Mixed-transfer: transfer learning over mixed graphs//Proceedings of the SIAM International Conference on Data Mining, 2014: 208-216.
[46] Tan B, Zhang Y, Pan S J, et al. Distant domain transfer learning//Proceedings of the 31st AAAI Conference on Artificial Intelligence, 2017: 2604-2610.
[47] Ghifary M, Kleijn W B, Zhang M, et al. Domain generalization for object recognition with multi-task autoencoders//Proceedings of the IEEE International Conference on Computer Vision, 2015: 2551-2559.
[48] 彭慧民. 元学习: 基础与应用. 北京: 电子工业出版社, 2021.
[49] Li K, Malik J. Learning to optimize. https://arxiv.org/abs/1703.00441v2, 2017.
[50] Santoro A, Bartunov S, Botvinick M, et al. Meta-learning with memory-augmented neural networks//Proceedings of the 33rd International Conference on Machine Learning, 2016, 48: 1842-1850.
[51] Finn C, Abbeel P, Levine S. Model-agnostic meta-learning for fast adaptation of deep networks//Proceedings of the 34th International Conference on Machine Learning, 2017, 3: 1856-1868.
[52] Yoon J, Kim T, Dia O, et al. Bayesian model-agnostic meta-learning//Advances in Neural Information Processing Systems, 2018:7332-7342.
[53] Thrun S, Mitchell T M. Lifelong Robot Learning//The Biology and Technology of Intelligent Autonomous Agents, Berlin: Springer, 1995, 144: 165-196.
[54] 陈志源, 刘兵. 终身机器学习. 北京: 机械工业出版社, 2019.
[55] Thrun S. Is learning the n-th thing any easier than learning the first?//Proceedings of the Advances in Neural Information Processing Systems, 1996, 144: 640-646.
[56] Silver D L, Yang Q, Li L. Lifelong machine learning systems: beyond learning algorithms//Proceedings of the 2013 AAAI Spring Symposium on Life-long Machine Learning, AAAI Technical Report, 2013, SS: 13-15.
[57] Vaswani A, Shazeer N, Parmar N, et al. Attention is all you need. Advances in Neural Information Processing Systems, 2017, 6000-6010.
[58] 刘聪, 杜振东. ChatGPT 原理与实战: 大型语言模型的算法、技术和私有化. 北京: 机械工业出版社, 2023.

[59] 范煜, 人工智能与 ChatGPT. 北京: 清华大学出版社, 2023.
[60] 萨瓦斯·伊尔蒂利姆, 梅萨姆·阿斯加里-切纳格卢. 精通 Transformer: 从零开始构建最先进的 NLP 模型. 江红, 余青松, 译. 北京: 北京理工大学出版社, 2023.
[61] 苏达哈尔桑·拉维昌迪兰. BERT 基础教程: Transformer 大模型实战. 周参, 译. 北京: 人民邮电出版社, 2023.

术语对照表

中文，英文（含缩写），位置（节），按英文字母排序
方差分析（analysis of variation，ANOVA），2.3
ROC 曲线下的面积（area under ROC curve，AUC），4.1
人工智能（artificial intelligence，AI），1，1.2，4，5.3，5.4
注意力机制（attention mechanism），5.3，5.4
自相关函数（auto-correlation functions，ACF），3.1，3.2，3.3，3.4
自编码器（autoencoder，AE），5.2，5.3，5.4
自回归（auto regressive，AR），3.2，3.3，5.2，5.4
Bayes 分类器（Bayes classifier），4.2
Bayesian 估计/公式/概率/后验概率/先验概率/数据似然（Bayesian estimation/formula/probability/posterior probability/prior probability/data likelihood），2.1，2.2，3.2，4，4.1，4.2，4.4
分类（classification），2.2，2.5，4.1，4.2，4.3，4.4，5.2，5.3，5.4
聚类（clustering），4.3，5.2，5.3
卷积神经网络（convolutional neural network，CNN），5.2
相关分析（correlation analysis），2.3
协方差函数（covariance function），3.2，3.3
互相关函数（cross-correlation function，CCF），3.1，3.2
CW 算法（CW algorithms），5.3
深度学习（deep learning，DL），1，1.4，4，5，5.2，5.3，5.4
深度神经网络（deep neutral network，DNN），5.2，5.3
基于密度的空间聚类（density-based spatial clustering of applications with noise，DBSCAN），4.3，5.2
判别式模型（discriminative model），4.1，5.4
动态数据/特性/过程（dynamic data/features/process），1.1，1.3，3，4，5.1
经验模式分解（empirical mode decomposition，EMD），3.4
经验风险最小化（empirical risk minimization，ERM），4.1
编码器/解码器（encoder/decoder），5.2，5.3，5.4
熵（entropy），2.1，4.1，4.3，5.2，5.3

极大似然估计（maximum likelihood estimation，MLE），2.2，3.2，4.1，4.2，4.3，4.4	
元学习（meta-learning），5.3	
模型/策略/算法（model/strategy/algorithm），4.1	
多分辨率分析（multi-resolutions analysis，MRA），3.4	
神经网络（neural network，NN），1，1.4，4，4.2，5.1，5.2，5.3，5.4	
神经元（neuron），4，5.1，5.2	
粗大误差（parasitic error），2.4，2.5	
感知器（perceptron），4.1，4.2	
功率谱（power spectral density，PSD），3.1，3.3，3.4	
偏好（preference），4.1，5.4	
预训练语言模型（pretraining language model，PLM），5.3，5.4	
主成分分析（principal component analysis，PCA），4.3，5.2	
概率（probability），2.1，2.2，2.3，2.4，2.5，3.1，3.2，4，4.1，4.2，4.3，4.4，5.2，5.3，5.4	
概率密度函数（probability density function，PDF），2.1，2.2，4.2，5.3	
近端策略优化（proximal policy optimization，PPO），5.4	
Q 函数（Q function），4.2	
随机变量（random variables），2.1，2.2，2.3，2.5，3.1，3.2，4.1，4.2，4.3	
受试者工作特征（receiver operating characteristic，ROC），4.1	
循环神经网络（recurrent neural network，RNN），5.2	
回归（regression），2.3，3.2，3.3，4.1，4.2，4.3，5.2，5.4	
人类反馈的强化学习（reinforcement learning with human feedback，RLHF），1.2，5.4	
再生核 Hilbert 空间（reproducing kernel Hilbert space，RKHS），4.2	
残差（residual error），2.3，2.4，2.5，3.2，5.1，5.2，5.4	
抽样/训练/测试/泛化/总体误差（sampling/training/test/generalization/overall error），2.2，3.4，4.1	
自监督学习（self-supervised learning，SSL），5.4	
半监督学习（semi-supervised learning），4，4.4	
短时 Fourier 变换（short-time Fourier transform，STFT），3.4	
小样本学习（few-shot learning），5.3，5.4	
谱密度（spectral density），3.1，3.2，3.4	
静态数据/特性（static data/features），2，1.3	
统计机器学习（statistical machine learning），4.1	